Mathe übersichtlich: Von den Basics bis zur Analysis

Adriane Gründers

Mathe übersichtlich: Von den Basics bis zur Analysis

240 Themen zum Nachlesen und Verstehen auf jeweils einer Seite

3., überarbeitete und erweiterte Auflage

Springer Spektrum

Adriane Gründers
Heidelberg, Deutschland

ISBN 978-3-662-70882-8 ISBN 978-3-662-70883-5 (eBook)
https://doi.org/10.1007/978-3-662-70883-5

Die Deutsche Nationalbibliothek verzeichnet diese Publikation in der Deutschen Nationalbibliografie; detaillierte bibliografische Daten sind im Internet über https://portal.dnb.de abrufbar.

Planung/Lektorat: Iris Ruhmann
Springer Spektrum ist ein Imprint der eingetragenen Gesellschaft Springer-Verlag GmbH, DE und ist ein Teil von Springer Nature.
Die Anschrift der Gesellschaft ist: Heidelberger Platz 3, 14197 Berlin, Germany

Warum hilft dir dieses Buch?

Für wen habe ich es geschrieben?

Für alle, die nicht gern viel lesen, aber Mathe verstehen wollen oder müssen.

Für alle, die es gern übersichtlich haben.

Für alle, die auf einen Blick das Wesentliche finden wollen.

Für alle, die visuell denken und die gern Videos schauen, für die aber Videos zum Mathelernen nicht immer optimal sind, weil man nicht schnell etwas nachschauen kann.

Was ich dir über Mathe an sich sagen will

Etwas ganz Wichtiges: In der Mathematik passt alles wunderbar zusammen. Das sieht man aber erst mit der Zeit.

Die sogenannten Rechenregeln sind keine von Menschen erfundenen Regeln, die dazu gemacht sind, damit man prüfen kann, ob sie jemand befolgt. Sondern sie ergeben sich, weil sie die einzige Möglichkeit sind, wie man widerspruchsfrei rechnen und Mathematik betreiben kann.

Mathematik ist logisch in dem Sinne, dass sie widerspruchsfrei ist. Sie ist aber nicht in dem Sinne logisch, dass es, um eine Aufgabe zu lösen, in logisch ableitbarer Weise immer einen nächsten Schritt gibt. Man braucht Übung, um zu sehen, welches die nächsten Schritte sind, die einen weiterbringen, und oft genug gibt es mehrere Wege zum Ziel.

Noch etwas: Manche mögen Mathe nicht, weil sie finden, dass man da nicht so kreativ sein kann wie in Deutsch oder Kunst. Dem ist nicht so, man braucht vielleicht nur ein wenig länger, bis man so weit ist. Auch beim Schreiben oder in der Musik muss man erstmal die Sprache bzw. das Instrument lernen, wozu man ebenso ein paar Jahre braucht.

Was ist an dem Buch besonders?

Ich schreibe mit kurzen Sätzen, so wie ich es dir auch mündlich erklären würde.

Ich versuche alles anhand eines einfachsten passenden Beispiels zu erklären.

Ich gehe Schritt für Schritt vor, manches kommt dir vielleicht selbstverständlich vor, aber ich verspreche dir, wenn du alles Schritt für Schritt nachvollziehst, wirst du am Ende sehr viel verstanden haben.

Es ist wirklich wichtig, auch die kleinen Schritte gut zu durchdenken und vollständig zu verstehen. Du hättest nicht so gut lesen gelernt, wenn du nicht erst die einzelnen Buchstaben gelernt hättest.

Jede Seite steht für sich. Links findest du eine kurze Erklärung, rechts ein Beispiel. Mache die PDF-Seite so groß, dass du sie ganz auf dem Bildschirm hast. Wenn du das gedruckte Buch liest, kann es sinnvoll sein, du deckst die gegenüberliegende Seite mit einem Blatt Papier ab, sodass du dich auf eine Seite konzentrieren kannst.

Ich fange ganz am Anfang an, sodass du vorab nichts wissen musst.

Auch wenn du schon etwas weißt, empfehle ich dir, die einfachen Abschnitte zu Beginn zu lesen und zu schauen, ob du alles vollständig verstanden hast, insbesondere auch zu Brüchen und binomischen Formeln. Oft passieren nämlich Fehler bei den Basics, und das muss nicht sein.

Die einzelnen Abschnitte bauen grob aufeinander auf und gehen vom Einfachen zum Schwierigeren. Ich habe mich aber bemüht, dass du die Abschnitte auch einzeln lesen kannst, ganz nach Bedarf.

Ich habe auf Querverweise zwischen den Abschnitten verzichtet, damit du nicht hin und her springen musst. Dafür bringe ich manche Inhalte lieber doppelt.

Manchmal, besonders im Kapitel über Funktionen, verwende ich auch Begriffe und Methoden, die erst später kommen. Du kannst sie überspringen, wenn sie dir nichts sagen.

Ich versuche nichts vom Himmel fallen zu lassen, sondern alles ehrlich zu erklären, und auch manches zu sagen, was du sonst weniger findest, dir aber für das Verständnis helfen wird.

Wenn du nämlich etwas nicht verstanden hast, liegt es oft daran, dass es dir noch niemand so erklärt hat, dass du es verstehen kannst. Und das will ich anders machen.

Ich bin nämlich fest davon überzeugt, dass du den Inhalt dieses Buchs verstehen kannst – und darauf aufbauend noch viel mehr Mathematik, wenn du willst.

Da ich nicht wissen kann, was du genau brauchst oder wissen willst, kann es sein, dass du manches davon hier nicht findest. Du kannst dir aber auf der Basis des Wissens aus diesem Buch alles Weitere problemlos aneignen.

Da ich auch nicht weiß, was für dich das Wichtigste ist, habe ich bewusst keine farbigen Hinterlegungen vorgenommen. Am besten lernst du, wenn du selbst mit einem Textmarker die wichtigsten Stellen kennzeichnest und auch Notizen und weitere Beispiele dazuschreibst.

Manchmal gebe ich zu einem mathematischen Ausdruck direkt darunter eine Erklärung oder schreibe, wie man ihn ausspricht. Es ist gut, wenn du dir die mathematischen Ausdrücke innerlich vorliest.

Am Schluss des Buchs erkläre ich dir als kleinen Ausblick noch die komplexen Zahlen und die schönste Formel der Welt.

Wie kannst du spielerisch dein Können überprüfen?

Das Buch enthält ab der zweiten Auflage zu allen Kapiteln interaktive Multiple-Choice-Aufgaben, durch die du dich in der Flashcards-App oder im Browser spielerisch mit dem Stoff beschäftigen kannst.

Die Flashcards habe ich in dem gleichen Stil wie das Buch geschrieben: Jede Flashcard fokussiert auf einen wichtigen Punkt und ermöglicht dir festzustellen, ob du den Inhalt verstanden hast.

Die App kannst du kostenlos herunterladen, den Zugang für die Fragen zum Buch findest du auf Seite 294.

Falls du eine Aufgabe nicht richtig gelöst hast, zeigt dir die App, was du noch nicht verstanden hast.

Was ist neu in der dritten Auflage?

Die herausstechende Neuerung ist die Aufnahme der Vektorrechnung, linearen Algebra und analytischen Geometrie, der ich zwei Kapitel widme. Damit und mit dem zusätzlichen Kapitel zu Grundbegriffen der Wahrscheinlichkeitstheorie ist das Buch nun thematisch rund, auch im Sinne eines Vor- oder Brückenkurses.

Zu diesen neuen Kapiteln habe ich auch Flashcards erstellt, sodass du dich mit diesen Inhalten auch interaktiv beschäftigen kannst.

Zusätzlich habe ich wie schon in der zweiten Auflage an etlichen Stellen weitere didaktische Optimierungen vorgenommen und im Ausblick einige Themen ergänzt, insbesondere erkläre ich dir jetzt auch einige Grundideen der geometrischen Algebra.

Ich wünsche dir viel Spaß und Erfolg mit der Mathematik!

Adriane Gründers

PS: Ich danke Iris Ruhmann, Stella Schmoll und Bianca Alton für die ebenso professionelle wie angenehme verlagsseitige Betreuung der ersten bis dritten Auflage und vielfältige Hinweise im Detail. Sonja gab mir für die erste Auflage wertvolle Hinweise, und Vanille Sperr und einige weitere Leser:innen haben mir nach der Lektüre zahlreiche Anregungen für die zweite und dritte Auflage gesandt. Herzlichen Dank dafür.

Inhaltsverzeichnis

Grundlagen und Rechnen

In diesen Teil geht es um die vier Grundrechenarten, Addition, Subtraktion, Multiplikation und Division, und darum, wie man mit ganzen Zahlen und Brüchen rechnet.

Ich erkläre auch, warum man Klammern braucht und wie man sie loswerden kann.

Das ist alles eigentlich ganz einfach, aber es ist wichtig, es zu können. Sonst macht man später bei einfachen Dingen Fehler.

Mit den hier behandelten Inhalten kannst du schon einfache Anwendungsaufgaben lösen.

A. Gründers, *Mathe übersichtlich: Von den Basics bis zur Analysis*,
https://doi.org/10.1007/978-3-662-70883-5_1

Was sind natürliche Zahlen?

Die natürlichen Zahlen sind die Zahlen, die du beim Zählen verwendest. Manchmal nimmt man auch noch die Null zu den natürlichen Zahlen.

● ● ●...

1, 2, 3, ...

Wenn man alle natürlichen Zahlen gedanklich als Gesamtheit betrachtet, dann bezeichnet man die so entstehende Menge als die Menge der natürlichen Zahlen, abgekürzt als ℕ. Das besondere N zeigt, dass es eine fest definierte Menge ist.

$\mathbb{N} = \{1, 2, 3, \ldots\}$

Mengen kennzeichnet man links und rechts mit geschweiften Klammern, dazwischen stehen die Elemente der Menge.

$M = \{\underbrace{2, 3, 5, 7, 11, 13, 17, 19}_{\text{Das sind die Elemente.}}\}$

↑ Menge

Wenn ein gewisses Element zu einer Menge gehört, dann schreibt man das mit einem stilisierten kleinen Epsilon (∈, griechisches e).

$3 \in \mathbb{N}$

3 ist Element der Menge der natürlichen Zahlen.

Wenn ein Element nicht zu einer Menge gehört, nimmt man ein durchgestrichenes kleines Epsilon.

$4{,}37 \notin \mathbb{N}$

Das oben stillschweigend verwendete Gleichheitszeichen („=") zeigt an, dass das, was links davon steht, gleich ist mit dem rechts davon.

„=" bedeutet Gleichheit von dem, was links davon steht, mit dem, was rechts davon steht.

Es kommt ursprünglich von zwei parallelen Geraden.

Wie funktioniert Addition?

Wenn du zwei Zahlen zusammenzählst (addierst), zählst du einfach hintereinander. Wenn du erst bis 2 zählst und dann nochmals bis 3, ist dies das Gleiche, wie wenn du einmal bis 5 zählst.

$$\underbrace{\bullet\bullet}_{2}\ \underbrace{\bullet\bullet\bullet}_{3}$$

$$\underbrace{\bullet\bullet\bullet\bullet\bullet}_{5}$$

Man schreibt ein Pluszeichen „+“.

$$2 + 3 = 5$$

↑ ↑ ↑

Summand Summe

Die Zahlen, die du addierst, heißen Summanden, das Ergebnis Summe.

Da die Reihenfolge beim Hintereinanderzählen egal ist, kommt es bei der Addition nicht auf die Reihenfolge an: Du kannst die Summanden vertauschen.

$$2 + 3 = 3 + 2$$

Wenn du gar nicht (0-mal) weiterzählst, ändert sich nichts.

$$5 + 0 = 5$$

Es kommt nicht darauf an, ob du erst zwei Zahlen zusammenzählst und dann eine dritte oder erst die zweite und dritte und dann die erste.

$$\underbrace{(1 + 2)}_{3} + 3 = 1 + \underbrace{(2 + 3)}_{5} = 6$$

Wie funktioniert Subtraktion?

Wenn du rückwärts zählst, ziehst du ab. Wenn du erst bis 5 zählst und dann 2 rückwärts zählst (oder wegnimmst), ist es das Gleiche, wie wenn du bis 3 zählst.

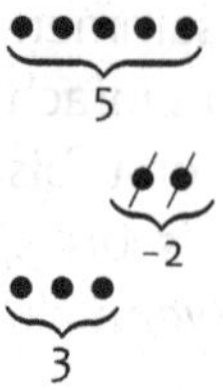

Man schreibt für Abziehen (Subtraktion) ein Minuszeichen „-".

$5 - 2 = 3$

Wenn du mehr rückwärts zählst, als du vorwärts gezählt hast, bekommst du eine negative Zahl.

$2 - 5 = -3$

Wenn du erst bis 2 zählst und dann 5 wegnimmst, ist es das Gleiche, wie wenn du bis -3 zählst.

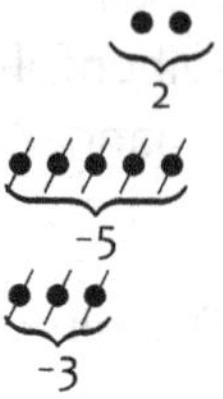

Bei der Subtraktion kommt es auf die Reihenfolge an.

$5 - 2 \neq 2 - 5$

Eine negative Zahl ist Null minus die entsprechende positive Zahl.

$-3 = 0 - 3$

Wenn man zu der Menge der natürlichen Zahlen noch die negativen Zahlen dazu nimmt sowie die Null, erhält man die ganzen Zahlen $\mathbb{Z}$.

$\mathbb{Z} = \{\ldots, -3, -2, -1, 0, 1, 2, 3, \ldots\}$

Wenn du mit einer negativen Zahl rechnest, machst du Klammern um sie. Die Klammer kann entfallen, wenn die negative Zahl am Anfang steht.

$7 + (-5)$

$-5 + 7$

Die Subtraktion ist die Umkehrung der Addition.

$5 - 3 = 2$, da $5 = 3 + 2$

Übersicht: Addition und Subtraktion

Die Buchstaben in den folgenden Übersichten sind Variablen. Du kannst dafür beliebige Zahlen einsetzen, in einer Gleichung gleiche Zahlen für gleiche Buchstaben.	a, b oder c sind Variablen.
Als Term bezeichnet man eine sinnvolle Anordnung von Zahlen, Variablen und Rechensymbolen.	$(a+5)^2$ ist ein Term. $+-)b$ ist kein Term.
Du kannst Klammern bei nur plus weglassen.	$a+(b+c)=(a+b)+c=a+b+c$
Du kannst bei der Addition die Reihenfolge vertauschen.	$a+b=b+a$
Addition von Null ändert nichts.	$a+0=0+a=a$
Subtraktion von b entspricht Addition von $-b$.	$a-b=a+(-b)$
Subtraktion des Negativen einer Zahl ist Addition dieser Zahl.	$a-(-b)=a+b$

Wie funktioniert Multiplikation?

Die Multiplikation mit natürlichen Zahlen ist eine Abkürzung für mehrfaches Addieren.

$$3 \cdot 5 = \underbrace{5 + 5 + 5}_{\text{3-mal der Summand 5}}$$

Du kannst dir vorstellen, dass du 3-mal 5 Punkte untereinander zeichnest und einfach weiterzählst.

Wenn du also mit 1 multiplizierst, ändert sich die Zahl nicht.

$1 \cdot 17 = 17$

Wenn du mit 0 multiplizierst, ergibt sich immer 0.

$0 \cdot 17 = 0$

Wenn du mit einer negativen Zahl multiplizierst, ergibt sich das Negative von dem, was sich bei Multiplikation der entsprechenden positiven Zahl ergeben hätte.

$(-2) \cdot 3 = -(2 \cdot 3) = -6$

Daher ist eine negative Zahl -1-mal die entsprechende positive Zahl.

$-3 = (-1) \cdot 3$

Diese Darstellung ist oft hilfreich.

Bei der Multiplikation kannst du die Reihenfolge vertauschen: Wenn du 5-mal 3 addierst, ist das Ergebnis das Gleiche, wie wenn du 3-mal 5 addierst.

$3 \cdot 5 = 5 \cdot 3$

Du siehst das daran, dass 3 Linien mit 5 Punkten (oben) dasselbe sind wie 5 Linien mit 3 Punkten (rechts).

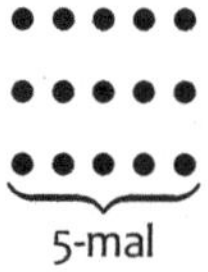

Ähnlich kannst du mit einer quaderförmigen Anordnung von Punkten sehen, dass $3 \cdot (5 \cdot 7) = (3 \cdot 5) \cdot 7$ ist.

In welcher Reihenfolge addierst und multiplizierst du?

Bei der Addition kommt es nie auf die Reihenfolge an, auch nicht, wenn du negative Zahlen addierst.

$3 + 5 = 5 + 3$

$(-3) + 5 = 5 + (-3) = 5 - 3 = 2$

Ebensowenig kommt es bei der Multiplikation auf die Reihenfolge an.

$3 \cdot 5 = 5 \cdot 3 = 15$

$(-3) \cdot 5 = 5 \cdot (-3) = -15$

Um anzugeben, in welcher Reihenfolge man rechnet, wenn verschiedene Rechenarten auftreten, verwendet man Klammern.

Damit man nicht so viele Klammern benötigt, hat man festgelegt, dass Punktrechnung Vorrang vor Strichrechnung hat.

Multiplikation (·) und Division (:) haben Vorrang vor Addition (+) und Subtraktion (-).

Hier braucht man also keine Klammern.

$2 + 3 \cdot 5 = 2 + (3 \cdot 5) = 2 + 15 = 17$

Wenn man es umgekehrt möchte, also zuerst addieren möchte, muss man Klammern setzen.

$(2 + 3) \cdot 5 = 5 \cdot 5 = 25$

Du siehst hier, dass es darauf ankommt, in welcher Reihenfolge man rechnet.

$2 + (3 \cdot 5) = 17 \neq 25 = (2 + 3) \cdot 5$

Das Zeichen „$\neq$“ bedeutet ungleich, dass also keine Gleichheit gilt.

Wie rechnest du mit Klammern?

Klammern geben die Reihenfolge an, in der man rechnet. Ein in Klammern eingeschlossener Ausdruck ist wie eine abgekapselte Einheit.

$$\ldots\underbrace{(5+6)}_{\substack{\text{Berechne dies,}\\ \text{bevor du damit}\\ \text{weiterrechnest.}}}\ldots$$

Wenn es mehrere Klammern gibt, rechnet man von der innersten Klammer nach außen.

$$\underbrace{2\cdot\underbrace{(3+\underbrace{4\cdot\underbrace{(5+6)}_{1.}}_{2.})}_{3.}}_{4.}$$

Im ersten Schritt rechnet man also die innerste Klammer aus. Hier somit $5+6=11$.

$$=2\cdot(3+4\cdot 11)$$

Dann berechnet man den zweitinnersten Term, also $4\cdot 11=44$.

$$=2\cdot(3+44)$$

Und entsprechend geht man weiter von innen nach außen vor.

$$=2\cdot 47$$
$$=94$$

Innerhalb der Klammern oder wenn es keine gibt, rechnet man von links nach rechts.

Bei Klammern, die nicht ineinander geschachtelt sind, ist es egal, in welcher Reihenfolge du sie berechnest.

$$\underbrace{(3+5)}_{1.}\cdot\underbrace{(4-2)}_{2.}=$$
$$=\underbrace{(3+5)}_{2.}\cdot\underbrace{(4-2)}_{1.}$$

Wann kannst du eine Klammer einfach weglassen?

Du kannst die Klammer dann weglassen (oder gar nicht erst schreiben), wenn in der Klammer nur noch eine Zahl (oder eine Variable) steht.

$2 \cdot (3 + 5) = 2 \cdot (8) = 2 \cdot 8 = 16$

Achtung aber, wenn die Zahl negativ ist, musst du das Minuszeichen (das ja bedeutet, dass die Zahl mit -1 zu multiplizieren ist) berücksichtigen, womit ein Plus davor zu einem Minus wird.

$4 + (5 - 8) = 4 + (-3) = 4 - 3 = 1$

Weiterhin kannst du die Klammer weglassen, wenn es eine per Konvention (=allgemein übliche Vereinbarung) definierte Reihenfolge gibt, hier Punkt (· oder :) vor Strich (+ oder -).

$2 + (3 \cdot 5) = 2 + 3 \cdot 5 = 2 + 15 = 17$
Klammer kann entfallen wegen Punkt-vor-Strich-Konvention.

Zudem kannst du die Klammer weglassen, wenn es egal ist, in welcher Reihenfolge man rechnet. Das ist nur der Fall, wenn du mehrere Pluszeichen oder Malpunkte hintereinander hast.

$2 + (3 + 5) = (2 + 3) + 5 = 2 + 3 + 5 = 10$
$2 \cdot (3 \cdot 5) = (2 \cdot 3) \cdot 5 = 2 \cdot 3 \cdot 5 = 30$

Achtung: Bei Minuszeichen (oder geteilt durch) darfst du die Klammern nicht weglassen, das Ergebnis hängt von der Reihenfolge ab.

$2 - (3 + 5) = 2 - 8 = -6$, aber
$2 - 3 + 5 = -1 + 5 = 4$, also
$2 - (3 + 5) \neq 2 - 3 + 5$

Auch bei Malpunkten vor geklammerten Plusausdrücken darfst du die Klammern nicht weglassen, auch nicht bei Potenzen (wird noch erklärt).

$2 \cdot (3 + 5) \neq 2 \cdot 3 + 5$
$(2 + 3) \cdot (2 + 3) \neq 2 + 3 \cdot 2 + 3$
$(2 + 3)^2 \neq 2 + 3^2$
$(2 + 3)^2 \neq 2^2 + 3^2$

Wie hilft dir das Distributivgesetz, Klammern loszuwerden?

Das Distributivgesetz kannst du immer anwenden, wenn vor einer Klammer ein Malpunkt steht und in der Klammer Plus oder Minus.

$3 \cdot (2 + 3)$

Das Distributivgesetz sagt: Du kannst, statt erst zu addieren und dann die Summe zu multiplizieren, auch jeden Summanden einzeln multiplizieren und dann die Produkte addieren.

$3 \cdot (2 + 3) = 3 \cdot 2 + 3 \cdot 3$
$3 \cdot 5 = 3 \cdot 2 + 3 \cdot 3$
$15 = 6 + 9$

Das kannst du mithilfe der Veranschaulichung der Multiplikation leicht sehen.

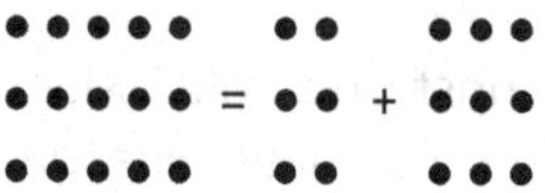

Wenn du also eine Klammer um eine Summe weghaben möchtest, nimmst du das Distributivgesetz.

$3 \cdot (100 + 3) = 3 \cdot 100 + 3 \cdot 3$
$= 300 + 9 = 309$

Manchmal ist es auch praktisch, das Distributivgesetz zu nutzen, um eine Klammer zu erzeugen, man nennt das ausklammern.

$7 \cdot 99 + 7 \cdot 1 = 7 \cdot (99 + 1)$
$= 7 \cdot 100 = 700$

Ein Minus vor einer Klammer behandelst du wie -1-mal die Klammer.

$2 - (3 + 5) = 2 + (-1) \cdot (3 + 5)$
$= 2 + (-1) \cdot 3 + (-1) \cdot 5 = 2 - 3 - 5$

Analog geht es, wenn auch in der Klammer ein Minus ist, wobei du dann beachten musst, dass Minus mal Minus Plus gibt.

$2 - (3 - 5) = 2 + (-1) \cdot (3 - 5)$
$= 2 + (-1) \cdot 3 + (-1) \cdot (-5) = 2 - 3 + 5$

Achtung: Das Distributivgesetz gilt bei der Multiplikation, aber nicht genauso beim Potenzieren.

$(1 + 1) \cdot 2 = 1 \cdot 2 + 1 \cdot 2$
$\underbrace{(1 + 1)^2}_{2^2=4} \neq \underbrace{1^2 + 1^2}_{1+1=2}$

Warum ist Minus mal Minus gleich Plus?

Die einfachste Erklärung ergibt sich, wenn man das Distributivgesetz anwendet, d. h. die Regel, wie Addition und Multiplikation zusammenarbeiten.

Wir wollen das Produkt zweier negativer Zahlen ausrechnen.

$$(-2) \cdot (-3)$$

Wir starten mit einer einfachen Gleichung, in der -3 vorkommt.

$$3 + (-3) = 0$$

Um den gesuchten Ausdruck $(-2) \cdot (-3)$ auszurechnen, müssen wir ihn erst einmal erzeugen. Dazu multiplizieren wir beide Seiten mit -2.

$$(-2) \cdot (3 + (-3)) = (-2) \cdot 0$$

Auf der linken Seite nutzen wir das Distributivgesetz. Auf der rechten Seite beachten wir, dass eine beliebige Zahl mit Null multipliziert wieder Null ergibt.

$$(-2) \cdot 3 + (-2) \cdot (-3) = 0$$

Bei dem ersten Term links nutzen wir, dass eine negative Zahl mit einer positiven multipliziert eine negative Zahl ergibt.

$$-6 + (-2) \cdot (-3) = 0$$

Dann addieren wir auf beiden Seiten die Zahl Sechs und haben das Ergebnis.

$$(-2) \cdot (-3) = +6$$

Es gilt also Minus mal Minus gleich Plus.

Übersicht: Verbindung von Addition und Multiplikation

Du kannst ausmultiplizieren ...

$$a(b + c) = ab + ac$$
$$a(b - c) = ab - ac$$

... oder ausklammern (wie oben, nur rückwärts).

$$ab + ac = a(b + c)$$
$$ab - ac = a(b - c)$$

Bei zwei Klammern musst du jeden Summanden der ersten Klammer mit jedem der zweiten multiplizieren.

$$(a + b)(c + d) =$$
$$a(c + d) + b(c + d) =$$
$$ac + ad + bc + bd$$

Das heißt, du multiplizierst jeden Summanden der ersten Summe mit jedem Summanden der zweiten Summe.

	c	d
a	ac	ad
b	bc	bd

Wichtig ist, dass du auf die Vorzeichen achtest. Wenn zwei Minuszeichen miteinander multipliziert werden, gibt es ein Pluszeichen. Am besten du schreibst die Terme mit einem Minus davor als Terme mit Plus davor um.

$$a - b \cdot (d - e)$$
$$= a + (-b) \cdot d + (-b) \cdot (-e)$$
$$= a - b \cdot d + b \cdot e$$

Die Multiplikation mit –1 dreht das Vorzeichen um.

$$(-1) \cdot a = -a$$
$$(-1) \cdot (-a) = +a = a$$

Ich habe hier statt Zahlen bereits Variablen verwendet.

Wozu brauchst du die Division?

Die Division ist die Umkehrung der Multiplikation. Wenn du wissen willst, wie oft die 5 in die 15 geht, lautet die Antwort 3.

$15 : 5 = 3$
da $3 \cdot 5 = 15$

Für die Division gibt es verschiedene Schreibweisen, den Doppelpunkt, den schrägen Bruchstrich, den Doppelpunkt zusammen mit einem kleinen Bruchstrich oder den horizontalen Bruchstrich.

$15 : 5 = 3$
$15/5 = 3$
$15 \div 5 = 3$
$\frac{15}{5} = 3$

Bei den Schreibweisen in einer Zeile muss man Klammern setzen, wenn man durch einen Term, z. B. eine Summe, dividiert.

$15 : (4 + 1) = 3$
$15/(4 + 1) = 3$
$15 \div (4 + 1) = 3$

Bei dem (horizontalen) Bruchstrich ist gewissermaßen der Bruchstrich die Klammer, er überdacht den Term, durch den man dividiert.

$\frac{15}{4 + 1} = 3$

Wir verwenden im Folgenden stets den Bruchstrich, das ist am übersichtlichsten.

Jede Zahl geht genau einmal in sich selbst hinein, gibt also dividiert durch sich selbst die Eins.

$\frac{5}{5} = 1$, da $1 \cdot 5 = 5$

In jede Zahl geht die Eins so oft hinein, wie die Zahl angibt.

$\frac{5}{1} = 5$, da $5 \cdot 1 = 5$

Warum kannst du nicht durch Null dividieren?

Die Division durch 0 ist nicht definiert.

Dividiere daher nicht durch 0.

$\cancel{\frac{12}{0}}$

Wenn du dividierst, prüfe, dass der Nenner ungleich 0 ist.

$\cancel{\frac{12}{6-2\cdot 3}}$

Wenn du eine Zahl durch 0 dividieren könntest, müsste das Ergebnis angeben, womit du die 0 multiplizieren musst, damit du die ursprüngliche Zahl erhältst. Egal, womit du die 0 aber multiplizierst, bekommst du immer die 0 und nicht die ursprüngliche Zahl (z. B. 12).

$\frac{12}{0} = ?$

Aber: $0 \cdot ? = 0 \neq 12$

Diese Überlegung zeigt, dass man allenfalls die 0 durch die 0 dividieren kann. Da kann aber zunächst einmal alles herauskommen, denn $a \cdot 0 = 0$.

$\frac{0}{0} = ?$

Ist so nicht berechenbar,
nur durch Grenzwertprozesse.

Wir kommen später darauf zurück: Man kann $\frac{0}{0}$ nur definieren, wenn beide Nullen durch einen gemeinsamen Grenzwertprozess entstanden sind.

Wozu brauchst du Brüche (rationale Zahlen)?

Wenn eine natürliche Zahl ein ganzzahliges Vielfaches einer anderen natürlichen Zahl ist, so gibt die Division wieder eine natürliche Zahl. Man sagt, die Zahl ist durch die andere teilbar (ohne Rest).

$3 \cdot 5 = 15$
15 ist ein Vielfaches von 5.
$\frac{15}{5} = 3$

Wenn du eine natürliche Zahl durch eine andere dividierst, die nicht durch diese teilbar ist, dann ergibt sich keine natürliche Zahl.

15 ist nicht durch 4 teilbar.
2 ist nicht durch 3 teilbar.
4 ist nicht durch 6 teilbar.

Man schreibt die Zahl dann als Bruch (oder auch Dezimalzahl, s. u.).

$\frac{15}{4}, \frac{2}{3}, \frac{4}{6}$

Man bezeichnet die obere Zahl, die man dividiert, als Zähler.

Bei $\frac{3}{5}$ ist 3 der Zähler.

Man bezeichnet die untere Zahl, durch die man dividiert, als Nenner.

Bei $\frac{3}{5}$ ist 5 der Nenner.

Man kann jeden Bruch schreiben als Zähler multipliziert mit dem Bruch 1 durch Nenner. Diese Umformung kann in beide Richtungen hilfreich sein.

$\frac{3}{5} = 3 \cdot \frac{1}{5}$
Wenn du 3 Einheiten in 5 Teile aufteilst, ist das so, wie wenn du 1 Einheit in 5 Teile aufteilst und 3 der Teile (=Fünftel) nimmst.

Die Menge aller Brüche nennt man die rationalen Zahlen.

$\mathbb{Q}$ bezeichnet die Menge der rationalen Zahlen, d. h. der Bruchzahlen.

Übrigens nennt man eine Zahl, die nur durch 1 und sich selbst teilbar ist, eine Primzahl. Die 1 nimmt man aus.

2, 3, 5, 7, 11, 13, 17, 19, 23, 29, 31, . . . sind Primzahlen.

Man kann beweisen, dass man jede natürliche Zahl eindeutig in Primzahlfaktoren zerlegen kann.

$1000 = 2 \cdot 2 \cdot 2 \cdot 5 \cdot 5 \cdot 5$
$2021 = 43 \cdot 47$
$123456789 = 3 \cdot 3 \cdot 3607 \cdot 3803$

Wie erweiterst und kürzt du Brüche?

Du erweiterst einen Bruch, indem du Zähler und Nenner mit derselben Zahl multiplizierst.

$$\frac{2}{3} = \frac{2 \cdot 2}{3 \cdot 2} = \frac{4}{6}$$

Das kannst du einfach verstehen:
Wenn du 2 Einheiten in 3 Teile aufteilst, ist es das Gleiche, wie wenn du die doppelte Anzahl von Einheiten auf die doppelte Anzahl von Teilen aufteilst.

Du kannst dir auch vorstellen, dass du den Bruch mit $1 = \frac{2}{2}$ multiplizierst.

$$\frac{2}{3} = \frac{2}{3} \cdot 1 = \frac{2}{3} \cdot \frac{2}{2} = \frac{4}{6}$$

Du kürzt einen Bruch, indem du Zähler und Nenner durch dieselbe Zahl dividierst.

$$\frac{4}{6} = \frac{4/2}{6/2} = \frac{2}{3}$$

Am einfachsten ist es, wenn du Zähler und Nenner so in Faktoren zerlegst, dass sich im Zähler und Nenner der gleiche Faktor befindet, diesen kannst du dann einfach streichen (kürzen).

$$\frac{4}{6} = \frac{2 \cdot 2}{2 \cdot 3} = \frac{\not{2} \cdot 2}{\not{2} \cdot 3} = \frac{2}{3}$$

Wenn im Zähler nur eine Zahl steht, die du streichen würdest, dann bleibt eine 1 stehen (da Multiplikation mit 1 nichts ändert und ein Bruch einen Zähler braucht).

$$\frac{2}{4} = \frac{1 \cdot 2}{2 \cdot 2} = \frac{1 \cdot \not{2}}{2 \cdot \not{2}} = \frac{1}{2}$$

Wenn im Nenner nur eine Zahl steht, die du streichen würdest, dann bleibt zunächst eine 1 stehen, die du aber weglassen kannst (da die Division mit 1 nichts ändert), der Bruch ist dann zu einer natürlichen Zahl geworden.

$$\frac{4}{2} = \frac{2 \cdot 2}{2 \cdot 1} = \frac{2 \cdot \not{2}}{\not{2} \cdot 1} = \frac{2}{1} = 2$$

Wie addierst und subtrahierst du Brüche?

So, wie du nur Gleiches zusammenzählen kannst, kannst du nur gleiche Teilstücke (gleicher Nenner) zusammenzählen.

2 Siebtel + 3 Siebtel = 5 Siebtel

2 Drittel und 3 Fünftel lassen sich nicht unmittelbar addieren.

Brüche mit gleichem Nenner lassen sich also addieren, indem du 1/Nenner ausklammerst.

$$\frac{2}{7} + \frac{3}{7} = 2 \cdot \frac{1}{7} + 3 \cdot \frac{1}{7} = (2+3) \cdot \frac{1}{7} = \frac{5}{7}$$

Dies bedeutet, dass du die Zähler addierst und den Nenner beibehältst.

$$\frac{2}{7} + \frac{3}{7} = \frac{2+3}{7} = \frac{5}{7}$$

Brüche mit verschiedenen Nennern musst du erst auf den gleichen Nenner bringen.

$$\frac{1}{50} + \frac{3}{100} = ?$$

Dazu musst du Zähler und Nenner von einem oder beiden Brüchen so erweitern (d. h. mit einer Zahl multiplizieren), dass die beiden Nenner gleich werden.

$\frac{1}{50} = \frac{2}{100}$ damit gleicher Nenner wie zweiter Bruch $\frac{3}{100}$

Dann kannst du die Brüche addieren, indem du die Zähler addierst und den (gemeinsamen) Nenner beibehältst.

$$\frac{1}{50} + \frac{3}{100} = \frac{2}{100} + \frac{3}{100} = \frac{2+3}{100} = \frac{5}{100}$$

Eventuell kannst du dann den Bruch noch kürzen.

$$\frac{5}{100} = \frac{1 \cdot 5}{20 \cdot 5} = \frac{1 \cdot \cancel{5}}{20 \cdot \cancel{5}} = \frac{1}{20}$$

Hier das verbale Beispiel von ganz oben. Du musst hier beide Brüche erweitern, damit die Nenner gleich werden.

$$\frac{2}{3} + \frac{3}{5} = ?$$

$\frac{2}{3} = \frac{10}{15}$ und $\frac{3}{5} = \frac{9}{15}$

$$\frac{2}{3} + \frac{3}{5} = \frac{10}{15} + \frac{9}{15} = \frac{19}{15}$$

Wie bringst du Brüche auf den gleichen Nenner?

Der gemeinsame Nenner ist das kleinste gemeinsame Vielfache (kgV) der Nenner der Ausgangsbrüche.

4er-Vielfache: 4, 8, 12, 16, . . .
6er-Vielfache: 6, 12, 18, 24, . . .
Das kleinste gemeinsame Vielfache von 4 und 6 ist also 12.

Wenn du Brüche addierst und dazu auf den gleichen Nenner bringen willst, ist es am elegantesten, wenn du das kleinste gemeinsame Vielfache verwendest.

$$\frac{3}{4} + \frac{5}{6} = \frac{3 \cdot 3}{4 \cdot 3} + \frac{5 \cdot 2}{6 \cdot 2} = \frac{9}{12} + \frac{10}{12} = \frac{19}{12}$$

Du kannst aber auch einfach jeden Bruch mit dem Nenner des jeweils anderen Bruchs erweitern.

$$\frac{3}{4} + \frac{5}{6} = \frac{3 \cdot 6}{4 \cdot 6} + \frac{5 \cdot 4}{6 \cdot 4} = \frac{18}{24} + \frac{20}{24} = \frac{38}{24}$$

Eventuell musst du den Bruch dann noch kürzen.

$$\frac{3}{4} + \frac{5}{6} = \frac{38}{24} = \frac{19}{12}$$

Wenn du Brüche subtrahierst, geht es genauso.

$$\frac{3}{4} - \frac{5}{6} = \frac{18}{24} - \frac{20}{24} = \frac{-2}{24} = -\frac{1}{12}$$

Wie multiplizierst und dividierst du Brüche?

Du multiplizierst einen Bruch mit einer ganzen Zahl, indem du den Zähler mit der Zahl multiplizierst.

$$\frac{2}{3} \cdot 5 = \frac{2 \cdot 5}{3} = \frac{10}{3}$$

Du dividierst einen Bruch durch eine ganze Zahl, indem du den Nenner mit der Zahl multiplizierst.

$$\frac{2}{3} : 7 = \frac{2}{3} \cdot \frac{1}{7} = \frac{2}{3 \cdot 7} = \frac{2}{21}$$

Du multiplizierst mit einem Bruch, indem du beides machst, also indem du die Zähler multiplizierst und die Nenner multiplizierst.

$$\frac{2}{3} \cdot \frac{5}{7} = \frac{2 \cdot 5}{3 \cdot 7} = \frac{10}{21}$$

Eventuell kannst du kürzen, das machst du am einfachsten, bevor du Zähler und Nenner ausmultiplizierst.

$$\frac{2}{3} \cdot \frac{3}{4} = \frac{2 \cdot \cancel{3}}{\cancel{3} \cdot 4} = \frac{2}{4} = \frac{1}{2}$$

Die Multiplikation mit einer ganzen Zahl (= $\frac{\text{Zahl}}{1}$) ist ein Spezialfall davon.

$$\frac{2}{3} \cdot 5 = \frac{2}{3} \cdot \frac{5}{1} = \frac{2 \cdot 5}{3 \cdot 1} = \frac{10}{3}$$

Du dividierst durch eine Zahl, indem du mit dem Kehrwert der Zahl (= $\frac{1}{\text{Zahl}}$) multiplizierst.

$$5 : 3 = 5/3 = 5 \cdot 1/3 = 5 \cdot \frac{1}{3} = \frac{5}{3}$$

Der Kehrbruch ist der Kehrwert des Bruchs. Du erhältst ihn, indem du Nenner und Zähler vertauschst.

$$1 : \frac{3}{4} = \frac{1}{\frac{3}{4}} = \frac{4}{3}$$

$$1 : 3 = \frac{1}{\frac{3}{1}} = \frac{1}{3}$$

Du dividierst durch einen Bruch, indem du mit dem Kehrbruch multiplizierst.

$$\frac{2}{3} : \frac{3}{4} = \frac{\frac{2}{3}}{\frac{3}{4}} = \frac{2}{3} \cdot \frac{4}{3} = \frac{2 \cdot 4}{3 \cdot 3} = \frac{8}{9}$$

Übersicht: Multiplikation und Division

Du kannst Klammern bei Termen mit nur Malpunkten weglassen.	$a \cdot (b \cdot c) = (a \cdot b) \cdot c = a \cdot b \cdot c$
Du kannst bei der Multiplikation die Reihenfolge vertauschen.	$a \cdot b = b \cdot a$
Multiplikation mit 1 ändert nichts.	$a \cdot 1 = 1 \cdot a = a$
Multiplikation mit 0 macht alles zu 0.	$a \cdot 0 = 0 \cdot a = 0$
Division durch b entspricht Multiplikation mit $\frac{1}{b} = 1/b$.	$a/b = \frac{a}{b} = a \cdot \frac{1}{b} = a \cdot (1/b)$
Die Division durch 0 ist nicht definiert.	
Ein Bruch ist eine Division. Ein Bruch ändert sich nicht, wenn du Zähler und Nenner mit derselben Zahl (ungleich 0) multiplizierst oder durch sie dividierst.	$\frac{a}{b} = \frac{a}{b} \cdot \frac{c}{c} = \frac{a \cdot c}{b \cdot c}$
Brüche multiplizierst du, indem du die Zähler miteinander multiplizierst und die Nenner miteinander multiplizierst.	$\frac{a}{b} \cdot \frac{c}{d} = \frac{a \cdot c}{b \cdot d}$
Brüche dividierst du, indem du mit dem Kehrbruch (Nenner und Zähler vertauscht) multiplizierst.	$\frac{a}{b} : \frac{c}{d} = \frac{\frac{a}{b}}{\frac{c}{d}} = \frac{a}{b} \cdot \frac{d}{c} = \frac{a \cdot d}{b \cdot c} = \frac{ad}{bc}$

Ich habe hier statt Zahlen bereits Variablen verwendet.

Übersicht: Bruchrechnung

Brüche multiplizierst du, indem du die Zähler miteinander multiplizierst und die Nenner miteinander multiplizierst.

$$\frac{a}{b} \cdot \frac{c}{d} = \frac{a \cdot c}{b \cdot d}$$

Brüche dividierst du, indem du mit dem Kehrbruch (Nenner und Zähler vertauscht) multiplizierst.

$$\frac{a}{b} : \frac{c}{d} = \frac{\frac{a}{b}}{\frac{c}{d}} = \frac{a}{b} \cdot \frac{d}{c} = \frac{a \cdot d}{b \cdot c} = \frac{ad}{bc}$$

Brüche mit gleichem Nenner addierst oder subtrahierst du, indem du Zähler addierst oder subtrahierst und den Nenner beibehältst.

$$\frac{a}{c} + \frac{b}{c} = \frac{a + b}{c}$$

$$\frac{a}{c} - \frac{b}{c} = \frac{a - b}{c}$$

Brüche mit verschiedenen Nennern addierst oder subtrahierst du, indem du sie erst gleichnamig machst (also Nenner gleich) und dann die Zähler addierst.

$$\frac{a}{b} + \frac{c}{d} - \frac{ad}{bd} + \frac{bc}{bd} = \frac{ad + bc}{bd}$$

$$\frac{a}{b} - \frac{c}{d} = \frac{ad}{bd} - \frac{bc}{bd} = \frac{ad - bc}{bd}$$

Achtung: Im Gegensatz zur Multiplikation gilt kein Distributivgesetz bei der Division, also kein Distributivgesetz für Nenner in Brüchen.

$$a : (b + c) \neq a : b + a : c$$

$$\frac{a}{b + c} \neq \frac{a}{b} + \frac{a}{c}$$

Für Zähler in Brüchen gilt ein Distributivgesetz, da die Division (: c) einer Multiplikation mit dem Kehrwert ($\cdot \frac{1}{c}$) entspricht.

$$(a + b) : c = a : c + b : c$$

$$\frac{a + b}{c} = \frac{a}{c} + \frac{b}{c}$$

Ich habe hier statt Zahlen bereits Variablen verwendet.

Was sind Dezimalzahlen?

Dezimalzahlen sind Kommazahlen.

234,567

Links vom Komma stehen die Einer, Zehner, Hunderter, Tausender etc. Rechts vom Komma stehen die Zehntel, Hundertstel, Tausendstel etc. Es können auch links und rechts vom Komma Ziffern stehen.

$234{,}0 = 234 = 2 \cdot 100 + 3 \cdot 10 + 4 \cdot 1$

$0{,}567 = 5 \cdot 0{,}1 + 6 \cdot 0{,}01 + 7 \cdot 0{,}001$

$234{,}567 = 2 \cdot 100 + 3 \cdot 10 + 4 \cdot 1 + 5 \cdot 0{,}1 + 6 \cdot 0{,}01 + 7 \cdot 0{,}001$

Man kann Brüche auch als Dezimalzahlen (=Kommazahlen) schreiben.

$\frac{1}{2} = 0{,}5,\ \frac{1}{4} = 0{,}25,\ \frac{1}{20} = 0{,}05$

Manche Brüche haben unendlich viele Ziffern nach dem Komma. Diese wiederholen sich periodisch, man schreibt dies als Strich darüber.

$\frac{1}{3} = 0{,}3333\ldots$

$\frac{1}{3} = 0{,}\overline{3} = 0{,}33\ldots$

$\frac{1}{7} = 0{,}\overline{142857} = 0{,}142857142857\ldots$

Wenn du eine abbrechende Dezimalzahl als Bruch darstellen willst, erweitere mit einer Zehnerpotenz.

$$0{,}234 = \frac{0{,}234 \cdot 1000}{1000} = \frac{234}{1000} = \frac{117}{500}$$

Wenn du eine periodische Dezimalzahl als Bruch darstellen willst, geht das, indem du (je nach Periodenlänge) mit 9 oder 99 oder 999 etc. multiplizierst.

$a = 0{,}234234234\ldots$, daher

$1000a = 234{,}234234234\ldots$

$-\quad a = \quad 0{,}234234234\ldots$

$999a = 234$

also $a = \frac{234}{999}$

Es gibt aber auch Dezimalzahlen, bei denen sich die Ziffern nicht periodisch wiederholen oder abbrechen, diese lassen sich nicht als Bruch schreiben.

$0{,}1234576891011121314151617\ldots$

$\sqrt{2} = 1{,}414213562373095\ldots$

Die Menge aller Dezimalzahlen nennt man die reellen Zahlen. Sie sind alle Punkte auf dem Zahlenstrahl.

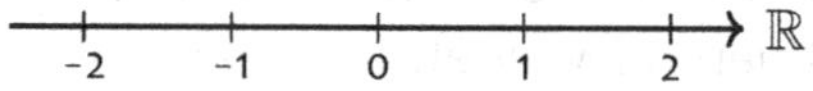

$\mathbb{R}$ bezeichnet die Menge der reellen Zahlen, d. h. der Dezimalzahlen.

Warum reichen die Bruchzahlen nicht?

Die Dezimalzahlen , die sich nicht als Bruch, also nicht als rationale Zahl schreiben lassen, nennt man irrationale Zahlen.

0,12345768910111213141516 17...

$\sqrt{2} = 1{,}414213562373095\ldots$

Du kannst recht einfach verstehen, warum $\sqrt{2}$ eine irrationale Zahl ist, sich also nicht als Bruch schreiben lässt.

Angenommen, $\sqrt{2}$ ließe sich als Bruch schreiben, wir nennen ihn $\frac{p}{q}$.

$$\sqrt{2} = \frac{p}{q}, \quad p, q \in \mathbb{N}$$

Wir zerlegen nun Nenner und Zähler des (angenommenen) Bruchs $\sqrt{2} = \frac{p}{q}$ in eine 2-er Potenz und eine (ungerade) Zahl.

$p = 2^r p'$, wobei p' ungerade ist.
$q = 2^s q'$, wobei q' ungerade ist.
p enthält r-mal den Faktor 2.
q enthält s-mal den Faktor 2.

Wir quadrieren nun die Ursprungsgleichung.

$$\frac{p}{q} = \sqrt{2} \Rightarrow \frac{p^2}{q^2} = 2$$
$$\Rightarrow p^2 = 2q^2$$

In der linken Seite der letzten Gleichung ist $2r$-mal der Faktor 2 enthalten, also eine gerade Anzahl von Malen, aber rechts kommt der Faktor insgesamt eine ungerade Anzahl von Malen vor.

$$\underbrace{2^{2r}}_{\substack{2r\text{-mal}\\ \text{die } 2}} \cdot \underbrace{p'^2}_{\text{ungerade}} = \underbrace{2 \cdot 2^{2s}}_{\substack{2s+1\text{-mal}\\ \text{die } 2}} \cdot \underbrace{q'^2}_{\text{ungerade}}$$

Links steht die 2 eine gerade Zahl von Malen, rechts eine ungerade Anzahl von Malen.

Eine gerade Zahl kann aber nicht gleich einer ungeraden Zahl sein.

$2r = 2s + 1$
Widerspruch, wenn $r, s \in \mathbb{N}$.

Daher lässt sich $\sqrt{2}$ nicht als Quotient zweier ganzer Zahlen darstellen, ist also irrational.

$\sqrt{2}$ ist irrational.

Was sind Unbekannte und Variablen?

Was wir bisher gemacht haben, gilt nicht nur für die Zahlen, die wir verwendet haben, sondern für beliebige Zahlen.

$2 + 3 = 3 + 2$
$17 + 23 = 23 + 17$

Man schreibt für eine beliebige, aber innerhalb einer Rechnung feste Zahl einen Buchstaben und nennt dies einen Platzhalter (auch Variable).

Platzhalter
$a, b, c, \dots x, y, z$

Rechenregeln und Vorgehensweisen gelten meistens für (unendlich) viele Beispiele, daher formuliert man sie mit Variablen.

$a + b = b + a$

Oft nimmt man dafür Kleinbuchstaben vom Anfang des Alphabets.

a, b stehen für beliebige Zahlen, jeweils überall in einer Rechnung für dieselbe.

Wenn es um natürliche Zahlen geht, nimmt man häufig n oder m, bei Indizes oft auch i, j oder k.

$n \in \mathbb{N}$
$i = 1, 2, 3, \dots$

Wenn man eine Zahl sucht , bezeichnet man die zunächst unbekannte Zahl (Unbekannte) oft mit Buchstaben am Ende des Alphabets.

Welche Zahl ergibt mit 3 multipliziert und um 5 addiert 12?

Unbekannte Zahl: x

Man schreibt das, was gegeben ist, mithilfe von x auf.

$3 \cdot x + 5 = 12$

Wenn man Zahlen mit Variablen multipliziert, lässt man den Malpunkt ($\cdot$) meistens weg.

$3x + 5 = 12$

Ebenso, wenn man Variablen miteinander multipliziert.

$ax + by = 1$
statt $a \cdot x + b \cdot y = 1$

Wie multiplizierst du aus und wie klammerst du aus?

Das Distributivgesetz sagt, dass wenn du eine Summe multiplizierst, du jeden einzelnen Summanden multiplizieren musst.

$a(b + c) = ab + ac$

Wenn der Faktor selbst aus einer Summe besteht, musst du zweimal das Distributivgesetz anwenden.

$(a + b)(c + d) =$
$a(c + d) + b(c + d) =$
$ac + ad + bc + bd$

Das heißt, du multiplizierst jeden Summanden der ersten Summe mit jedem Summanden der zweiten Summe.

	c	d
a	ac	ad
b	bc	bd

Um festzustellen, ob du eine Variable ausklammern kannst, musst du schauen, ob diese in jedem Summanden vorkommt.

$ab + 5a = a(b + 5)$

In beiden Summanden kommt a vor, du kannst also a ausklammern.

Am besten du multiplizierst in Gedanken nochmals aus, um zu sehen, ob es stimmt.

$a \cdot (b + 5) = a \cdot b + a \cdot 5 = ab + 5a$

Genau wie vorher, es stimmt also.

Oft ist es gut, sich erst einmal für eine Variable zu entscheiden.

$ab + 3b + 5a + 15 = a(b + 5) + 3b + 15$
$= a(b + 5) + 3(b + 5)$
$= (a + 3)(b + 5)$

Manchmal ist es nicht einfach zu sehen, wie du etwas ausklammern kannst.

$a^3 - b^3 = (a - b)(a^2 + ab + b^2)$

Wenn du es auf eine Variable reduzierst (indem du durch b^3 dividierst und $x = a/b$ setzt), erhältst du $x^3 - 1$. Du kannst eine Nullstelle erraten ($x = 1$) und dann per Polynomdivision durch $x - 1$ dividieren.

$$
\begin{array}{l}
(\;x^3 \qquad\qquad -1) : (x - 1) = x^2 + x + 1 \\
\underline{-x^3 + x^2} \\
\qquad x^2 \\
\quad \underline{-x^2 + x} \\
\qquad\quad x - 1 \\
\qquad\quad \underline{-x + 1} \\
\qquad\qquad 0
\end{array}
$$

Wie kannst du Gleichungen umformen?

Wenn du eine Gleichung hast und auf beiden Seiten das Gleiche machst, dann sind beide Seiten nach wie vor gleich.

linke Seite = rechte Seite
<u>links und rechts das Gleiche machen</u>
neue linke Seite = neue rechte Seite

Du kannst auf beiden Seiten eine Zahl addieren.

$$5 - 3 = 2 \quad | +3$$
$$5 - 3 + 3 = 2 + 3$$
$$5 \cancel{-3} \cancel{+3} = 2 + 3$$
$$5 = 2 + 3$$

Du kannst auch auf beiden Seiten eine Zahl subtrahieren.

$$5 + 3 = 8 \quad | -3$$
$$5 + 3 - 3 = 8 - 3$$
$$5 \cancel{+3} \cancel{-3} = 8 - 3$$
$$5 = 8 - 3$$

Beides ist hilfreich, wenn du eine Gleichung nach x auflösen willst.

$$x + 3 = 8 \quad | -3$$
$$x + 3 - 3 = 8 - 3$$
$$x \cancel{+3} \cancel{-3} = 8 - 3$$
$$x = 8 - 3 = 5$$

Du kannst auch beide Seiten mit einer Zahl multiplizieren.

$$\frac{15}{3} = 5 \quad | \cdot 3$$
$$3 \cdot \frac{15}{3} = 3 \cdot 5$$
$$15 = 3 \cdot 5$$

Wenn du auf beiden Seiten der Gleichung einen Bruch hast, kannst du mit beiden Nennern multiplizieren, also „über Kreuz" multiplizieren.

$$\frac{3}{5} = \frac{12}{20}$$
$$3 \cdot 20 = 12 \cdot 5$$

Wenn du mit 0 multiplizierst, kannst du aus einer falschen Gleichung eine richtige machen. Mit 0 multiplizieren ist keine Äquivalenzumformung.

$3 = 5$ ist eine falsche Gleichung
$0 \cdot 3 = 0 \cdot 5$
$0 = 0$ ist eine richtige Gleichung

Du kannst beide Seiten durch eine Zahl dividieren. Diese muss ungleich 0 sein.

$$3x = 12 \quad | : 3$$
$$\frac{3x}{3} = \frac{12}{3}$$
$$x = 4$$

Potenzen, Wurzeln, Logarithmen

Nachdem wir die vier Grundrechenarten verstanden haben, nehmen wir noch das Exponentieren („Hochnehmen“ wie etwa 3 hoch 5, 3^5) dazu, das zu Potenzen führt.

So, wie mehrfaches Addieren eine Multiplikation ergibt, ergibt mehrfaches Multiplizieren eine Potenz.

Es gibt hier zwei Umkehrungen: das Wurzelziehen und das Logarithmieren. Das erkläre ich alles ganz genau.

Potenzen liefern für sehr viele Anwendungen wichtige Funktionen: die Potenzfunktion, wenn die Variable unten steht, die Exponentialfunktion, wenn die Variable oben steht.

A. Gründers, *Mathe übersichtlich: Von den Basics bis zur Analysis*,
https://doi.org/10.1007/978-3-662-70883-5_2

Wozu brauchst du Potenzen?

Das Potenzieren mit natürlichen Zahlen ist eine Abkürzung für mehrfaches Multiplizieren.

$$7^3 = \underbrace{7 \cdot 7 \cdot 7}_{\text{3-mal der Faktor 7}}$$

Die Zahl, die unten steht und mit sich selbst multipliziert wird, heißt Basis; die Zahl, die oben steht und angibt, wie oft man multipliziert, heißt Exponent.

$$7^3 \leftarrow \text{Exponent}$$

$$\uparrow$$

$$\text{Basis}$$

Wenn du erst 3-mal die 7 miteinander multiplizierst und dann nochmals 2-mal, ist es das Gleiche, wie wenn du 5-mal die 7 miteinander multiplizierst.

$$\underbrace{7 \cdot 7 \cdot 7}_{7^3} \cdot \underbrace{7 \cdot 7}_{7^2} = \underbrace{7 \cdot 7 \cdot 7 \cdot 7 \cdot 7}_{7^5}$$

$$7^3 \cdot 7^2 = 7^5$$

Das gilt auch allgemein.

$$a^n \cdot a^m = a^{n+m}$$

Wenn du 0-mal zusätzlich multiplizierst, ändert sich nichts, d. h. wenn du 0-mal die 7 miteinander multiplizierst, ist es das Gleiche, wie wenn du mit 1 multiplizierst.

$$7^3 \cdot 7^0 = 7^{3+0} = 7^3$$

$$7^0 = 1$$

Dies gilt allgemein: Eine beliebige Zahl hoch 0 ist gleich 1 (sofern die Zahl nicht die Null war).

$$a^0 = 1$$

Wenn du erst 5-mal die 7 miteinander multiplizierst und dann zweimal durch 7 dividierst, ist es das Gleiche, wie wenn du nur 3-mal die 7 miteinander multiplizierst.

$$\frac{7^5}{7^2} = \frac{7 \cdot 7 \cdot 7 \cdot \cancel{7} \cdot \cancel{7}}{\cancel{7} \cdot \cancel{7}} = 7^3$$

Das gilt allgemein.

$$\frac{a^n}{a^m} = a^{n-m}$$

Es gilt auch für $n = m$.

$$\frac{a^n}{a^n} = a^{n-n} = a^0 = 1$$

Was bedeuten negative Exponenten?

Wenn eine negative Zahl im Exponenten steht, ist es das Gleiche, wie wenn du den Kehrwert der Potenz mit positivem Exponenten berechnest.

$$a^{-n} = a^{0-n} = \frac{a^0}{a^n} = \frac{1}{a^n}$$

Insbesondere ist a^{-1} nur eine andere Schreibweise für $\frac{1}{a}$.

$$a^{-1} = \frac{1}{a}$$

Wenn du eine Potenz nochmals mit einer Potenz versiehst, musst du die Exponenten multiplizieren.

$$(a^b)^c = a^{bc}$$

Das kannst du verstehen, wenn du dir überlegst, dass Potenzieren eine Abkürzung für mehrfaches Multiplizieren ist.

$$(2^3)^2 = \underbrace{\underbrace{(2 \cdot 2 \cdot 2)}_{2^3} \cdot \underbrace{(2 \cdot 2 \cdot 2)}_{2^3}}_{(2^3)^2}$$

Du musst hier auf die Klammern achten.

$$(2^3)^2 = 2^3 \cdot 2^3 = 2^6$$

$$\text{aber } 2^{3^2} = 2^{3 \cdot 3} = 2^9$$

Wie quadriert man Klammern?

Wenn du eine Summe quadrierst, erhältst du zwei gleiche Terme, die du zusammenfassen kannst.

$$(a+b)^2 = (a+b)(a+b) = \\ = a^2 \underbrace{+ab+ba}+b^2 = \\ = a^2 + 2ab + b^2$$

Wenn du eine Differenz quadrierst, geht es ganz analog. Beachte, dass $(-b)(-b) = (-b)^2 = b^2$ ist.

$$(a-b)^2 = (a-b)(a-b) = \\ = a(a-b) - b(a-b) = \\ = a^2 \underbrace{-ab-ba}+(-b)^2 = \\ = a^2 - 2ab + b^2$$

Wenn du $(a+b)(a-b)$ berechnest, hebt sich $-ab$ mit $+ba$ auf.

$$(a+b)(a-b) = a(a-b) + b(a-b) = \\ = a^2 - ab + ba + b(-b) = \\ = a^2 - b^2$$

Du kannst dir das auch einfach als die drei binomischen Formeln merken.

$$(a+b)^2 = a^2 + 2ab + b^2$$
$$(a-b)^2 = a^2 - 2ab + b^2$$
$$(a+b)(a-b) = a^2 - b^2$$

Wichtig ist, dass du bei der ersten und zweiten binomischen Formel den mittleren Term nicht vergisst, das Vorzeichen ist das gleiche wie das in der Klammer. Vor b^2 steht in beiden Fällen ein Plus.

$$(a+b)^2 = a^2 + 2ab + b^2$$
$$(a-b)^2 = a^2 - 2ab + b^2$$

↑ hier minus ↑ immer plus

Bei der dritten binomischen Formel steht kein gemischter Term, dafür vor b^2 ein Minus.

$$(a+b)(a-b) = a^2 - b^2$$

↑ minus

Die binomischen Formeln sind manchmal auch beim Rechnen mit Zahlen hilfreich.

$$31 \cdot 29 = (30+1) \cdot (30-1) = \\ = 30^2 - 1 = 900 - 1 = 899$$

$$1{,}01^2 = \\ = 1^2 + 2 \cdot 1 \cdot 0{,}01 + 0{,}01^2 = 1{,}0201$$

Wozu brauchst du die Wurzel und wie rechnest du damit?

Wenn du ein Quadrat hast und willst die Basis berechnen, brauchst du die Quadratwurzel (auch schlicht Wurzel genannt).

$$3^2 = 9, 3 = \sqrt{9}$$
$$x^2 = a, x = \sqrt{a}$$

Die Quadratwurzel entspricht dem, dass du hoch $\frac{1}{2}$ rechnest, hoch $\frac{1}{2}$ mal hoch $\frac{1}{2}$ gibt hoch $\frac{1}{2} + \frac{1}{2}$, also hoch 1. Daher gibt die Wurzel mit sich selbst multipliziert die ursprüngliche Zahl.

$$\sqrt{a} = a^{\frac{1}{2}},$$
$$\text{denn } \sqrt{a} \cdot \sqrt{a} =$$
$$= a^{\frac{1}{2}} \cdot a^{\frac{1}{2}} = a^{\frac{1}{2}+\frac{1}{2}} = a^1 = a.$$

Wenn du eine dritte Potenz hast und willst die Basis berechnen, brauchst du die dritte Wurzel.

$$3^3 = 27, \quad 3 = \sqrt[3]{27}$$
$$x^3 = a, \quad x = \sqrt[3]{a}$$

Wenn du eine n-te Potenz hast, brauchst du die n-te Wurzel.

$$x^n = a, x = \sqrt[n]{a}$$

Mit Wurzeln kannst du nach den Potenzgesetzen rechnen, du musst die Wurzel nur als Potenz umschreiben.

$$\sqrt{a} = a^{\frac{1}{2}}, \ \sqrt[n]{a} = a^{\frac{1}{n}}$$

Wenn du eine Wurzel potenzierst oder von einer Potenz die Wurzel nimmst, ergibt sich als Exponent ein Bruch.

$$(\sqrt[m]{a})^n = (a^{\frac{1}{m}})^n = a^{\frac{n}{m}}$$
$$\sqrt[m]{a^n} = (a^n)^{\frac{1}{m}} = a^{\frac{n}{m}}$$

Eventuell kannst du kürzen, und es bleibt nur eine Wurzel oder nur eine Potenz.

$$(\sqrt[4]{a})^2 = a^{\frac{2}{4}} = a^{\frac{1}{2}} = \sqrt{a}$$
$$(\sqrt{a})^4 = a^{\frac{4}{2}} = a^2$$
$$\sqrt[4]{a^2} = a^{\frac{2}{4}} = a^{\frac{1}{2}} = \sqrt{a}$$
$$\sqrt{a^4} = a^{\frac{4}{2}} = a^2$$

Achtung: Wenn du eine Summe unter der Wurzel hast, darfst du nicht einzeln die Wurzel ziehen.

$$\sqrt{3^2 + 4^2} \neq 3 + 4$$
$$\sqrt{25} = 5 \neq 7$$

Was ist der Betrag einer Zahl?

Der Betrag einer Zahl ist stets positiv, er gibt den Abstand der Zahl zur Zahl 0 an.

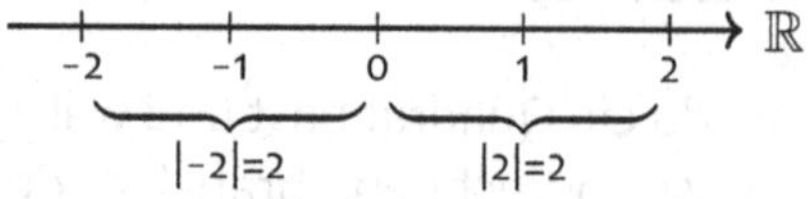

Der Betrag ist gewissermaßen die Zahl ohne ihr Vorzeichen, d. h. wenn die Zahl positiv ist, ist der Betrag einfach die Zahl, wenn die Zahl negativ ist, ist er das Negative der Zahl.

$$|a| = \begin{cases} a & \text{für} \quad a \geq 0 \\ -a & \text{für} \quad a < 0 \end{cases}$$

$$|2| = 2$$

$$|-2| = -(-2) = 2$$

Da die Wurzel als positiv definiert ist, ist der Betrag einer Zahl die Wurzel aus dem Quadrat dieser Zahl.

$$|a| = \sqrt{a^2}$$

Die Menge aller Zahlen, deren Betrag kleiner als eine positive Zahl ist, ist ein um 0 symmetrisches Intervall.

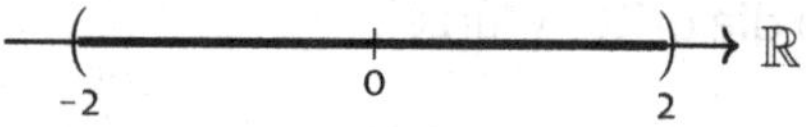

$$(-2, 2) = \{x \mid -2 < x < 2\} = \{x \mid |x| < 2\}$$

Analoges gilt auch für alle Zahlen, die von einer Zahl x_0 einen Abstand von kleiner ε haben.

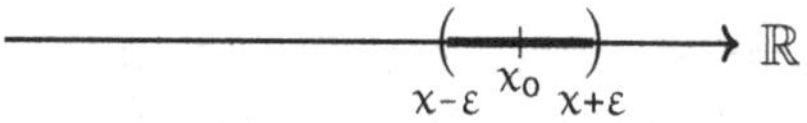

$$(x - \varepsilon, x + \varepsilon) = \{x \mid x_0 - \varepsilon < x < x_0 + \varepsilon\}$$
$$= \{x \mid |x - x_0| < \varepsilon\}$$

Man nennt dies die Epsilon-Umgebung von x_0.

$$U_\varepsilon(x_0) = \{x \mid |x - x_0| < \varepsilon\}$$

Der Betrag einer Summe ist höchstens so groß wie die Summe der Beträge. Das Gleichheitszeichen gilt, wenn a und b dasselbe Vorzeichen haben.

$$|a + b| \leq |a| + |b|$$

Der Betrag einer Summe ist mindestens so groß wie der Betrag der Differenz der Beträge.

$$\big||a| - |b|\big| \leq |a + b|$$

Wozu brauchst du Logarithmen?

Wenn du z. B. eine Zehnerpotenz hast und willst den Exponenten berechnen, brauchst du den Zehnerlogarithmus ($\log_{10}$ oder schlicht log).

$\log(10^1) = \log(10) = 1$
$\log(10^2) = \log(100) = 2$
$\log(10^3) = \log(1000) = 3$

Der Zehnerlogarithmus zählt gewissermaßen die Anzahl der Nullen nach der 1.

$\log(10) = 1$
$\log(100) = 2$
$\log(1000) = 3$

Das funktioniert ganz analog für negative Zehnerpotenzen.

$\log(10^{-1}) = \log(0{,}1) = -1$
$\log(10^{-2}) = \log(0{,}01) = -2$
$\log(10^{-3}) = \log(0{,}001) = -3$

Der Logarithmus von 1 ist 0.

$\log(1) = 0$, da $10^0 = 1$

Er ist aber auch für alle anderen positiven Zahlen definiert. Um den Zehnerlogarithmus von 2 zu finden, suchen wir eine Zahl $x = \log(2)$, sodass $10^x = 10^{\log(2)} = 2$.

$10^{\log(2)} = 2$
$10^0 = 1 < 2$
$10^1 = 10 > 2$
$\Rightarrow 0 < \log(2) < 1$

Wir können verschiedene Zahlen ausprobieren und x so einschachteln.

$10^{0{,}25} = \sqrt[4]{10} \approx 1{,}78 < 2$
$10^{0{,}33\ldots} = \sqrt[3]{10} \approx 2{,}15 > 2$
$\Rightarrow 0{,}25 < \log(2) < 0{,}33\ldots$

Man kann auf diese Weise log(2) beliebig genau bestimmen.

$10^{0{,}30102} \approx 1{,}999954$
$10^{0{,}30103} \approx 2{,}00000002$
$\Rightarrow \log(2) = 0{,}30102\ldots$

Was ist ein Logarithmus zu einer anderen Basis als 10?

Wenn du eine Zweierpotenz hast und den Exponenten bestimmen willst, brauchst du den Zweierlogarithmus $\log_2$.

$$\log_2(2) = \log_2(2^1) = 1$$
$$\log_2(4) = \log_2(2^2) = 2$$
$$\log_2(8) = \log_2(2^3) = 3$$

Du kannst die verschiedenen Logarithmen einfach ineinander umrechnen, du musst dafür $\log(a^b) = b \log(a)$ kennen.

$$2^x = c \quad | \text{ Logarithmieren}$$
$$x \log(2) = \log(c) \quad | : \log(2)$$
$$x = \frac{\log(c)}{\log(2)}$$

Andererseits: $x = \log_2(c)$.

Daher $\log_2(c) = \frac{\log(c)}{\log(2)}$.

Daher brauchst du eigentlich nur einen Logarithmus. In der Analysis ist der Logarithmus zur Basis $e = 2{,}71828\ldots$ am praktischsten, da die Ableitung $\frac{1}{x}$ ergibt.

$$\log_e(x) = \frac{\log(x)}{\log(e)}$$

Man bezeichnet ihn als den natürlichen Logarithmus $\ln(x)$.

$$\ln(x) = \log_e(x)$$

Was bedeutet es, dass man Logarithmus als log schreibt und nicht als Rechenzeichen?

Wir sehen hier zum ersten Mal, dass eine Funktion nicht durch Rechenzeichen ausgedrückt wird, wie z. B. die Wurzel, sondern durch einen abgekürzten Begriff, log für Logarithmus.

log(2): Logarithmus von 2

In Programmiersprachen schreibt man auch die Wurzel als abgekürzten Begriff, sqrt für „square root".

$\sqrt{2}$ = sqrt(2): Wurzel von 2

Übrigens ist das Wurzelzeichen aus r für radix (lateinisch für Wurzel) entstanden, der rechte Bogen des r ist zum Dach der Wurzel geworden.

Später werden wir noch viele Funktionen kennenlernen, die man so schreibt.

sin(45°) für Sinus von 45°
exp(x) für e^x

Um deutlich zu machen, dass die Funktion auf das Argument wirkt, und nicht etwa eine Variable ist, schreibt man eine Klammer. Damit ist auch klar, dass man erst die Funktion ausrechnen muss, bevor man weiterrechnet.

log(2)
↑
Argument

Manchmal wird die Klammer weggelassen. Das ist aber nicht zu empfehlen.

Manche schreiben
log 2 statt log(2)
sin 45° statt sin(45°).

Wie rechnest du mit Logarithmen?

Aus den Potenzgesetzen ergeben sich direkt die Logarithmengesetze. Wenn du zwei Zahlen multiplizierst, musst du die Logarithmen addieren.

$$a \cdot b = 10^{\log(a)} \cdot 10^{\log(b)}$$
$$a \cdot b = 10^{\log(a)+\log(b)}$$
$$\Rightarrow \log(a \cdot b) = \log(a) + \log(b)$$

Wenn du eine Zahl mit einem Exponenten potenzierst, musst du den Logarithmus der Zahl damit multiplizieren.

$$a^b = (10^{\log(a)})^b$$
$$a^b = 10^{b \cdot \log(a)}$$
$$\Rightarrow \log(a^b) = b \cdot \log(a)$$

Beim Potenzieren wird „plus“ zu „mal“, „minus“ zu „geteilt durch“ und „mal“ zu „hoch“.

$$2^{3+5} = 2^3 \cdot 2^5$$
$$2^{3-5} = 2^3/2^5$$
$$2^{3 \cdot 5} = (2^3)^5$$

Beim Logarithmieren ist es umgekehrt: Aus „mal“ wird „plus“, aus „geteilt durch“ wird „minus“, aus „hoch“ wird „mal“.

$$\log(6) = \log(2 \cdot 3) = \log(2) + \log(3)$$
$$\log(\tfrac{2}{3}) = \log(2/3) = \log(2) - \log(3)$$
$$\log(8) = \log(2^3) = 3 \cdot \log(2)$$

Um eine Gleichung mit der Unbekannten im Exponenten aufzulösen, musst du beide Seiten logarithmieren, dann steht die Unbekannte unten und du kannst mit den Grundrechenarten danach auflösen.

$$3^x = 9$$
$$x \log(3) = \log(9)$$
$$x = \frac{\log(9)}{\log(3)} = 2$$

Du kannst die verschiedenen Logarithmen einfach ineinander umrechnen.

$b^x = c \quad (*)$

nach der Definition von $\log_b$:

$x = \log_b(c)$

Logarithmieren von $(*)$:

$x \log(b) = \log(c)$

$$\Rightarrow \log_b(c) = \frac{\log(c)}{\log(b)}$$

Warum gibt es bei Potenzen zwei Umkehrungen?

Hast du dich gefragt, warum man bei der Multiplikation nur eine Umkehrung hat (die Division), aber bei Potenzen zwei, nämlich Wurzeln und Logarithmus?

Dies liegt daran, dass bei der Multiplikation die beiden Faktoren gleichberechtigt sind, während bei einer Potenz die Basis und der Exponent etwas ganz anderes sind.

$3^4 = 3 \cdot 3 \cdot 3 \cdot 3 = 81$
$4^3 = 4 \cdot 4 \cdot 4 = 64 \neq 81 = 3^4$

$3 \cdot 4 = 4 + 4 + 4 = 12$
$4 \cdot 3 = 3 + 3 + 3 + 3 = 12 = 12 = 3 \cdot 4$

Daher braucht man eine Umkehrung (Wurzel), um die Basis zu berechnen, und eine Umkehrung (Logarithmus), um den Exponenten zu berechnen.

$3^4 = 81$

$\sqrt[4]{81} = 3$ (Auflösen nach Basis)
$\log_3(81) = 4$ (Auflösen nach Expon.)

Jede der beiden Umkehrungen hat als Parameter die andere Zahl.

vierte Wurzel: $\sqrt[4]{\ldots}$
Logarithmus zur Basis drei: $\log_3(\ldots)$

Übersicht: Potenzen, Wurzeln, Logarithmen

Die drei binomischen Formeln helfen dir beim Quadrieren und Ausmultiplizieren von Klammern.	$(a+b)^2 = a^2 + 2ab + b^2$ $(a-b)^2 = a^2 - 2ab + b^2$ $(a+b)(a-b) = a^2 - b^2$
Potenzen mit gleicher Basis multipliziert man, indem man die Exponenten addiert.	$a^n \cdot a^m = a^{n+m}$
Potenzen mit gleicher Basis dividiert man, indem man die Exponenten subtrahiert.	$\frac{a^n}{a^m} = a^{n-m}$
Mit 1 zu multiplizieren ändert ebensowenig etwas wie 0 zu addieren. Daher ist $a^0 = 1$.	$a^0 = 1$
Potenzieren mit -1 entspricht 1 dividiert durch die Basis bzw. der Potenz mit positivem Exponenten.	$a^{-1} = \frac{1}{a}, \quad a^{-n} = \frac{1}{a^n}$
Potenzen potenzierst du, indem du die Exponenten multiplizierst.	$(a^b)^c = a^{bc}$
Die n-te Wurzel entspricht hoch $1/n$.	$\sqrt[n]{a} = a^{1/n}$
Der Logarithmus von einem Produkt ist die Summe der Logarithmen.	$\log(a \cdot b) = \log(a) + \log(b)$
Der Logarithmus von einem Quotienten ist die Differenz der Logarithmen.	$\log\left(\frac{a}{b}\right) = \log(a) - \log(b)$
Der Logarithmus von einer Potenz ist der Exponent mal dem Logarithmus.	$\log(a^n) = n\log(a)$

Etwas Aussagenlogik und Mengenlehre

Ganz entscheidend ist in der Mathematik, ob eine Gleichung oder allgemeiner eine Aussage wahr oder falsch ist.

Man kann den Wahrheitsgehalt aus Grundannahmen ableiten, bei komplizierten Aussagen sagt man beweisen.

Im Folgenden lernst du, wie man mit „wahr“ und „falsch“ rechnen kann und was es bedeutet, wenn Umformungen den Wahrheitsgehalt nicht ändern.

Oft hängen Gleichungen von Variablen ab. Sie sind für gewisse Werte der Variablen wahr, für die anderen falsch.

Die Werte, für die sie wahr sind, bilden die Lösungsmenge der Gleichung.

Du erfährst, wie du mit Mengen rechnen kannst und wie das mit den Rechenoperationen der Wahrheitswerte zusammenhängt.

Zum Schluss kannst du anhand eines einfachen Beispiels verschiedene Beweismethoden kennenlernen.

A. Gründers, *Mathe übersichtlich: Von den Basics bis zur Analysis*, https://doi.org/10.1007/978-3-662-70883-5_3

Wie rechnest du mit „wahr“ und „falsch“?

Mathematische Aussagen können wahr oder falsch sein. Statt wahr kann man auch richtig sagen.

$3 + 2 = 5$ ist wahr.
$4 > 6$ ist falsch.

Man kann das auch als Gleichung schreiben.

$A = „3 + 2 = 5“ = w$
$B = „4 > 6“ = f$

Wenn man eine Aussage A verneint, schreibt man $\overline{A}$ („nicht A“). Sie ist dann wahr, wenn A falsch ist, und falsch, wenn A wahr ist.

A	$\overline{A}$
w	f
f	w

$\overline{A} = „3 + 2 \neq 5“ = f$

Man kann Aussagen kombinieren und führt dafür Symbole als Abkürzungen ein.

$C = A \wedge B$
$D = A \vee B$

A und B schreibt man als $A \wedge B$. Diese Aussage ist nur wahr, wenn sowohl A also auch B wahr sind; sonst ist sie falsch.

A	B	$A \wedge B$
w	w	w
w	f	f
f	w	f
f	f	f

$„3 + 2 = 5“ \wedge „4 > 6“ = f$

A oder B schreibt man als $A \vee B$. Diese Aussage ist wahr, wenn entweder A oder B wahr ist oder beide wahr sind; sonst ist sie falsch.

A	B	$A \vee B$
w	w	w
w	f	w
f	w	w
f	f	f

$„3 + 2 = 5“ \vee „4 > 6“ = w$

Was bedeutet „aus A folgt B"?

Wenn eine Aussage von einer Variablen abhängt, nennt man sie Aussageform, oft aber auch nur Aussage.

$A(x) =$ „$2x + 1 = 3$"

Eine Aussageform $A(x)$ ist im Allgemeinen für manche x wahr und für alle anderen x falsch.

$A(x)$ ist wahr für $x = 1$,
für alle anderen x falsch.

In der Mathematik will man oft aus Aussagen andere Aussagen folgern.

Man will aus $A(x)$ oben eine Aussage der Form „$x = \ldots$" folgern.

Für die Aussage „aus A folgt B" schreibt man $A \Rightarrow B$. Sie ist falsch, wenn A wahr ist und B falsch. Sonst ist sie immer wahr.

A	B	$A \Rightarrow B$
w	w	w
w	f	f
f	w	w
f	f	w

Es ist vielleicht ungewohnt, dass „f $\Rightarrow$ w" wahr ist, also wenn aus etwas Falschem etwas Richtiges folgt, diese Gesamtaussage richtig sein soll.

Du kannst dir das so merken, dass „$A \Rightarrow B$" angibt, ob allein durch die Folgerung etwas Falsches entsteht. Und das ist nicht der Fall, wenn A schon falsch ist.

Es kann nur etwas Falsches entstehen, wenn A richtig ist (und B falsch).

$A \Rightarrow B$ ist nur falsch,
wenn A wahr ist und B falsch.

Was bedeutet „notwendig“ und „hinreichend“?

Als Beispiel betrachten wir die Multiplikation von natürlichen Zahlen und wie sie sich bei geraden und ungeraden Zahlen verhält.

n	m	$n \cdot m$	Beispiel
g	g	g	$4 \cdot 4 = 16$
g	u	g	$4 \cdot 3 = 12$
u	g	g	$3 \cdot 4 = 12$
u	u	u	$3 \cdot 3 = 9$

Wir bezeichnen
A = „erster Faktor ist gerade“ und
B = „Produkt ist gerade“.

A	B
w	w
f	w/f

Dann folgt aus der Aussage A die Aussage B.

Das Produkt einer geraden Zahl mit einer anderen natürlichen Zahl ist immer gerade. Es gilt:
n ist gerade $\Rightarrow n \cdot m$ ist gerade.

Aber aus der Aussage B folgt nicht die Aussage A.

Das Produkt kann auch gerade sein, wenn der erste Faktor nicht gerade ist. Es gilt nicht:
$n \cdot m$ ist gerade $\Rightarrow n$ ist gerade.
$3 \cdot 4$ ist gerade, 3 ist nicht gerade.

Man nennt A hinreichend für B. Man könnte auch sagen „ausreichend“, da, wenn A gilt, dies ausreicht, dass B gilt. Es hat sich aber die Sprechweise „hinreichend“ etabliert.

Es reicht aus, dass der erste Faktor gerade ist, damit das Produkt gerade ist.
Es ist schon alleine hinreichend, dass der erste Faktor gerade ist.

A ist aber nicht notwendig.

Das Produkt kann auch gerade sein, ohne dass der erste Faktor es ist.

B aber ist notwendig für A.

Wenn das Produkt nicht gerade ist, kann auch der erste Faktor nicht gerade sein, daher ist die Gültigkeit von B notwendig für die Gültigkeit von A.

Was bedeutet „genau dann, wenn“?

Es ist ganz wichtig, zwischen $A \Rightarrow B$ und $B \Rightarrow A$ zu unterscheiden.

„Erster Faktor gerade $\Rightarrow$ Produkt gerade“ ist wahr.
„Produkt gerade $\Rightarrow$ Erster Faktor gerade“ ist falsch.

Wenn $A \Rightarrow B$ und auch $B \Rightarrow A$ gilt, schreibt man $A \Leftrightarrow B$.

Dies bedeutet, dass A und B die gleichen Wahrheitswerte haben.
Man nennt die Verknüpfung $A \Leftrightarrow B$ daher auch Äquivalenz.

A	B	$A \Leftrightarrow B$
w	w	w
w	f	f
f	w	f
f	f	w

Man sagt auch: A gilt genau dann, wenn B gilt.

Wenn man Gleichungen umformt, möchte man, dass die Gleichung danach genau dann für gewisse Werte der Variablen wahr ist, wenn die Gleichung davor für diese Werte wahr ist.

Es sollen weder Lösungen dazukommen noch welche verschwinden.
Eine solche Umformung nennt man Äquivalenzumformung.

Dividieren durch 2 ist eine Äquivalenzumformung.

$2x = 6 \Leftrightarrow x = 3$
Linke Gleichung genau für $x = 3$ wahr.
Rechte Gleichung genau für $x = 3$ wahr.

Quadrieren ist keine Äquivalenzumformung.

$x = 2 \Rightarrow x^2 = 4$
Linke Seite genau für $x = 2$ wahr.
Rechte Seite für $x = 2$ und $x = -2$ wahr.
Es ist eine Lösung hinzu gekommen.
$x = 2 \not\Leftarrow x^2 = 4$
$x = \pm 2 \Leftrightarrow x^2 = 4$

Was ist eine Menge?

Eine Menge ist die Zusammenfassung von wohlunterschiedenen Objekten zu einem Ganzen. Man steckt alle Objekte gedanklich in einen Sack und betrachtet den Sack mit den Elementen.

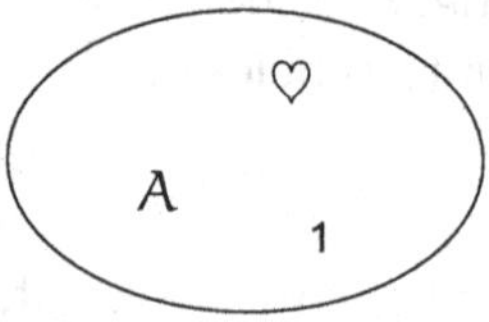

Die Objekte bezeichnet man als Elemente, den Sack mit den Elementen als Menge. Man schreibt die Menge mit geschweiften Klammern.

$\{\underbrace{A, 1, \heartsuit}_{\text{Das sind die Elemente.}}\}$ $\underbrace{\{A, 1, \heartsuit\}}_{\text{Das ist die Menge.}}$

Man sagt, ein Element ist in einer Menge enthalten und schreibt $\in$.

$1 \in \{A, 1, \heartsuit\}$

Man kann eine Menge auch mit einem Buchstaben bezeichnen.

$M = \{A, 1, \heartsuit\}$
$1 \in M$

Bei einer Menge kommt es nicht auf die Reihenfolge an. Es kommt auch jedes Element nur einmal vor.

$\{1, 2, 3\} = \{3, 1, 2\}$

Zwei Mengen sind genau dann gleich, wenn sie die gleichen Elemente enthalten.

Die Anzahl der Elemente einer Menge bezeichnet man als Mächtigkeit und notiert sie mit zwei vertikalen Strichen.

$|\{A, 1, \heartsuit\}| = |\{1, 2, 3\}| = 3$

Eine Menge muss nicht viele („eine Menge“) Elemente enthalten, sie kann kein Element oder auch nur ein Element enthalten.

Wenn eine Menge kein Element enthält, nennt man sie die leere Menge und bezeichnet sie manchmal mit $\emptyset$.

$\{\} = \emptyset$

Die Menge mit einem Element ist etwas anderes als das Element selbst.

$\{17\} \neq 17$

Wie rechnet man mit Mengen?

Der Schnitt zweier Mengen ist die Menge, die genau die Elemente enthält, die in der ersten Menge enthalten sind und in der zweiten.

$A = \{2, 4, 6\}$
$B = \{5, 6\}$
$A \cap B = \{x | x \in A \wedge x \in B\}$
$A \cap B = \{6\}$

Die Vereinigung ist die Menge, die genau die Elemente enthält, die in der ersten Menge enthalten sind oder in der zweiten oder in beiden.

$A \cup B = \{x | x \in A \vee x \in B\}$
$A \cup B = \{2, 4, 5, 6\}$

Die Differenzmenge enthält die Elemente der ersten Menge, die nicht in der zweiten enthalten sind.

$A \setminus B = \{x | x \in A \wedge x \notin B\}$
$A \setminus B = \{2, 4\}$

Du siehst, dass die Mengenoperationen eng mit den Operationen von Aussagen zusammenhängen. Daher sind auch die Symbole ähnlich.

$\wedge$ und $\quad$ $\cap$ geschnitten mit
$\vee$ oder $\quad$ $\cup$ vereinigt mit

Für die Mengenoperationen gelten auch Rechenregeln, auf die wir nicht weiter eingehen.

$A \cap B = B \cap A \qquad A \cup B = B \cup A$
$A \cap (B \cap C) = (A \cap B) \cap C = A \cap B \cap C$
$A \cup (B \cup C) = (A \cup B) \cup C = A \cup B \cup C$
$A \cap (B \cup C) = (A \cap B) \cup (A \cap C)$
$A \cup (B \cap C) = (A \cup B) \cap (A \cup C)$

Wenn du Paare bildest von jedem Element der ersten Menge mit jedem der zweiten Menge, bezeichnet man die Menge der Paare als kartesisches Produkt. Die Anzahl der Elemente multipliziert sich.

	5	6
2	(2, 5)	(2, 6)
4	(4, 5)	(4, 6)
6	(6, 5)	(6, 6)

$\{2, 4, 6\} \times \{5, 6\} =$
$\{(2, 5), (2, 6), (4, 5), (4, 6), (6, 5), (6, 6)\}$

Man schreibt die Paare mit runden Klammern. Hier kommt es auf die Reihenfolge an. Es sind keine Mengen.

$(2, 5) \neq (5, 2)$ Paare
$\{2, 5\} = \{5, 2\}$ Zweiermengen

Was sind Intervalle?

Ein Intervall ist eine Menge von reellen Zahlen, die einen Abschnitt auf dem Zahlenstrahl bilden.

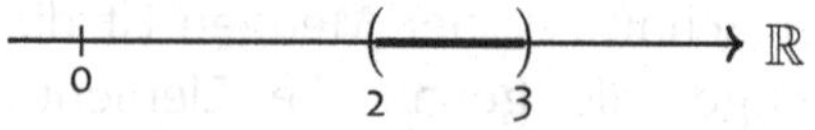

$(2,3) = \{x|2 < x < 3\}$

Je nachdem, ob die linke oder rechte Intervallgrenze mit in der Menge enthalten ist oder nicht, spricht man von abgeschlossenen, offenen oder halboffenen Intervallen. Man verwendet eckige bzw. runde Klammern.

offen:

$(2,3) = \{x|\, 2 < x < 3\}$

halboffen:

$(2,3] = \{x|\, 2 < x \leq 3\}$

$[2,3) = \{x|\, 2 \leq x < 3\}$

abgeschlossen:

$[2,3] = \{x|\, 2 \leq x \leq 3\}$

Es gibt auch unbeschränkte Intervalle, diese sind auf der Seite, wo sie unbegrenzt sind, als offen angegeben (weil ∞ oder $-\infty$ keine reelle Zahl ist und nicht zum Intervall gehört).

$(-\infty,0] = \{x|\, x \leq 0\}$

$(-\infty,0) = \{x|\, x < 0\}$

$[0,\infty) = \{x|\, 0 \leq x\}$

$(0,\infty) = \{x|\, 0 < x\}$

Wenn du den Durchschnitt von Intervallen bildest, erhältst du wieder ein Intervall.

$(2,4) \cap (3,5) = (3,4)$

$(2,4) \cap [3,5) = [3,4)$

Das Symbol ∞ steht für unendlich, es ist keine reelle Zahl. Wir werden später bei Grenzwerten genauer darauf zurückkommen.

∞ ist keine reelle Zahl.

∞ steht symbolisch für „größer als jede noch so große positive reelle Zahl“.
$-\infty$ steht symbolisch für „ kleiner als jede noch so große negative reelle Zahl“.

Welche Beweisarten gibt es?

Wir wollen auf drei verschiedene Arten zeigen, dass aus der Aussage A die Aussage B folgt, d. h. dass die Implikation $A \Rightarrow B$ gilt.

Zu zeigen $A \Rightarrow B$ mit
A: n ist ungerade,
B: n^2 ist ungerade.

1. Direkter Beweis: Wir gehen von der Voraussetzung A aus und versuchen, die Folgerung B zu zeigen.

A: n ungerade
n lässt sich schreiben als $n = 2k + 1$.
$\Rightarrow n^2 = 4k^2 + 4k + 1 = 2(2k^2 + 2k) + 1$
Also ist n^2 ungerade und B gezeigt.

2. Indirekter Beweis: Die zu zeigende Folgerung $A \Rightarrow B$ ist äquivalent zur sogenannten Kontraposition $\overline{B} \Rightarrow \overline{A}$. Dies sieht man an der Wahrheitstabelle. Wir gehen also von der negierten Folgerung $\overline{B}$ aus und versuchen, die negierte Voraussetzung $\overline{A}$ zu zeigen.

$\overline{B}$: n^2 gerade
n^2 lässt sich schreiben als $n^2 = 2m$.
$\Rightarrow n$ muss den Faktor 2 enthalten.
Also ist n gerade und $\overline{A}$ gezeigt.

3. Beweis durch Widerspruch: Die zu zeigende Folgerung $A \Rightarrow B$ ist äquivalent dazu, dass die negierte Folgerung $\overline{B}$ und A in einem Widerspruch stehen, dass also $\overline{B} \wedge A = f$.

$n^2 = 2k \quad (*)$
$n = 2l + 1$
$n^2 = 4l^2 + 4l + 1 \quad (**)$
$(**) - (*) : 0 = 2(l^2 + 2l - k) + 1$
Rechts steht eine ungerade Zahl, links 0, Widerspruch!

Bei diesem einfachen Beispiel sind alle drei Beweise problemlos durchführbar. Bei komplizierteren Aussagen geht oft nur 2. oder 3.

Die Schwierigkeit bei 3. liegt darin, dass man einen Widerspruch zeigen muss, man also mit falschen Aussagen hantiert, diese sich aber aus $\overline{B} \wedge A$ ergeben müssen und nicht durch einen Fehler.

Auflösen von Gleichungen nach Unbekannten

Das Auflösen von Gleichungen nach unbekannten Größen ist eine zentrale Methode, die gerade für Anwendungen wichtig ist.

Man hat eine Gleichung gegeben oder aufgrund einer Problemstellung aufgestellt und sucht den Wert einer unbekannten Größe, oft mit x bezeichnet.

Die Menge aller x, die nach Einsetzen in die Gleichung die Gleichung zu einer wahren Aussage macht, die Lösungsmenge, ist die Lösung der Aufgabe.

Oft gibt es genau eine Lösung, das muss aber nicht so sein.

Gleichungen mit Unbekannten sind eine Art, wie Mathematik Fragen ausdrückt. Die Antwort auf die Frage ist der Wert der Unbekannten.

Wir haben im letzten Kapitel gesehen, was der Wahrheitswert einer Aussage ist und dass äquivalente Aussagen den gleichen Wahrheitswert haben.

Für das Lösen von Gleichungen bieten sich daher Äquivalenzumformungen an, die den Wahrheitswert und somit die Lösungsmenge nicht ändern.

A. Gründers, *Mathe übersichtlich: Von den Basics bis zur Analysis*,
https://doi.org/10.1007/978-3-662-70883-5_4

Wie formst du Gleichungen mit Äquivalenzumformungen um?

Wenn man Gleichungen umformt, um eine Unbekannte zu berechnen, will man zweierlei erreichen:

Erstens soll die Gleichung danach genau dann für gewisse Werte der Variablen wahr sein, wenn die Gleichung davor für diese Werte wahr ist.

$2x + 1 = 7$ ist für genau die gleichen Werte von x wahr wie die Gleichung $x = 3$.

Es sollen also weder Lösungen dazukommen noch welche verschwinden.

Wenn dies der Fall ist, nennt man die Umformung Äquivalenzumformung und schreibt $\Leftrightarrow$. Die Gleichung danach ist dann gleichwertig (äquivalent) zu der Gleichung davor.

$2x + 1 = 7 \Leftrightarrow x = 3$
Die beiden Gleichungen sind äquivalent.

Zweitens soll nach der Umformung die Unbekannte nur noch auf einer Seite der Gleichung stehen, und zwar alleine. Dann kann man den Wert auf der anderen Seite der Gleichung ablesen.

$x = 3$
Links steht x alleine, rechts steht der Wert von x, die Lösung.

Meistens kann man dies nicht durch einen Schritt erreichen, sondern muss mehrere Äquivalenzumformungen hintereinander ausführen.

$2x + 1 = 7 \quad | -1$
$\Leftrightarrow 2x = 6 \quad | :2$
$\Leftrightarrow x = 3$
Subtrahieren und Dividieren auf beiden Seiten sind Äquivalenzumformungen.

Was sind typische Äquivalenzumformungen?

Du kannst auf beiden Seiten eine Zahl addieren oder subtrahieren.

$x + 7 = 5 \quad | -7$
$x = 5 - 7 = -2$

Du kannst auf beiden Seiten mit einer Zahl multiplizieren oder dividieren.

$7x = 5 \quad | :7$
$x = \frac{5}{7}$

Die Zahl muss ungleich 0 sein, da die Multiplikation mit 0 keine Äquivalenzumformung ist und die Division durch 0 nicht definiert ist.

Multiplizieren mit 0 ist keine Äquivalenzumformung:
Aus der falschen Aussage $3 = 5$ folgt durch Multiplizieren mit 0 die richtige Aussage $0 = 0$.

Wenn du mit einem Ausdruck multiplizierst, der in Abhängigkeit von x null werden kann, musst du die entsprechenden Werte von x ausschließen.

$\frac{x-1}{x^2-1} = 1 \quad | \cdot (x^2-1) \neq 0$, also $x \neq \pm 1$
$x - 1 = x^2 - 1 \quad | +1$
$x = x^2$
$x(1 - x) = 0$
$\Rightarrow x_1 = 0, x_2 = 1$
$x = 0$, da $x_2 = 1$ ausgeschlossen ist.

Du kannst beide Seiten logarithmieren. Das hilft, wenn die Unbekannte im Exponenten steht.

$2^x = 5 \quad | \log$
$\log(2^x) = \log(5)$
$x \log(2) = \log(5) \quad | : \log(2)$
$x = \frac{\log(5)}{\log(2)}$

Wenn du die Wurzel ziehst, denke daran, dass du zwei Lösungen erhältst (das gilt für alle geradzahligen Wurzeln).

$x^2 = 9$
$x = \pm\sqrt{9} = \pm 3$
$x_1 = -3, x_2 = +3$

Wenn ein Produkt gleich 0 ist, folgt daraus, dass mindestens einer der Faktoren gleich 0 sein muss.

$(x - 1)(e^x - 2) = 0$
$\Rightarrow x - 1 = 0$ oder $e^x - 2 = 0$
$\Rightarrow x_1 = 1, x_2 = \ln(2)$

Wo musst du beim Gleichungsumformen aufpassen?

Du musst immer dann aufpassen, wenn die Umformungen keine Äquivalenzumformungen sind.

Quadrieren und Multiplizieren mit Null sind keine Äquivalenzumformungen.

Das Multiplizieren mit einer Zahl ist nur dann eine Äquivalenzumformung, wenn du mit einer Zahl ungleich null multiplizierst.

Beim Multiplizieren mit 0 entsteht aus einer falschen Gleichung wie 3 = 5 die richtige Aussage 0 = 0. Somit ist es keine Äquivalenzumformung.

Beim Quadrieren folgt aus der Ursprungsgleichung zwar die neue Gleichung, aber aus der neuen Gleichung nicht nur die ursprüngliche.

$x = 1 \Rightarrow x^2 = 1$

$x = 1 \not\Leftarrow x^2 = 1$,

Linke Seite genau für $x = 1$ wahr.

Rechte Seite für $x = 1$ und $x = -1$ wahr.

Durch Quadrieren ist eine Lösung hinzugekommen.

Es kann sein, dass du derartige Umformungen vornehmen musst, die keine Äquivalenzumformungen sind, z. B. wenn du Wurzelgleichungen löst. Du musst dann stets eine Probe machen, also die Lösungen, die du gefunden hast, in die Ursprungsgleichung einsetzen.

$\sqrt{x+1} + \sqrt{x-1} = 1 \quad |\,\text{Quadrieren}$

$x + 1 + 2\sqrt{x+1}\sqrt{x-1} + x - 1 = 1$

$2x + 2\sqrt{x+1}\sqrt{x-1} = 1 \quad |\,-2x$

$2\sqrt{x+1}\sqrt{x-1} = 1 - 2x$

$4(x^2 - 1) = 1 - 4x + 4x^2 \quad |\,-1$

$-5 = -4x \quad |\,:(-5)$

$x = \frac{5}{4}$

Probe: $\sqrt{\frac{9}{4}} + \sqrt{\frac{1}{4}} = \frac{3}{2} + \frac{1}{2} = 2 \neq 1$

Die Gleichung hat keine Lösung.

Durch Null dividieren ist nicht nur keine Äquivalenzumformung, sondern nicht definiert. Wenn du es dennoch tust, kannst du falsche Aussagen wie etwa 1 = 0 beweisen.

Setze $x = 1$ (das ist erlaubt).

$x = 1 \quad |\cdot x \quad$ (korrekt)

$x^2 = x \quad |\,-x \quad$ (korrekt)

$x^2 - x = 0 \quad |\,$3. binomische Formel

$(x+1)(x-1) = 0 \,|\, :(x-1)$ (nicht def.!)

$x + 1 = 0 \quad |\,x = 1$ einsetzen

$2 = 0 \quad |\,:2$ (erlaubt)

$1 = 0$

Wie erkennst du den Typ einer Gleichung?

Prüfe zunächst, wie viele Unbekannnte deine Gleichung enthält. Den Fall mehrerer Unbekannten behandeln wir später.

$x + \sin(x) = 0$: 1 Unbekannte
$x^2 + y^2 = 3$: 2 Unbekannte

Schaue dann, ob du die Gleichung in offensichtlicher Weise vereinfachen kannst.

$x^2 + x = x + 1 \Rightarrow x^2 = 1$

Bringe die Brüche auf den Hauptnenner.

$$\frac{1}{x+1} + \frac{1}{x-1} = 1 \Rightarrow \frac{2x}{x^2-1} = 1$$

Prüfe, ob die Unbekannte nur linear vorkommt. Dann hast du eine lineare Gleichung.

$$\frac{17}{35}x + \frac{101}{1001} = 717$$

s. lineare Gleichung

Wenn die Unbekannte quadratisch und ggf. linear vorkommt, hast du eine quadratische Gleichung.

$x^2 + x + 1 = 0$
s. quadratische Gleichung

Wenn die Unbekannte als höhere Potenz vorkommt, hast du eine polynomiale Gleichung höheren Grades, du musst die Nullstellen eines Polynoms bestimmen.

$x^3 + x^2 + x = 0$
s. Gleichungen höheren Grades

Wenn die Gleichung Wurzeln enthält, musst du durch geschicktes Umstellen und Quadrieren die Wurzeln entfernen. Du musst stets die Probe machen, durch das Quadrieren können sich Scheinlösungen ergeben.

$\sqrt{x+1} + \sqrt{x-1} = 1$
s. Wurzelgleichung bei Äquivalenzumformungen

Wenn die Unbekannte im Exponenten vorkommt, hast du eine Exponentialgleichung.

$4^x + 2^x = 5$
s. Exponentialgleichung

Wie löst du eine lineare Gleichung?

Du willst eine lineare Gleichung in einer Variablen lösen.

$$3x + 2 = 7$$

Um die Gleichung zu lösen, musst du x isolieren. Dazu bringst du erst den Term ohne x auf die andere Seite, du ziehst also von beiden Seiten 2 ab.

$$3x = 7 - 2 = 5$$

Um das x ganz alleine auf einer Seite stehen zu haben, musst du noch das 3 aus der linken Seite loswerden. Das schaffst du, indem du beide Seiten durch 3 dividierst.

$$3x = 5 \quad | : 3$$

$$x = \frac{5}{3}$$

Ganz analog kannst du eine beliebige lineare Gleichung ($a \neq 0$, sonst ist es keine lineare Gleichung) in einer Variablen lösen.

$$ax + b = c$$

$$x = \frac{c - b}{a}$$

Die Formel brauchst du dir aber nicht zu merken, da sie sich automatisch ergibt, wenn du wie oben vorgehst.

Wie löst du eine quadratische Gleichung?

Manche quadratischen Gleichungen kannst du schon lösen, indem du einfach auf beiden Seiten die Wurzel ziehst.

$x^2 = 4$
$x_{1,2} = \pm\sqrt{4} = \pm 2$

Um deutlich zu machen, dass es zwei Lösungen sind, schreibt man $x_{1,2}$. Das x_1 ist dann die Lösung mit dem +, das x_2 die Lösung mit dem -.

$x_{1,2} = \pm 2$
steht für
$x_1 = +2$
$x_2 = -2$

Das Besondere an der Gleichung war, dass das x nur als x^2 vorkam.

Wenn du eine allgemeinere quadratische Gleichung hast, ist die Lösung ganz ähnlich, du musst auch eine Wurzel ziehen und du erhältst im Allgemeinen auch zwei Lösungen.

$x^2 - 2x = 5$

Der Trick, um den Term mit x loszuwerden, ist die sogenannte quadratische Ergänzung.

Erinnere dich an die binomische Formel (oder multipliziere aus).

$(a - b)^2 = a^2 - 2ab + b^2$, also
$(x - 1)^2 = x^2 - 2x + 1$

Addiere auf beiden Seiten 1, damit du links die binomische Formel anwenden kannst.

$x^2 - 2x = 5$
$\Rightarrow x^2 - 2x + 1 = 5 + 1 = 6$
$\Rightarrow (x - 1)^2 = 6$

Dann ziehe einfach die Wurzel auf beiden Seiten (genau wie oben).

$\Rightarrow x - 1 = \pm\sqrt{6}$

Jetzt musst du nur noch die -1 links loswerden. Addiere dazu 1 auf beiden Seiten. Man schreibt die Zahl üblicherweise vor die Wurzel, weil es der einfachere Term ist.

$\Rightarrow x = 1 \pm \sqrt{6}$

Wie geht die quadratische Ergänzung allgemein?

Wenn du das Verfahren der vorherigen Seite für die quadratische Gleichung $x^2 + px + q = 0$ durchführst, erhältst du die sogenannte p-q-Formel.

$$x^2 + px + q = 0$$
$$\left(x + \tfrac{p}{2}\right)^2 - \left(\tfrac{p}{2}\right)^2 + q = 0$$
$$\left(x + \tfrac{p}{2}\right)^2 = \left(\tfrac{p}{2}\right)^2 - q$$
$$x + \tfrac{p}{2} = \pm\sqrt{\left(\tfrac{p}{2}\right)^2 - q}$$
$$x = -\frac{p}{2} \pm \sqrt{\left(\frac{p}{2}\right)^2 - q}$$

Falls du auch vor dem x^2 einen Faktor hast, musst du erst durch diesen dividieren, danach kannst du die p-q-Formel anwenden.

$$ax^2 + bx + c = 0 \quad |:a$$
$$x^2 + \tfrac{b}{a}x + \tfrac{c}{a} = 0$$

Die so entstehende Formel nennt man manchmal Mitternachtsformel.

$$x_{1,2} = \frac{-b \pm \sqrt{b^2 - 4ac}}{2a}$$

Du brauchst dir diese Formeln nicht zu merken, da du sie dir anhand der jeweils vorliegenden Gleichung jeweils kurz herleiten kannst.

Entscheidend ist dabei die quadratische Ergänzung: Ergänze den Term, der den quadratischen und den linearen Term zu einem vollständigen Quadrat macht, und ziehe ihn dann gleich wieder ab.

$$x^2 - 6x + 3 = 0$$
$$x^2 - 6x + 9 - 9 + 3 = 0$$

Der zu ergänzende Term ist die Hälfte des Koeffizienten vor dem x ins Quadrat genommen.

Koeffizient von $-6x$ ist -6, die Hälfte ist -3, das Quadrat ist 9, also ergänze $+9 - 9$.

Das vollständige Quadrat schreibst du als Quadrat.

$$\underbrace{x^2 - 6x + 9}_{(x-3)^2}\;\underbrace{-9 + 3}_{-6} = 0$$
$$(x-3)^2 = 6$$
$$x - 3 = \pm\sqrt{6} \Rightarrow x = 3 \pm \sqrt{6}$$

Wie löst du Gleichungen höheren Grades?

Für die Lösungen von Gleichungen dritten und vierten Grades gibt es ähnliche Formeln wie für die quadratische Gleichung, nur viel komplizierter, sodass man in der Praxis die Nullstellen meist numerisch berechnet.

$x^3 + px + q = 0$

$x = \sqrt[3]{-\frac{q}{2} + \sqrt{D}} + \sqrt[3]{-\frac{q}{2} - \sqrt{D}}$

$D = (\frac{p}{3})^3 + (\frac{q}{2})^2$

Die dritten Wurzeln müssen so gewählt werden, dass ihr Produkt $-\frac{p}{3}$ ist.

Für die allgemeine Gleichung fünften Grades kann man beweisen, dass es keine Lösungsformeln mit geschachtelten Wurzelausdrücken gibt.

$x^5 - x + 1 = 0$

hat bewiesenermaßen keine Lösung mit geschachtelten Wurzelausdrücken.

Ansätze in einfachen Fällen:

- Du kannst x oder eine Potenz von x ausklammern, und was übrig bleibt, ist ein Polynom ersten oder zweiten Grades.

$x^{10} - 2x^9 = 0$

$\Rightarrow x^9(x - 2) = 0$

$\Rightarrow x_1 = 0, x_2 = 2$

sind die beiden Lösungen.

- Du kannst eine Lösung wie folgt erraten: Wenn dein Polynom ganzzahlige Koeffizienten hat, ist eine ganzzahlige Lösung immer ein Teiler des Absolutglieds (das ist der Term im Polynom ohne x). Wenn sich beim Einsetzen 0 ergibt, hast du eine Lösung gefunden.

$x^3 + x^2 - 5x + 3 = 0$

Wenn es ganzzahlige Lösungen gibt, sind diese Teiler von 3, also 1 oder -1 oder 3 oder -3.

Durch Ausprobieren:

$x_1 = 1$ und $x_2 = -3$ sind Lösungen.

Wenn du eine Lösung hast, kannst du mit Polynomdivision den Grad der Gleichung um eins reduzieren.

- Du kannst eine Hilfsvariable (z. B. z) gleich x^2 setzen und erhältst dann ein Polynom zweiten Grades.

$x^4 - 5x^2 + 6 = 0$

Setze $x^2 = z$, also $x^4 = z^2$.

$\Rightarrow z^2 - 5z + 6 = 0$

$\Rightarrow z_1 = 3, z_2 = 2$ (s.o.)

Mit $x = \pm\sqrt{z}$ folgt:

$x_1 = \sqrt{3}, x_2 = -\sqrt{3}$

$x_3 = \sqrt{2}, x_4 = -\sqrt{2}$

Wie löst du Exponentialgleichungen?

Wenn die Unbekannte im Exponenten vorkommt, dann wendest du den zur Basis passenden Logarithmus an.

$2^x = 5$
$x = \log_2(5)$

Du kannst auch einen Logarithmus zu einer beliebigen anderen Basis anwenden, dann kommt der Exponent auch herunter und du erhältst eine lineare Gleichung.

$2^x = 5$
$\ln(2^x) = \ln(5)$
$x \ln(2) = \ln(5)$
$x = \frac{\ln(5)}{\ln(2)}$

Wenn die Unbekannte in zwei Exponenten auftritt und die eine Basis das Quadrat der anderen ist, kannst du den einen Exponentialausdruck mit z abkürzen und erhältst eine quadratische Gleichung für z.

$4^x + 2^x = 5$
$2^{2x} - 5 \cdot 2^x + 6 = 0$
$(2^x)^2 - 5 \cdot 2^x + 6 = 0 \mid$ Setze $z = 2^x$.
$z^2 - 5z + 6 = 0 \mid$ Lösen der qu. Gl.
$z_1 = 2, z_2 = 3$
$2^{x_1} = 2, 2^{x_2} = 3$
$x_1 = 1, x_2 = \log_2(3)$

Dies geht auch, wenn die eine Potenz ein anderes ganzzahliges Vielfaches ist, oder bei mehr als zwei Exponentialtermen.

$27^x + 2 \cdot 9^x + 3^x = 48 \mid$ Setze $z = 3^x$.
$z^3 + 2z^2 + z = 48$

So kannst du auch die Gleichung $\frac{e^x - e^{-x}}{2} = a$ auflösen. Man bezeichnet die Funktion links auch als Sinus hyperbolicus (sinh). Sie ist mit der Sinusfunktion verwandt.

$\frac{e^x - e^{-x}}{2} = a \mid \quad z = e^x \Rightarrow e^{-x} = \frac{1}{z}$
$z - \frac{1}{z} = 2a \quad \mid \cdot z = e^x > 0$
$z^2 - 2az - 1 = 0 \quad \mid$ Lösen der qu. Gl.
$z_{1,2} = a \pm \sqrt{a^2 + 1} \mid$ da $z = e^x > 0$:
$x = \ln(z_1) = \ln(a + \sqrt{a^2 + 1})$

Wenn x und a^x oder x und $\sin(x)$ oder x und $\ln(x)$ gleichzeitig in einer Gleichung vorkommen, kann man die Lösung im Allgemeinen nicht als eine Formel mit elementaren Funktionen darstellen.

$x + 2^x = 0$
$xe^x = 1$
nicht analytisch lösbar,
nur mit Näherungsverfahren

Wie bestimmst du die Lösungsmenge einer Betragsgleichung?

Um die Lösung einer Betragsgleichung zu bestimmen, musst du für jeden Betrag die beiden Fälle getrennt betrachten.

$$|x| = \begin{cases} x & \text{für} \quad x \geq 0 \\ -x & \text{für} \quad x < 0 \end{cases}$$

Du bestimmst die Menge aller x für den Fall, dass das Argument größergleich 0 ist und berechnest dann die Lösung für x. Analog gehst du vor für den zweiten Fall, dass das Argument des Betrags kleiner 0 ist..

$|x + 2| = 3$

1. Fall $x + 2 \geq 0$, d. h. $x \geq -2$
$|x + 2| = x + 2 = 3 \Rightarrow x = 1$,
$x = 1$ erfüllt $x \geq -2$, also $x_1 = 1$.

2. Fall $x + 2 < 0$, d. h. $x < -2$
$|x + 2| = -(x + 2) = 3 \Rightarrow x = -5$,
$x = -5$ erfüllt $x < -2$, also $x_2 = -5$.

Am Schluss nimmst du alle Lösungen zusammen.

$x_1 = 1, x_2 = -5$

Wenn du mehrere Beträge hast, musst du entsprechend mehrere Fälle betrachten.

$|x + 2| + 2|x - 2| = 10$

1.) $x < -2: \ -(x + 2) - 2(x - 2) = 10$
$\Rightarrow x = -\frac{8}{3}$, im Bereich

2.) $-2 \leq x < 2: \ (x + 2) - 2(x - 2) = 10$
$\Rightarrow x = -4$, nicht im Bereich

3.) $2 \leq x: \quad (x + 2) + 2(x - 2) = 10$
$\Rightarrow x = 4$, im Bereich

Am Schluss nimmst du alle Lösungen zusammen.

$x_1 = -\frac{8}{3}, x_2 = 4$

Wie bestimmst du die Lösungsmenge einer Ungleichung?

Du kannst eine Ungleichung ähnlich wie eine Gleichung auflösen.

$2x + 5 > 3 \mid -5 \quad 2x + 5 = 3 \mid -5$
$2x > -2 \mid : 2 \quad 2x = -2 \mid 2$
$x > -1 \quad x = -1$

Wenn du allerdings mit einer negativen Zahl multiplizierst oder dividierst, musst du das Vorzeichen umkehren.

$-x > 3 \quad \mid \cdot (-1)$
$x < -3$

Wenn du eine quadratische Ungleichung hast, löst du am besten erst die entsprechende quadratische Gleichung.

$x^2 - 5x + 6 > 0$
$x^2 - 5x + 6 = 0 \Rightarrow x_1 = 2, x_2 = 3$

Die Lösungsmenge besteht dann aus ein oder zwei Intervallen, die durch die Lösungen der Gleichung begrenzt sind. Du stellst fest, welche es sind, indem du einen Beispielwert einsetzt. Das Vorzeichen ändert sich bei jeder einfachen Nullstelle.

Für $x < 2$ (Bsp. $x = 0$)
ist $x^2 - 5x + 6 > 0$
Für $2 < x < 3$ ist $x^2 - 5x + 6 < 0$.
Für $3 < x$ ist $x^2 - 5x + 6 > 0$.
Lösungsmenge: $x < 2$ oder $x > 3$,
also $x \in (-\infty, 2) \cup (3, \infty)$

Alternativ kannst du den quadratischen Term, der größer null sein soll, mittels der Nullstellen in Faktoren zerlegen und ihr Vorzeichen betrachten.

$x^2 - 5x + 6 = (x - 2)(x - 3) > 0$

$a \cdot b > 0$
$\Rightarrow (a > 0 \wedge b > 0) \vee (a < 0 \wedge b < 0)$

a) $x - 2 > 0 \wedge x - 3 > 0$
$\Rightarrow x > 2 \wedge x > 3 \Rightarrow x > 3$

b) $x - 2 < 0 \wedge x - 3 < 0$
$\Rightarrow x < 2 \wedge x < 3 \Rightarrow x < 2$

Lösungsmenge also $x < 2 \vee x > 3$

Wie löst du ein lineares Gleichungssystem?

Zwei lineare Gleichungen mit zwei Unbekannten nennt man ein lineares Gleichungssystem.

(1) $2x + 3y = 5$
(2) $3x + 5y = 10$

Eine Möglichkeit, es zu lösen, ist, die erste Gleichung so mit einer Zahl zu multiplizieren und die zweite mit einer anderen, dass sich z. B. y heraushebt, wenn du beide Gleichungen voneinander abziehst.

$5 \cdot (1)\quad 10x + 15y = 25$
$3 \cdot (2)\quad 9x + 15y = 30$
$\Rightarrow (10 - 9) \cdot x + 0 \cdot y = 25 - 30$
$\Rightarrow x = -5$
Einsetzen in (1) liefert $y = 5$.

Dies geht auch ganz allgemein.

(1) $ax + by = e$
(2) $cx + dy = f$

Du multiplizierst die erste Gleichung mit dem y-Koeffizienten der zweiten Gleichung und die zweite Gleichung mit dem x-Koeffizienten der ersten Gleichung.

$d \cdot (1)\quad adx + bdy = de$
$b \cdot (2)\quad bcx + bdy = bf$

Dann subtrahierst du die Gleichungen voneinander und löst die lineare Gleichung in x.

$$(ad - bc) \cdot x + 0 \cdot y = de - bf$$

$$x = \frac{de - bf}{ad - bc}$$

Das 2×2-Schema der Koeffizienten bezeichnet man als Koeffizientenmatrix. Man schreibt sie mit runden Klammern.

$$\begin{pmatrix} a & b \\ c & d \end{pmatrix}$$

Die Größe $ad - bc$ bezeichnet man als Determinante der Koeffizientenmatrix und schreibt sie mit det oder mit vertikalen Strichen.

$$\det \begin{pmatrix} a & b \\ c & d \end{pmatrix} = \begin{vmatrix} a & b \\ c & d \end{vmatrix} = ad - bc$$

Man kann die Lösung damit als Quotient zweier Determinanten schreiben.

$$x = \frac{\begin{vmatrix} e & b \\ f & d \end{vmatrix}}{\begin{vmatrix} a & b \\ c & d \end{vmatrix}}$$

Etwas Geometrie

Geometrie ist ein eigenständiger Teil der Mathematik, eine ihrer Wurzeln und ein aktives Forschungsgebiet.

Hier erkläre ich nur etwas Geometrie, so viel, wie man auf jeden Fall kennen sollte und bei den üblichen Anwendungen benötigt.

Der Schwerpunkt liegt dabei auf der Berechnung von Längen, Flächen und Winkeln, nicht auf der geometrischen Konstruktion.

Wir betrachten dabei Dreiecke, da dies die einfachsten ebenen geometrischen Figuren sind und man alle geradlinigen ebenen Formen in Dreiecke zerlegen kann.

A. Gründers, *Mathe übersichtlich: Von den Basics bis zur Analysis*,
https://doi.org/10.1007/978-3-662-70883-5_5

Warum ist die Winkelsumme im Dreieck 180°?

Wenn du eine Seite des Dreiecks betrachtest und durch den gegenüberliegenden Eckpunkt des Dreiecks eine Parallele ziehst, siehst du, dass die Summe der Winkel gleich dem gestreckten Winkel, also gleich 180° ist.

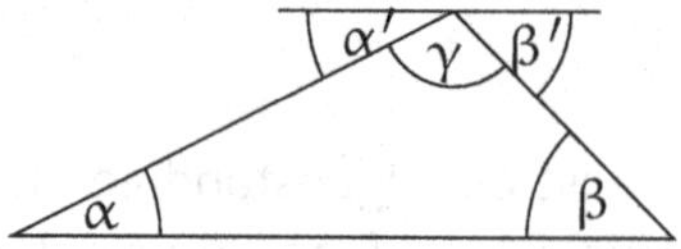

$\alpha = \alpha', \beta = \beta'$

$\alpha + \beta + \gamma = \alpha' + \beta' + \gamma = 180°$

Das heißt, wenn du zwei Winkel eines Dreiecks gegeben hast, ist auch der dritte festgelegt; er ergibt sich als Differenz ihrer Summe zu 180°.

$\alpha + \beta + \gamma = 180°$

$\Rightarrow \gamma = 180° - (\alpha + \beta)$

Du kannst die Winkelsumme von 180° auch wie folgt verstehen: Wenn du einen Bleistift auf eine Dreieckseite legst (Pfeil unten), das Dreieck entlang fährst und bei jedem Eck (rechts, oben, links) um den entsprechenden Winkel drehst, dann zeigt der Bleistift am Ende in die entgegengesetzte Richtung (Pfeil innen), d. h. du hast ihn um 180° gedreht.

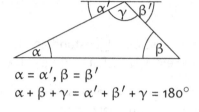

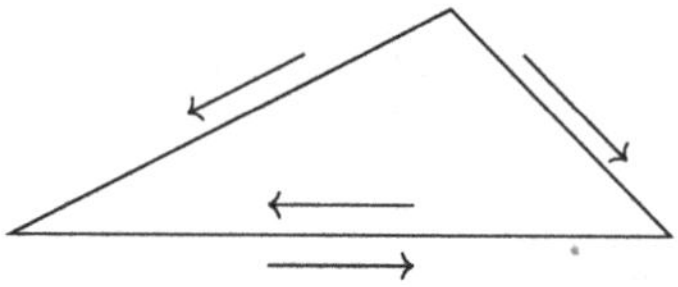

(1) Pfeil zeigt danach andersherum.
(2) Es sind weniger als 540°, da jeder Winkel kleiner als 180° ist.

(1) und (2) $\Rightarrow$ Winkelsumme = 180°

Die Winkelsumme im Dreieck ist nur in der flachen, der euklidischen Geometrie 180°. Es gibt gekrümmte Geometrien, wie z. B. die Oberfläche der Erde, wo dies nicht der Fall ist.

Ein sphärisches Dreieck mit einer Ecke Nordpol und zwei Ecken auf dem Äquator im Abstand von 90° hat drei rechte Winkel und somit die Winkelsumme 270°.

Was sind ähnliche Dreiecke?

Zwei Dreiecke heißen ähnlich, wenn sie die gleiche Form haben und sich nur in der Größe unterscheiden. Dass die Form gleich ist, bedeutet, dass die Winkel übereinstimmen. Dazu genügt wegen der konstanten Winkelsumme im Dreieck, dass zwei Winkel von ihrer Größe übereinstimmen.

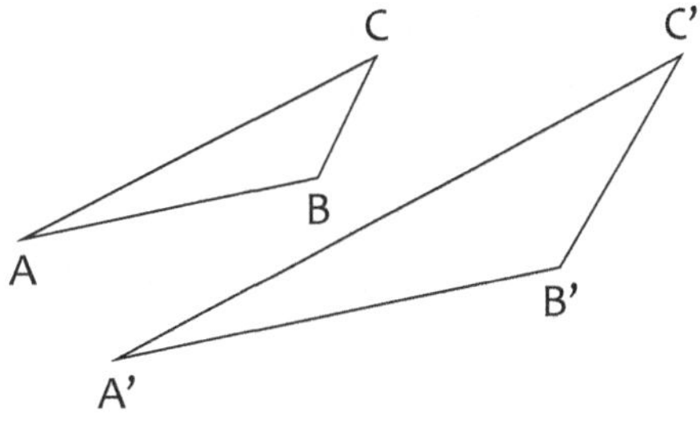

$$\Delta ABC \cong \Delta A'B'C'$$

Wenn man die beiden Dreiecke so legt, dass die Scheitel zweier gleicher Winkel übereinstimmen und zwei Seiten aufeinander liegen und die beiden dritten Seiten parallel sind, ergibt sich die Figur des Strahlensatzes.

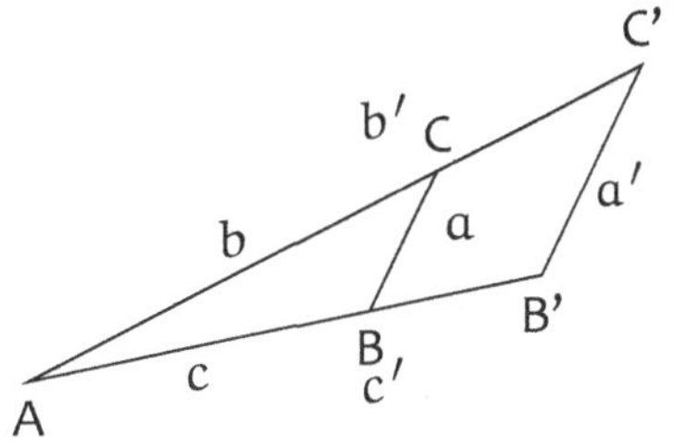

$$b = |AC|, b' = |AC'|$$
$$c = |AB|, c' = |AB'|$$

Die Verhältnisse der entsprechenden Längen sind gleich groß. Dies ist der Ähnlichkeitsfaktor k, um das man das eine Dreieck vergrößern muss, um das andere zu erhalten.

$$\frac{a'}{a} = \frac{b'}{b} = \frac{c'}{c} = k$$

Die entsprechenden Flächen verhalten sich wie das Quadrat der Seitenlängen.

$$\frac{F_{\Delta A'B'C'}}{F_{\Delta ABC}} = k^2 = \left(\frac{a'}{a}\right)^2$$

Daher ist die Fläche eines Dreiecks proportional zu dem Quadrat einer Seitenlänge mit einem gemeinsamen Proportionalitätsfaktor m für ähnliche Dreiecke.

$$F_{\Delta ABC} = ma^2$$
$$F_{\Delta A'B'C'} = ma'^2$$

Wo hilft dir der Satz des Pythagoras?

Man bezeichnet die längste Seite im rechtwinkligen Dreieck (die dem rechten Winkel gegenüberliegt) als Hypotenuse. Die anderen beiden Seiten als Katheten.

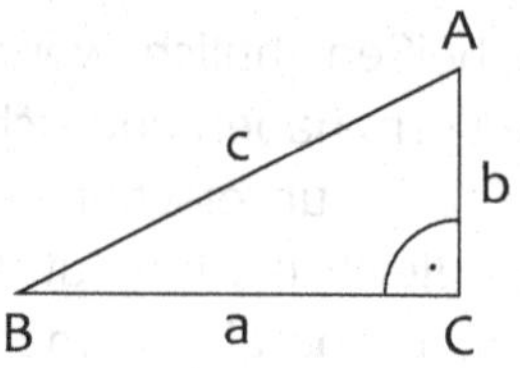

Der Satz des Pythagoras gibt eine Beziehung zwischen den drei Seitenlängen eines rechtwinkligen Dreiecks an.

$$a^2 + b^2 = c^2$$

Wenn du also zwei Seiten(längen) eines rechtwinkligen Dreiecks gegeben hast, kannst du die dritte berechnen.

$$c = \sqrt{a^2 + b^2}$$
$$a = \sqrt{c^2 - b^2}$$
$$b = \sqrt{c^2 - a^2}$$

Du kannst den Satz des Pythagoras beweisen, indem du das gegebene Dreieck in zwei rechtwinklige Dreiecke aufteilst.

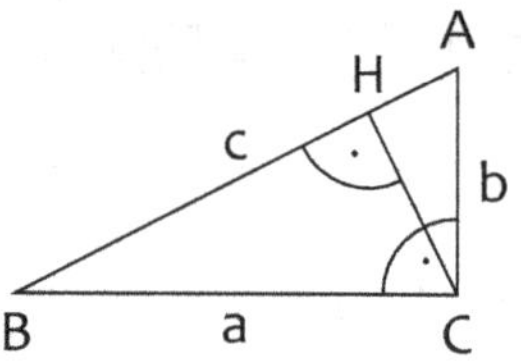

Diese sind, da die Winkel gleich sind, zum ursprünglichen Dreieck ähnlich.

$$\Delta ABC \cong \Delta BCH \cong \Delta CAH$$

Die Fläche des großen Dreiecks ist die Summe der Flächen der beiden kleinen Dreiecke.

$$F_{\Delta ABC} = F_{\Delta BCH} + F_{\Delta CAH}$$

Da die Dreiecke zueinander ähnlich sind, ist die Fläche jeweils eine (gleiche) Konstante mal das Quadrat der Länge der längsten Seite.

$$mc^2 = ma^2 + mb^2$$

Durch Division durch die Konstante erhältst du den Satz des Pythagoras.

$$c^2 = a^2 + b^2$$

Wodurch ist die Form eines rechtwinkligen Dreiecks bestimmt?

Wenn du bei einem rechtwinkligen Dreieck einen weiteren Winkel gegeben hast, kennst du auch den dritten Winkel, denn die Summe der Winkel in einem Dreieck beträgt 180°.

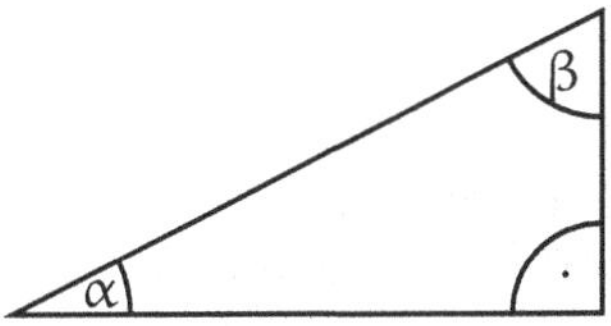

$\alpha + \beta + 90^\circ = 180^\circ$
$\Rightarrow \beta = 90^\circ - \alpha$

Wenn du also in einem rechtwinkligen Dreieck einen weiteren Winkel kennst, dann kennst du die Form des Dreiecks, d. h. das Dreieck bis auf Ähnlichkeit (reine Größenveränderung durch Streckung).

Daher sind wegen der Strahlensätze die Seitenverhältnisse durch den Winkel festgelegt. Wie die Seitenverhältnisse von dem Winkel abhängen, sagen dir die trigonometrischen Funktionen.

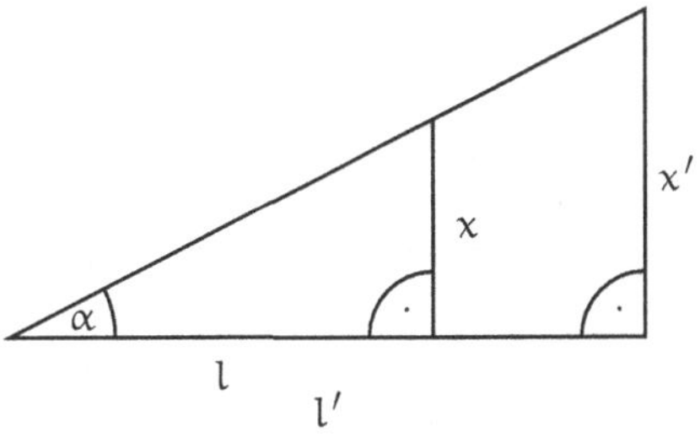

Strahlensatz: $\frac{x}{l} = \frac{x'}{l'}$

Wie berechnest du die Seitenlängen eines rechtwinkligen Dreiecks aus Winkeln?

Zunächst ein paar Bezeichnungen:

Die Hypotenuse ist die längste Seite im rechtwinkligen Dreieck, sie liegt dem rechten Winkel gegenüber. Wir bezeichnen sie im Folgenden mit H.

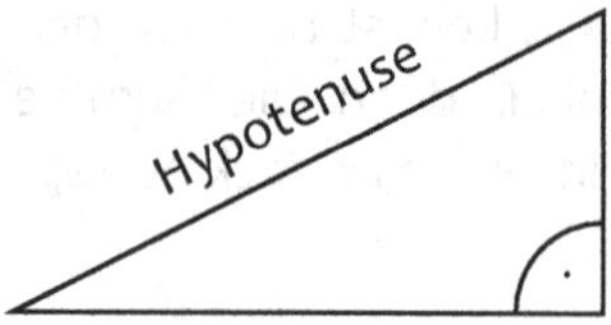

Den Winkel, den wir vorgeben, bezeichnen wir mit α. Er ist der Winkel zwischen der Hypotenuse und einer Kathete, die wir An-kathete nennen, weil der Winkel dort an-liegt.
Die Kathete, die dem Winkel α gegen-überliegt, nennen wir Gegenkathete.

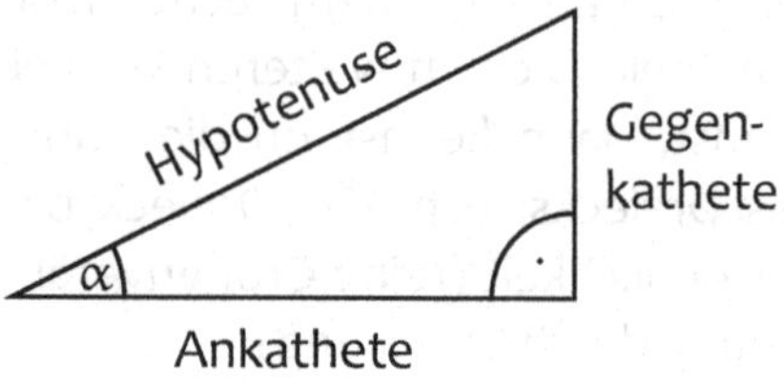

Die trigonometrischen Funktionen Sinus, Kosinus und Tangens ermöglichen dir, bei einem rechtwinkligen Dreieck aus der Kenntnis eines Winkels und einer Seitenlänge die restlichen Seitenlängen zu berechnen.

Gegeben α, H; gesucht G: Sinus
Gegeben α, H; gesucht A: Kosinus
Gegeben α, A; gesucht G: Tangens

Die gleichen Funktionen nimmst du, wenn die gegebenen und gesuchten Größen vertauscht sind.

Wie ist der Sinus definiert und wie berechnest du ihn?

Der Sinus des Winkels α ist definiert als Verhältnis von Gegenkathete zu Hypotenuse.

$$\sin(\alpha) = \frac{G}{H}$$

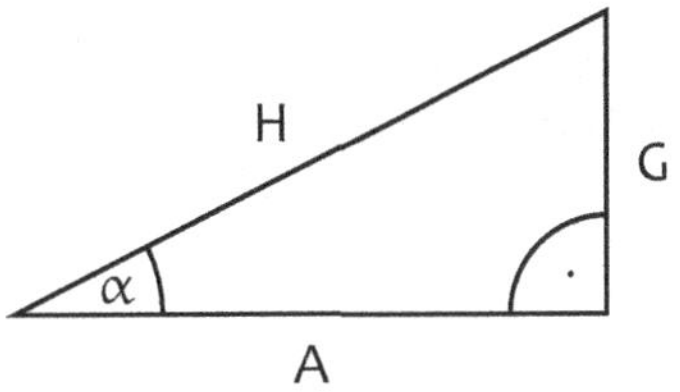

Du siehst, dass $\sin(0^\circ) = 0$: Wenn der Winkel 0° ist, ist das Dreieck ein horizontaler Strich, die Gegenkathete hat die Länge 0.

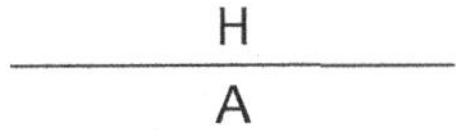

$$G = 0 \Rightarrow \sin(0^\circ) = 0$$

Analog ist $\sin(90^\circ) = 1$: Wenn der Winkel 90° ist, ist das Dreieck ein vertikaler Strich, die Gegenkathete hat dieselbe Länge wie die Hypotenuse.

$$G = H \Rightarrow \sin(90^\circ) = 1$$

Für $\alpha = 45^\circ$ ist das rechtwinklige Dreieck gleichschenklig. Wenn die beiden Katheten die Länge 1 haben, hat die Hypotenuse nach Pythagoras die Länge $\sqrt{1^2 + 1^2} = \sqrt{2}$. Daher ist $\sin(45^\circ) = \frac{\sqrt{2}}{2}$.

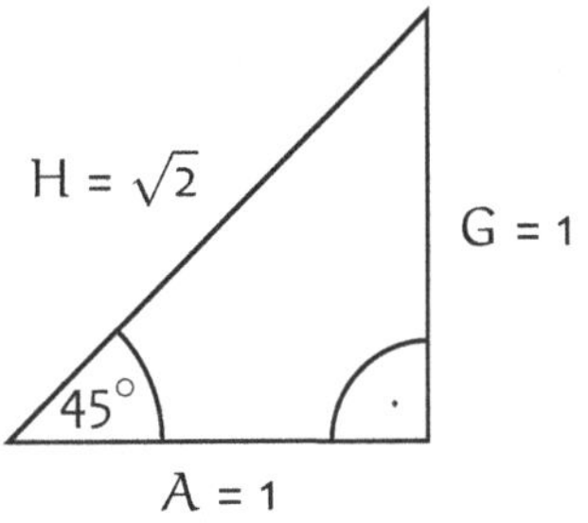

$$\Rightarrow \sin(45^\circ) = \frac{G}{H} = \frac{1}{\sqrt{2}} = \frac{\sqrt{2}}{2}$$

Wie berechnest du sin(30°) und sin(60°)?

Für $\alpha = 30°$ betrachtest du ein gleichseitiges Dreieck mit Seitenlänge 1, das spiegelbildlich zur Horizontalen liegt. Du erkennst, dass die Gegenkathete die halbe Länge der Hypotenuse hat.

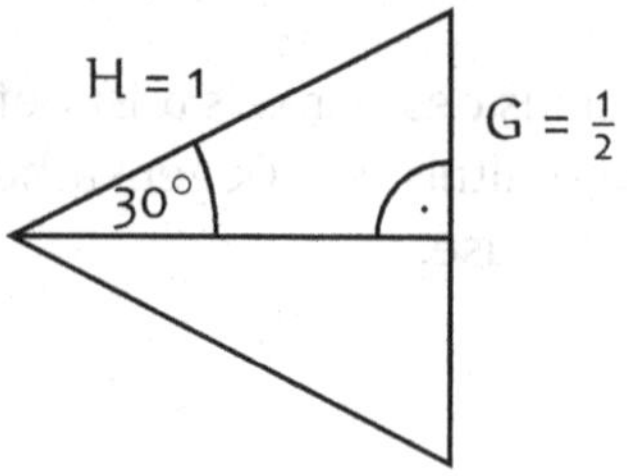

$$\Rightarrow \sin(30°) = \frac{1/2}{1} = \frac{1}{2}$$

Zur Berechnung von sin(60°) betrachtest du den Winkel rechts oben in dem Dreieck. Die Gegenkathete ist nun die horizontale Strecke, diese hat nach Pythagoras die Länge $G = \sqrt{1^2 - (\frac{1}{2})^2} = \sqrt{\frac{3}{4}} = \frac{1}{2}\sqrt{3}$.

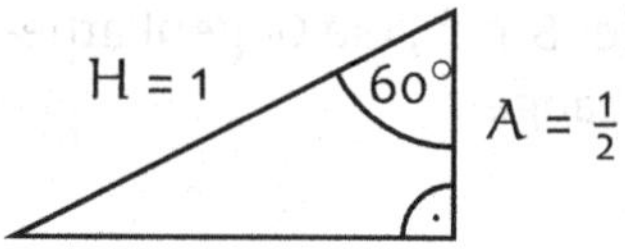

$G = \frac{1}{2}\sqrt{3}$

$$\Rightarrow \sin(60°) = \frac{G}{H} = \frac{\frac{1}{2}\sqrt{3}}{1} = \frac{1}{2}\sqrt{3}$$

Diese fünf Werte von der letzten und dieser Seite kannst du dir wie rechts einfach merken. Hinter dem Muster steckt allerdings nichts Tieferes.

α	$\sin(\alpha)$
0°	$\frac{\sqrt{0}}{2} = 0$
30°	$\frac{\sqrt{1}}{2} = \frac{1}{2}$
45°	$\frac{\sqrt{2}}{2}$
60°	$\frac{\sqrt{3}}{2}$
90°	$\frac{\sqrt{4}}{2} = 1$

Was sind Kosinus und Tangens?

Der Kosinus des Winkels α ist definiert als Verhältnis von Ankathete zu Hypotenuse.

$$\cos(\alpha) = \frac{A}{H}$$

Der Tangens des Winkels α ist definiert als Verhältnis von Gegenkathete zu Ankathete.

$$\tan(\alpha) = \frac{G}{A}$$

Du siehst, dass der Tangens einfach der Sinus dividiert durch den Kosinus ist.

$$\tan(\alpha) = \frac{G}{A} =$$
$$= \frac{G/H}{A/H} = \frac{\sin(\alpha)}{\cos(\alpha)}$$

Wenn du den Satz des Pythagoras auf das Dreieck anwendest, findest du eine Beziehung zwischen Sinus und Kosinus. Dabei haben wir, wie es oft üblich ist, statt $\sin(\alpha)$ kürzer $\sin\alpha$ und statt $(\sin(\alpha))^2$ kürzer $\sin^2\alpha$ geschrieben.

$$\sin^2\alpha + \cos^2\alpha = \left(\frac{G}{H}\right)^2 + \left(\frac{A}{H}\right)^2 =$$
$$= \frac{G^2 + A^2}{H^2} = \frac{H^2}{H^2} = 1$$

Damit kannst du den Kosinus durch den Sinus ausdrücken.

$$\cos^2\alpha = 1 - \sin^2\alpha$$
$$\cos\alpha = \pm\sqrt{1 - \sin^2\alpha}$$

Das Vorzeichen hängt von dem Quadranten des Winkels α ab.

So kannst du alle trigonometrischen Funktionen durch eine ausdrücken, hier der Einfachheit für den ersten Quadranten, in dem alle trigonometrischen Funktionen positiv sind, und durch Sinus ausgedrückt.

$$\cos\alpha = \sqrt{1 - \sin^2\alpha}$$
$$\tan\alpha = \frac{\sin\alpha}{\cos\alpha} = \frac{\sin\alpha}{\sqrt{1 - \sin^2\alpha}}$$

Wo findest du Sinus und Kosinus am Einheitskreis?

Es ist hilfreich, sich sin, cos und tan am Einheitskreis zu merken, also in dem Fall, dass die Hypotenuse = 1 ist, dann sind diese trigonometrischen Funktionen einfach Längen von Dreiecksseiten.

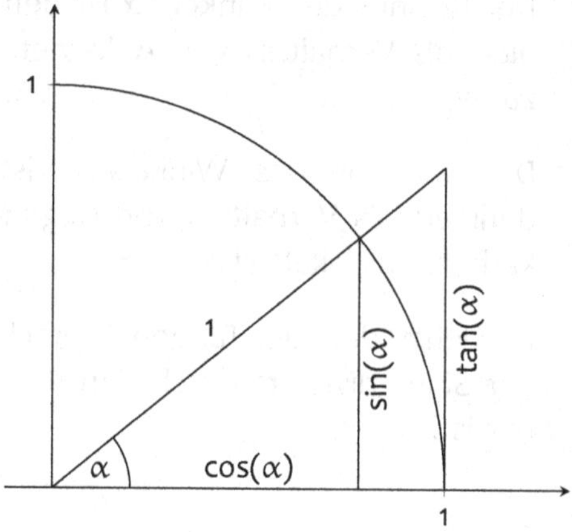

Du kannst dir nun vorstellen, wie diese Längen sich verändern, wenn du den Winkel veränderst. Du erhältst den Graphen der Sinus- bzw. Kosinusfunktion, wenn du die Punkte $(\alpha, \sin(\alpha))$ bzw. $(\alpha, \cos(\alpha))$ in ein Koordinatensystem einzeichnest.

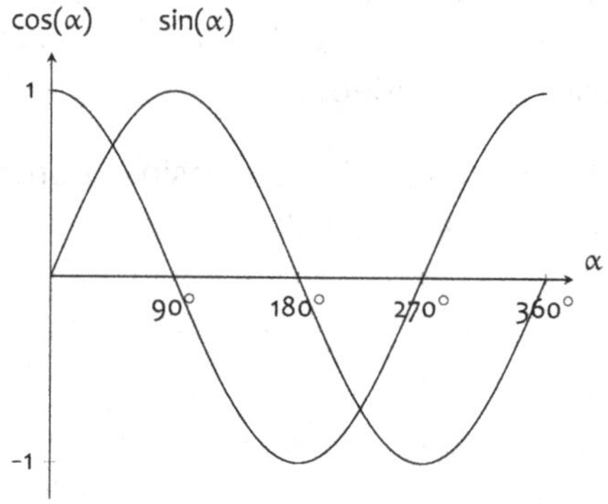

Wo helfen dir der Kosinussatz und der Sinussatz?

Der Kosinussatz ist die Verallgemeinerung des Satzes des Pythagoras, wenn der Winkel nicht 90° ist. Die Herleitung ist mit dem Vorangegangenen möglich, aber für das Verständnis nicht wichtig.

$$c^2 = a^2 + b^2 - 2ab\cos(\gamma)$$

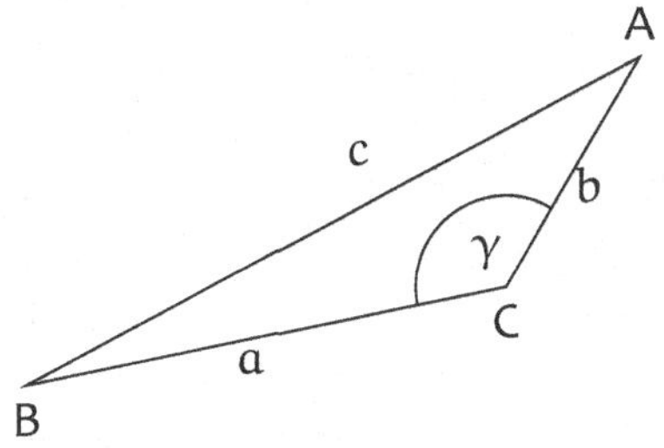

Für $\gamma = 90°$ erhältst du den Satz des Pythagoras zurück.

$$\gamma = 90° \Rightarrow \cos(\gamma) = 0$$
$$\Rightarrow c^2 = a^2 + b^2$$

Für $\gamma < 90°$ ist die Seite c kürzer als beim rechtwinkligen Dreieck.

$$\gamma < 90° \Rightarrow \cos(\gamma) > 0$$
$$\Rightarrow c^2 = a^2 + b^2 - 2ab\cos(\gamma) < a^2 + b^2$$

Für $\gamma > 90°$ ist die Seite c länger als beim rechtwinkligen Dreieck.

$$\gamma > 90° \Rightarrow \cos(\gamma) < 0$$
$$\Rightarrow c^2 = a^2 + b^2 - 2ab\cos(\gamma) > a^2 + b^2$$

Für $\gamma = 180°$ ist die Seite c die Summe aus a und b.

$$\gamma = 180° \Rightarrow \cos(\gamma) = -1$$
$$\Rightarrow c^2 = a^2 + b^2 + 2ab = (a + b)^2$$

Der Sinussatz sagt aus, dass der Quotient aus Sinus des Winkels und gegenüberliegender Seite für alle Winkel-Seiten-Paare im Dreieck gleich groß ist.

$$\frac{\sin(\alpha)}{a} = \frac{\sin(\beta)}{b} = \frac{\sin(\gamma)}{c}$$

Du kannst ihn leicht für zwei Winkel-Seiten-Paare verstehen, wenn du die Höhe auf die dritte Seite einzeichnest.

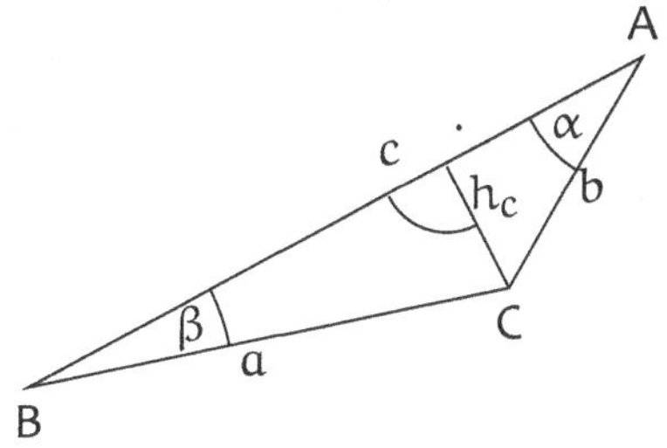

$$h_c = a\sin(\beta) = b\sin(\alpha)$$
$$\Rightarrow \frac{\sin(\alpha)}{a} = \frac{\sin(\beta)}{b}$$

Was hat Fläche mit Multiplizieren zu tun?

Wenn du 3 mit 5 multiplierst, dann entspricht dies 3 Reihen mit 5 Punkten, also 15 Punkten.

Wenn du dir anstelle jedes Punkts ein kleines Quadrat vorstellst, dann ist die Gesamtanzahl der Quadrate gleich dem Produkt der Anzahl der Quadrate auf der Längsseite mit der auf der Breitseite.

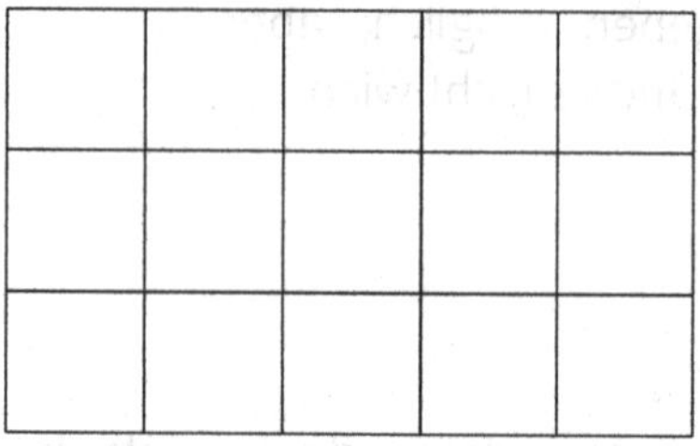

Als Flächeninhalt bezeichnet man nun die Anzahl der Einheitsquadrate. Wenn ein Einheitsquadrat die Länge 1 cm hat und folglich die Fläche $1\,\text{cm}^2$, hat ein Rechteck mit Kantenlängen a cm und b cm die Fläche $(a\,\text{cm}) \cdot (b\,\text{cm}) = ab\,\text{cm}^2$.

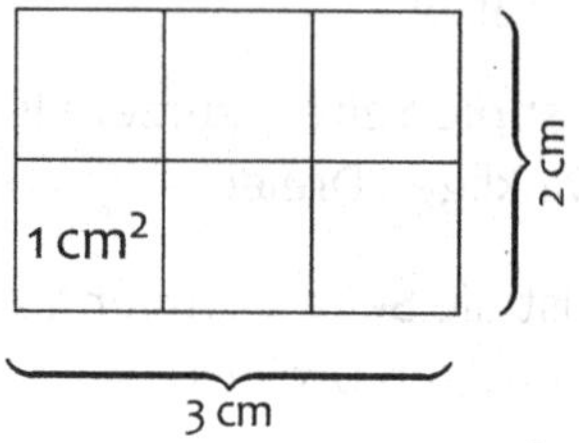

$$F = 3\,\text{cm} \cdot 2\,\text{cm} = 6\,\text{cm}^2$$

Um den Flächeninhalt einer anderen Fläche zu berechnen, muss man diese geeignet auf Rechtecke zurückführen.

Ein Dreieck kann man längs der Höhe in zwei Dreiecke zerlegen. Damit sieht man, dass die Fläche eines Dreiecks die Hälfte der Fläche des Rechtecks aus Grundseite und Höhe ist.

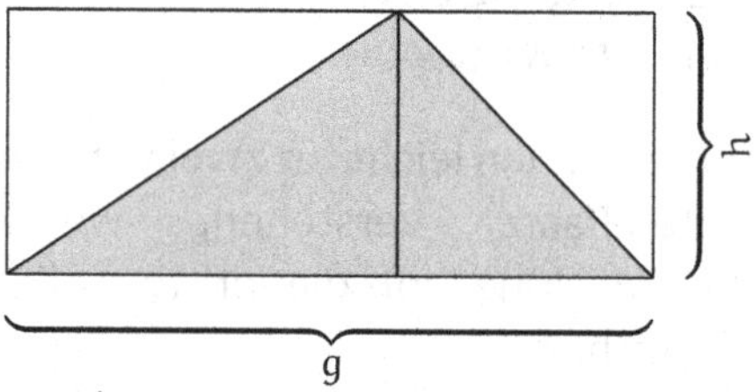

$$F = \frac{1}{2}gh$$

Bei krummlinig begrenzten Flächen braucht man i. A. unendlich viele „unendlich kleine Rechtecke“, dies führt zur Integralrechnung.

Wie kannst du dir die binomische Formeln mit Flächen merken?

Wenn du das Quadrat in der binomischen Formel $(a+b)^2 = a^2 + 2ab + b^2$ als Fläche interpretierst, kannst du die Formel visualisieren. Du erhältst das große Quadrat $(a + b)^2$, indem du zu dem Quadrat a^2 zweimal die Rechtecke ab addierst und einmal das kleine Quadrat b^2.

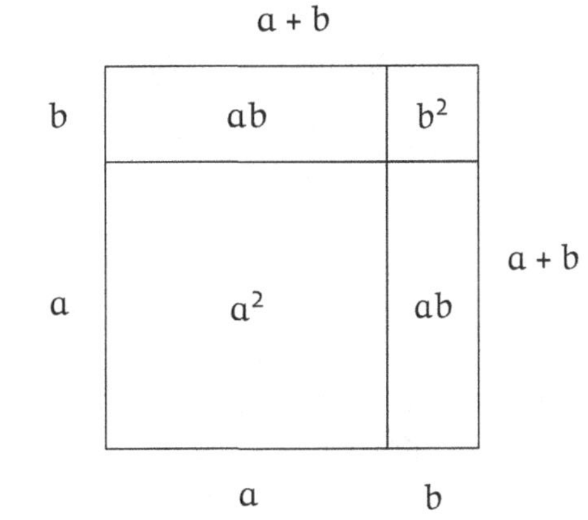

$$(a + b)^2 = a^2 + 2ab + b^2$$

Bei der zweiten binomischen Formel $(a - b)^2 = a^2 - 2ab + b^2$ siehst du in der Abbildung, dass du von dem großen Quadrat zunächst zweimal die Fläche des Rechtecks mit den Seitenlängen a und b und die Fläche ab (dicker Rand) abziehen musst.

Dann hast du aber das kleine Quadrat b^2 doppelt abgezogen und musst es folglich wieder einmal dazu addieren.

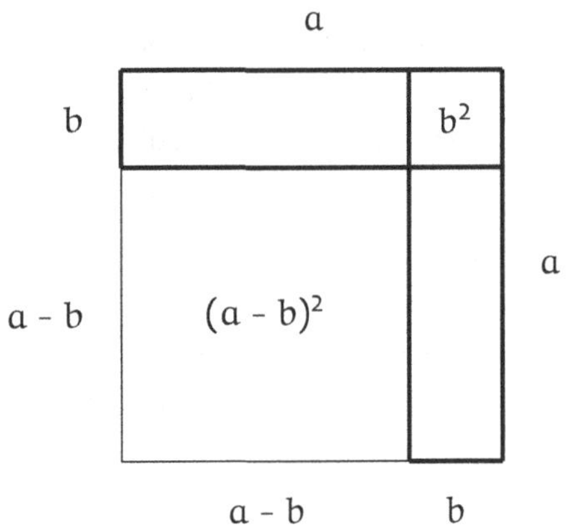

$$(a - b)^2 = a^2 - 2ab + b^2$$

Wie berechnest du ein Volumen?

Beim Volumen ist es genau wie bei der Flächenberechnung, nur dass du drei Zahlen miteinander multiplizierst, Breite, Länge und Höhe.

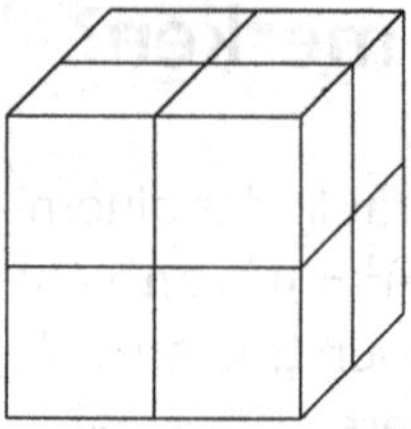

$V = 2 \cdot 2 \cdot 2 = 2^3$

$V = a \cdot a \cdot a = a^3$

Bei einem Prisma oder einem Zylinder ist das Volumen einfach die Grundfläche mal der Höhe. Das kannst du verstehen, indem du dir den Körper in kleine Stäbe aufgeteilt denkst, deren Volumen als Quader jeweils Grundfläche mal Höhe ist.

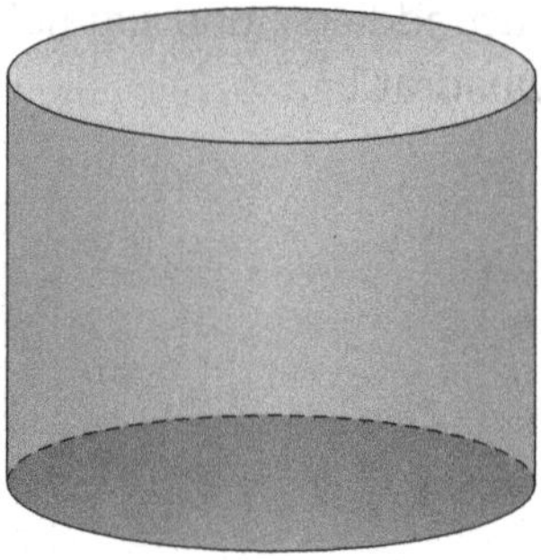

$V = \pi r^2 h$

Bei Pyramide und Kegel ist das Volumen ein Drittel mal Grundfläche mal Höhe (analog zur Formel Dreiecksfläche = einhalbmal Grundseite mal Höhe).

Dass hier ein Dittel steht, hängt damit zusammen, dass ein Volumen dreidimensional ist. Man kann es durch Integrieren verstehen oder auch durch Zerlegung eines Quaders in drei gleichgroße Pyramiden.

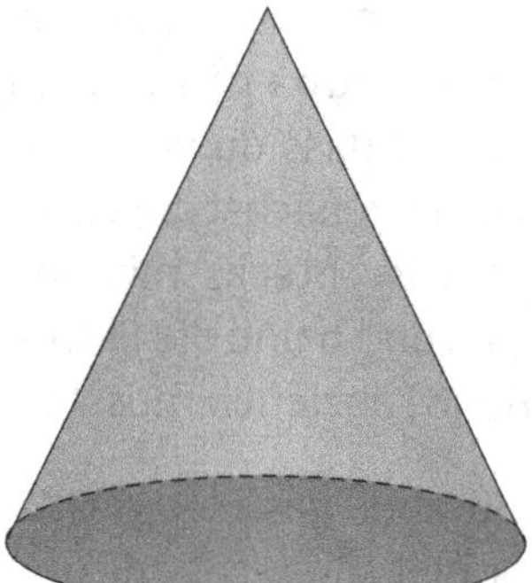

$V = \frac{1}{3}\pi r^2 h$

Das Kugelvolumen ergibt sich analog als ein Drittel mal Oberfläche mal Radius. Warum die Oberfläche einer Kugel $4\pi r^2$ ist, erklären wir nicht.

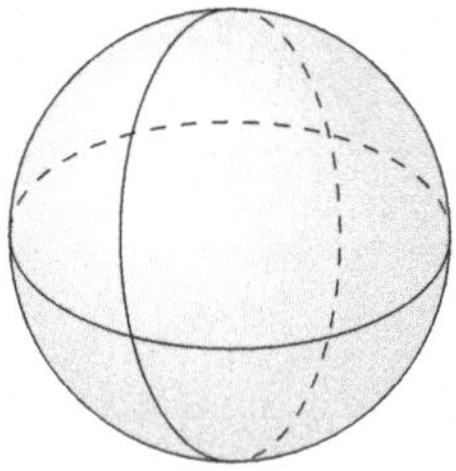

$V = \frac{4}{3}\pi r^3$

Was haben Potenzen mit Dimensionen zu tun?

Du beginnst mit einem Punkt.

Wenn du den Punkt um a verschiebst, erhältst du eine Strecke der Länge a.

Wenn du die Strecke der Länge a senkrecht um a verschiebst, erhältst du ein Quadrat der Fläche a^2. Darum nennt man „hoch zwei nehmen" auch quadrieren.

Wenn du das Quadrat der Seitenlänge a senkrecht um a verschiebst, erhältst du einen Würfel des Volumens a^3.

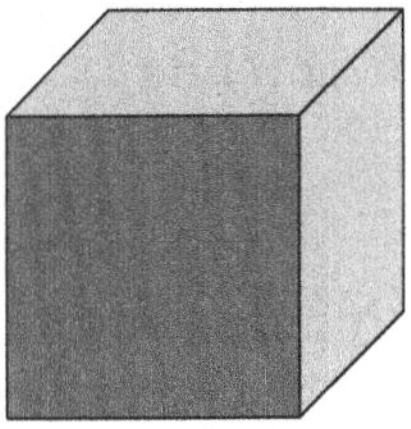

Auch die entsprechende Einheit trägt die Potenz. So kannst du in abstrakter Weise weitermachen. Der Exponent ist die Dimension.

Längeneinheit: 1 cm
Flächeneinheit: 1 cm^2
Volumeneinheit: 1 cm^3

Wenn du eine Länge bzw. Fläche bzw. Volumen um einen Faktor s streckst, wächst die entsprechende Größe um den Faktor s^d, wobei die Dimension $d = 1, 2, 3$ ist. Dies gilt nicht nur für Quadrate und Würfel, sondern für jede Fläche und jedes Volumen.

Längenskalierung: $(sa)^1 = s \cdot a$
Flächenskalierung: $(sa)^2 = s^2 \cdot a^2$
Volumenskalierung: $(sa)^3 = s^3 \cdot a^3$

Wie du siehst, wächst die Fläche mit der zweiten Potenz, das Volumen mit der dritten. Daher wächst die Oberfläche langsamer als das Volumen.

Ein Bär hat ein besseres Verhältnis Körpervolumen (Wärmeerzeugung) zu Hautoberfläche (Wärmeabgabe) als eine Maus, daher gibt es Eisbären, aber keine Eismäuse.

Was ist π und wozu brauchst du diese Zahl?

Der Umfang eines Kreises ist proportional zum Radius. Wenn du den Radius verdoppelst, verdoppelt sich auch der Umfang.

$U \sim r$

Die Proportionalitätskonstante ist 2π. Dies kann man als Definition für π verwenden.

$U = 2\pi r$

Es ergibt sich $\pi = 3{,}141592653\ldots$

Es gibt viele Reihendarstellungen für π, hier als Beispiele eine von Leibniz (1682) bzw. Madhava (14. Jh.) und eine von Ramanujan (1914).

$$\frac{\pi}{4} = \sum_{n=1}^{\infty} \frac{(-1)^n}{2n+1} = 1 - \frac{1}{3} + \frac{1}{5} - \frac{1}{7} + \ldots$$

$$\frac{1}{\pi} = \frac{2\sqrt{2}}{9801} \sum_{n=0}^{\infty} \frac{(4n)!(1103 + 26390n)}{(n!)^4 396^{4n}}$$

Es gibt auch einfach zu merkende und sehr genaue Näherungsformeln, meist reicht die erste.

$$\pi \approx 3{,}14$$

$$\pi \approx \tfrac{9}{5} + \sqrt{\tfrac{9}{5}} = 3{,}141640786\ldots$$

$$\pi \approx \frac{355}{133} = 3{,}141592920\ldots$$

Die Zahl π brauchst du bei der Berechnung des Flächeninhalts eines Kreises. Warum diese Formel gilt, kannst du auf der übernächsten Seite verstehen.

$F = \pi r^2$

Die Oberfläche einer Kugel enthält auch π, ebenso das Volumen der Kugel.

$O = 4\pi r^2$

$V = \frac{4}{3}\pi r^3$

Die Zahl π tritt nicht nur in der Geometrie, sondern auch in vielen anderen Bereichen der Mathematik auf.

Gauß'sche Normalverteilung:

$$\varphi(x) = \frac{1}{\sqrt{2\pi}} e^{-\frac{x^2}{2}}$$

Was ist Radiant und wieso ist diese Einheit praktisch?

Wenn du nur ein Stück des Kreisumfangs mit Winkel α hast, dann ist die Bogenlänge nur der entsprechende Teil des Gesamtumfangs.

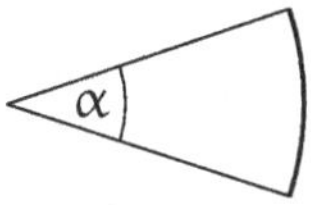

$$U(\alpha) = \frac{\alpha}{360^\circ} \cdot U(360^\circ) =$$

$$= \frac{\alpha}{360^\circ} \cdot 2\pi r = \alpha \frac{\pi}{180^\circ} r$$

Den Winkel, bei dem die Bogenlänge des Einheitskreissektors gleich 1 ist, bezeichnet man als 1 Radiant.

$$1\,\text{rad} = \frac{180^\circ}{\pi}$$

Die Bogenlänge ist dann einfach der Winkel in Radiant multipliziert mit dem Radius.

$U = \alpha r$
α in rad

Die Angabe von Winkeln in Radiant ist häufig und vor allem in der Analysis sehr praktisch.

30°	45°	60°	90°	180°	360°
$\frac{\pi}{6}$	$\frac{\pi}{4}$	$\frac{\pi}{3}$	$\frac{\pi}{2}$	π	2π

Wenn man einen Winkel in Radiant angibt, lässt man einfach das Gradzeichen weg. Die Einheit rad schreibt man nur sehr selten.

$$\alpha = \frac{\pi}{2}, \quad \beta = \pi$$

$$\sin\left(\frac{\pi}{2}\right) = 1, \quad \sin(\pi) = 0$$

Wie berechnest du die Fläche eines Kreises?

Die Kreisfläche F ist proportional zum Quadrat des Radius. Die Proportionalitätskonstante ist π.

$F = \pi r^2$

Um dies zu verstehen, teilen wir die Kreisfläche in n Tortenstücke auf, rechts für $n = 20$.

Wenn du diese abwechselnd nach oben und nach unten zeigend aufreihst, entsteht eine rechtecksähnliche Fläche.

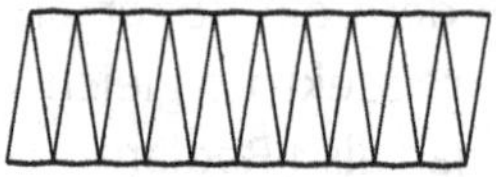

$\approx r$

$\approx \pi r$

Ihre Länge ist ungefähr der halbe Umfang des Kreises ($2\pi r/2 = \pi r$) und ihre Höhe ist ungefähr der Radius (r).

Dies gilt, da die obere und untere Kante aus dem Umfang besteht.

Für $n \to \infty$ wird die Abweichung beliebig klein. Daher ist die Fläche des Kreises gleich πr^2.

Für $n \to \infty$ folgt
$F = \pi r \cdot r = \pi r^2$.

Wozu brauchst du ein Koordinatensystem?

Mit einem Koordinatensystem kannst du Punkten in der Ebene eineindeutig zwei reelle Zahlen als Koordinaten zuordnen, und umgekehrt. Dadurch ergibt sich eine sehr nützliche Brücke zwischen Geometrie und Algebra bzw. Analysis.

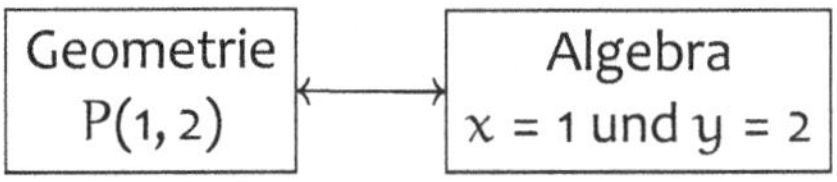

Am einfachsten und häufigsten verwendet man das kartesische Koordinatensystem. Das sind zwei aufeinander senkrecht stehende Zahlenstrahlen.

Der x-Wert zeigt an, wie weit rechts ($x > 0$) oder links ($x < 0$) ein Punkt liegt; der y-Wert zeigt an, wie weit oben ($y > 0$) oder unten ($y < 0$) ein Punkt liegt.

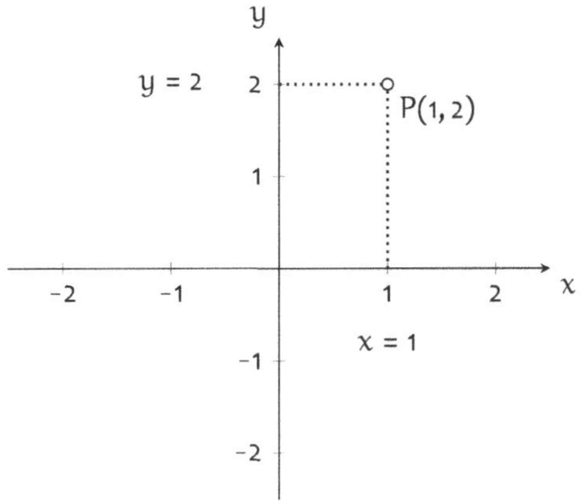

Die x-Achse sind die Punkte, die in Bezug auf oben/unten in der Mitte liegen, also alle Punkte mit $y = 0$.

Die y-Achse sind die Punkte, die in Bezug auf rechts/links in der Mitte liegen, also alle Punkte mit $x = 0$.

Der Punkt, der in beiden Dimensionen in der Mitte liegt, ist der Schnittpunkt von x- und y-Achse, also ist hier $y = x = 0$.

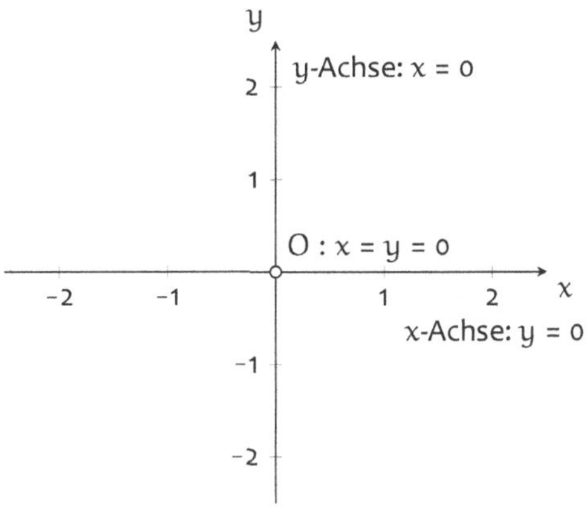

Den Abstand eines Punktes vom Ursprung kannst du mit dem Satz des Pythagoras berechnen, ebenso den zwischen zwei Punkten.

$$|OP| = \sqrt{x^2 + y^2}$$

$$|P_1P_2| = \sqrt{(x_2 - x_1)^2 + (y_2 - y_1)^2}$$

Wozu brauchst du ein Koordinatensystem?

Lösen von Sach- und Anwendungsaufgaben

Mathematik hat unglaublich viele Anwendungen.

In der Natur und der Technik steckt Mathematik. Mit Mathematik kann man Naturereignisse wie Sonnenfinsternisse (sehr präzise) oder Vulkanausbrüche (nur mit Wahrscheinlichkeiten) vorhersagen.

Mit Mathematik können andere Wissenschaften die Natur zähmen und letztendlich aus Sand und Öl und ein paar anderen Zutaten Handys bauen mit Navigations- und Übersetzungsapps.

Sachaufgaben sind einfache Anwendungen.

Du löst sie, indem du sie in Mathematik übersetzt, das Problem innerhalb der Mathematik löst und dann zurückübersetzt.

Für das Übersetzen braucht man eigentlich Wissen aus anderen Wissenschaften; die Beispiele im Folgenden sind aber so einfach, dass Alltagswissen genügt.

A. Gründers, *Mathe übersichtlich: Von den Basics bis zur Analysis*,
https://doi.org/10.1007/978-3-662-70883-5_6

Was hat Mathematik mit der Wirklichkeit zu tun?

Man ist nicht darüber einig, ob Mathematik unabhängig von dem Menschen existiert und von Menschen nur entdeckt wird oder ob sie von Menschen erfunden wird.

Mathematik:
Entdeckt oder erfunden?

Überraschend ist in jedem Fall, wie gut Mathematik gewisse Aspekte dessen, was wir als Wirklichkeit bezeichnen, quantitativ beschreiben und vorhersagen kann. Rechts ist jeweils nur eine zentrale Person mit Veröffentlichungsjahr angegeben.

Planetengesetze (Kepler 1619)
Elektrodynamik (Maxwell 1865)
Relativitätstheorie (Einstein 1916)
Quantentheorie (Schrödinger 1926)

Mit Mathematik kann man manche Eigenschaften von Elementarteilchen in einer erstaunlichen Übereinstimmung mit dem Experiment berechnen. In die Berechnung gehen mehr als 10 000 Vielfachintegrale aus sogenannten Feynman-Graphen ein.

magnetisches Moment des Elektrons (dimensionslos = g-Faktor):

theoretisch: $g = 2{,}002\,319\,304\ldots$
experimentell: $g = 2{,}002\,319\,304\ldots$

Mathematik in Verbindung mit anderen Wissenschaften ist Grundlage vieler wissenschaftlicher Entdeckungen und technischer Errungenschaften.

Mathematik
+ Thermodynamik: Benzinmotor
+ Elektrodynamik: Elektromotor
+ Halbleiterelektronik: Handy
+ Informatik: maschinelles Lernen

Wie löst du Sachaufgaben?

Sachaufgaben beziehen sich auf die Realität. Um eine Sachaufgabe zu lösen, musst du sie in Mathematik übersetzen, ein Modell erstellen. Du hast die Frage dann mathematisch formuliert.

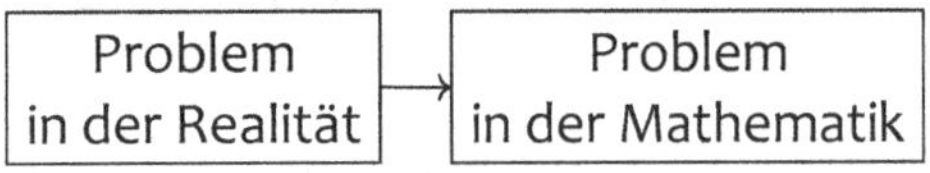

Anschließend löst du die mathematische Frage.

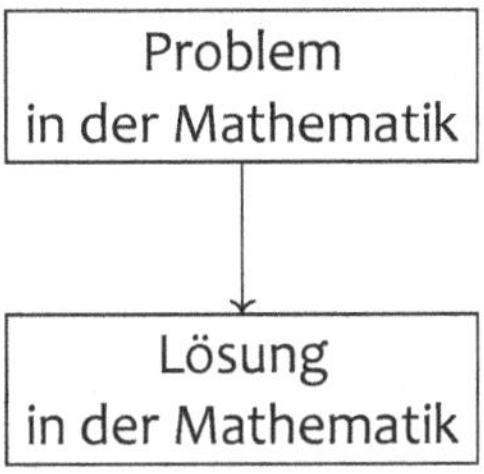

Danach übersetzt du die Lösung aus dem mathematischen Modell wieder in die Realität zurück.

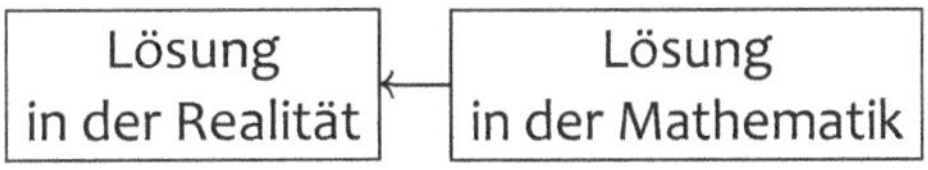

Wenn du alles zusammennimmst, entsteht ein Modellierungsquadrat.

Die letzte Kante entsteht dadurch, dass sich aus der Lösung in der Realität eine präzisere oder erweiterte Fragestellung ergeben kann. Mit diesem Problem kann das Quadrat dann erneut durchlaufen werden.

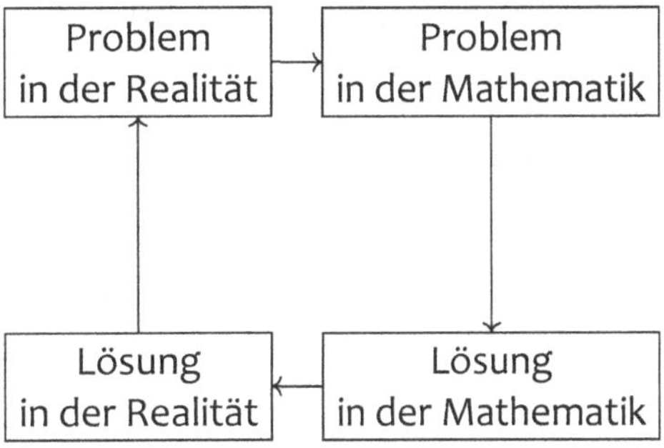

Wie übersetzt du ein Problem in die Mathematik?

Um das Problem in Mathematik zu übersetzen:

- Lies den Text ganz genau.

Eineinhalb Hühner legen an eineinhalb Tagen eineinhalb Eier. Wie viele Eier legt ein Huhn an einem Tag?

- Schaue bei jedem Satz, was du erfährst, und schreibe es mathematisch auf.

Gegeben:
Anzahl der Hühner: 1,5
Anzahl der Tage: 1,5
Anzahl der Eier: 1,5
Anzahl der Hühner in der Frage: 1
Anzahl der Tage in der Frage: 1

- Bezeichne bekannte Größen mit Buchstaben, etwa $a, b, \ldots$ oder auch l für Länge oder ähnlich, und gib ihren Wert an. Schreibe sie unter „Gegeben" auf.

Gegeben:
$H_1 = 1{,}5$, $T_1 = 1{,}5$ $E_1 = 1{,}5$
$H_2 = 1$, $T_2 = 1$

- Verstehe, was die gesuchten Größen sind und bezeichne sie auch mit Buchstaben, etwa $x, y, \ldots$. Schreibe sie unter „Gesucht" auf.

Gesucht:
Anzahl der Eier E_2

- Stelle eine Beziehung zwischen den Variablen her. Oft ist sinnvoll, eine Skizze anzufertigen.

Idee: Die Eierlegzahl pro Tag und Huhn ist konstant.
Also: Eierlegzahl $= \dfrac{E_1}{H_1 \cdot T_1} = \dfrac{E_2}{H_2 \cdot T2}$

Wie löst du das Problem in der Mathematik?

Um das Problem in der Mathematik zu lösen:

- Prüfe, ob du alle Informationen zu dem gegebenen Sachverhalt und den gesuchten Größen aus dem Text gefunden hast.

(Fortführung des Beispiels)

Gleichung: $\frac{E_1}{H_1 \cdot T_1} = \frac{E_2}{H_2 \cdot T2}$

Gegeben:

$H_1 = 1{,}5,\ T_1 = 1{,}5,\ E_1 = 1{,}5$

$H_2 = 1,\ T_2 = 1$

Gesucht: E_2

- Das merkst du daran, dass die Aufgabe auch rein mathematisch Sinn ergibt, lösbar erscheint und nichts fehlt.

Ok, eine Gleichung für eine Unbekannte.

- Überlege, um was für eine Art von mathematischem Problem es sich handelt. Musst du Gleichungen lösen oder besondere Werte bestimmen, etwa ein Minimum?

Lösen einer Gleichung

- Oft ergeben sich aus der Fragestellung unausgesprochen weitere Bedingungen. Schreibe diese auch auf, mit den Variablenbezeichnungen, die du eingeführt hast.

Die Anzahl der Eier sollte positiv sein ($E_2 > 0$).
Sie muss nicht eine natürliche Zahl sein, das war sie in der Fragestellung auch nicht, da es um gemittelte Werte geht.

- Überlege, welche Methoden du kennst, um die Gleichung zu lösen.

Auflösung der Gleichung nach E_2 durch Multiplikation mit $H_2 \cdot T_2$

- Löse die Gleichung. Überprüfe die Lösung anhand der ursprünglichen Gleichung. Setze die Lösung dort ein und überprüfe auch die weiteren Bedingungen, die du dir überlegt hast.

$$E_2 = H_2 \cdot T_2 \cdot \frac{E_1}{H_1 \cdot T_1} =$$
$$= 1 \cdot 1 \cdot \frac{1{,}5}{1{,}5 \cdot 1{,}5} = \frac{1}{1{,}5} = \frac{1}{\frac{3}{2}} = \frac{2}{3}$$

Die Lösung erfüllt die ursprüngliche Gleichung und ist positiv.

Wie übersetzt du die Lösung zurück in die Realität?

Um die Lösung aus der Mathematik zurück in die Realität zu bringen:

(Fortführung des Beispiels)

- Formuliere die Lösung als einen Satz mit den Wörtern aus der Aufgabenstellung.

Ausgehend von den Angaben der Aufgabenstellung ergibt sich, dass im Durchschnitt ein Huhn an einem Tag 2/3 Eier legt.

- Überlege, ob die Lösung Sinn gibt, ob sie dir anschaulich plausibel erscheint.

Ja, die Lösung gibt Sinn, aus der Aufgabenstellung ergibt sich schnell, dass ein Huhn an eineinhalb Tagen ein Ei legt, also an einem Tag weniger als ein Ei.

- Gib an, wenn dir einfällt, was man aus der Lösung noch schließen könnte.

Die durchschnittliche Zahl der Eier, die H Hühner an T Tagen legen, beträgt $\frac{2}{3} \cdot H \cdot T$.

- Gegebenenfalls, wenn das Ergebnis das Problem noch nicht zufriedenstellend löst: Formuliere eine verfeinerte Fragestellung.

Wenn ein Huhn an einem Tag im Durchschnitt 2/3 Eier legt: An welchem Anteil der Tage legt das Huhn ein Ei, an welchem kein Ei? Wie ändert sich das, wenn es an einem gewissen Anteil von Tagen 2 Eier legt?

Wofür hilft der Dreisatz?

Es kommt häufig vor, dass, wenn du eine Größe verdoppelst, sich dann auch eine andere Größe verdoppelt.

Doppelt so viel kostet das Doppelte. Ein doppelt so großes Quadrat hat den doppelten Umfang.

Wenn dies nicht nur für den Faktor 2, sondern für jeden Faktor gilt, heißen die Größen proportional zueinander.

Der Preis ist proportional zur Menge.
Der Umfang ist proportional zur Seitenlänge.

Man schreibt dafür eine einfache Schlangenlinie „$\sim$“. Bitte verwechsle sie nicht mit der doppelten Schlangenlinie „$\approx$“ für ungefähr.

$u \sim a$ (proportional)
$\frac{1}{3} \approx 0{,}33$ (ungefähr)

Wenn zwei Größen einander zugeordnet sind, schreibt man manchmal das Entsprichtzeichen „$\cong$“, das in der Geometrie auch kongruent bedeutet.

2 kg entsprechen 3 €.
$2\,\text{kg} \cong 3\,€$

Wenn du zwei Größen hast, die zueinander proportional sind, und für die erste Größe die zweite gegeben hast, kannst du die zweite Größe auch dann einfach ausrechnen, wenn die erste Größe einen anderen Wert hat.

2 kg Kartoffeln kosten 3 €.
Wieviel € kosten 3 kg Kartoffeln?

Du schreibst zunächst hin, was du weißt. Dann rechnest du auf eine Maßeinheit um.
Als drittes (Dreisatz) rechnest du auf die gesuchte Menge um.

$2\,\text{kg} \cong 3\,€$
$1\,\text{kg} \cong 1{,}50\,€$
$3\,\text{kg} \cong 4{,}50\,€$

Natürlich hättest du auch einfach mit dem Faktor multiplizieren können, um den der zweite Wert größer (oder kleiner) ist.

$$3\,\text{kg} \cong \frac{3\text{kg}}{2\text{kg}} \cdot 3\,€ = 1{,}5 \cdot 3\,€ = 4{,}50\,€$$

Wie geht Prozent- und Zinsrechnung?

Anteile gibt man oft in Prozent an. Du kannst damit einfach wie mit einer Zahl rechnen, wobei das Prozentzeichen für 1/100 = 0,01 steht.

$\% = 1\% = 0{,}01$
$20\% = 20 \cdot 0{,}01 = 0{,}2$

Wenn du eine Zahl in Prozent schreiben willst, multipliziere sie einfach mit der Zahl 1 (dadurch ändert sich nichts), die du als 1 = 100% schreibst.

$$0{,}2 = 0{,}2 \cdot \underbrace{100\%}_{=1} = \underbrace{0{,}2 \cdot 100}_{=20}\,\% = 20\%$$

Mit Promille ist es genau gleich, nur dass ein Promille für 1/1000 = 0,001 steht.

$$0{,}035 = 0{,}035 \cdot \underbrace{1000‰}_{=1} =$$
$$= \underbrace{0{,}035 \cdot 1000}_{=35}\,‰ = 35‰$$

Wenn du von einem Grundwert ausgehst, dann bezeichnet man den Anteil, der zu einem Prozentsatz gehört, als Prozentwert.

Grundwert: 100 € (Ladenpreis)
Prozentsatz: 19% (Steuersatz)
Prozentwert: 19 € (Steuer)

Der Prozentwert hat die gleiche Einheit wie der Grundwert, ihr Verhältnis zueinander ist der Prozentsatz.

$$19\,€ : 100\,€ = \frac{19}{100} = 0{,}19 = 19\%$$

Bei der Zinsrechnung ist der Grundwert das Anfangskapital, der Prozentsatz ist der Zinssatz und der Prozentwert sind die Zinsen.

Grundwert: 100 € (Kapital)
Prozentsatz: 3% (Zinssatz pro Jahr)
Prozentwert: 3 € (Zinsen nach 1 Jahr)

Wenn das Kapital mehrere Jahre angelegt wird, werden auch die Zinsen verzinst, d. h. im zweiten Jahr werden Kapital und Zinsen verzinst.

Kapital am Anfang: 100 €
Kapital nach 1 Jahr:
$100\,€ + 3\% \cdot 100\,€ = 1{,}03 \cdot 100\,€$
Kapital nach 2 Jahren: $= 1{,}03^2 \cdot 100\,€$

Wie geht Zinseszinsrechnung?

Zins bedeutet, dass du auf ein gewisses Kapital (das du jemandem leihst) einen Anteil (entsprechend dem Zinssatz) zusätzlich zu dem geliehenen Kapital zurück erhältst.

Kapital K, z. B. 100 € (Kapital)
Prozentsatz: p, z. B. 3% = 0,03
Kapital im Jahr 1: $(1+p)K$, z. B. 103 €

Bei Zinseszins leihst du dem Schuldner auch die Zinsen, daher bekommst du im zweiten Jahr auch auf die Zinsen Zinsen usw.

Kapital im Jahr 1: $(1+p)K$
Kapital im Jahr 2: $(1+p)^2K$
...
Kapital im Jahr n: $(1+p)^nK$

Wenn du berechnen willst, wie lange es dauert, bis sich dein Kapital bei einem gewissen Zinssatz verdoppelt hat, kannst du das durch Logarithmieren herausbekommen.

Verdopplung: $(1+p)^nK = 2K \quad |:K$

$$(1+p)^n = 2 \quad |\log$$

$$n\log(1+p) = \log(2) \quad |:\log(1+p)$$

$$n = \frac{\log(2)}{\log(1+p)}$$

Hier siehst du die Anzahl der Jahre für einige Prozentsätze. Für kleine Prozentsätze ist die Dauer ungefähr 69,3 Jahre durch den Prozentwert.

p	1%	2%	3%	5%	10%
n	69,7	35,0	23,4	14,2	7,3

Wieso sind Einheiten wichtig?

Bisher haben wir mit Zahlen gerechnet.

Geometrische und physikalische Größen sind aber keine reinen Zahlen, sondern haben eine Einheit.

Ein Tisch ist nicht 1 lang, er ist 1 Meter lang.

Eine Einheit ist eine festgelegte Bezugsgröße.

Meter, Sekunde, Kilogramm
abgekürzt: m, s, kg

Man gibt Längen, Flächen, Massen etc. als Vielfache der Einheit an. Dabei lässt man den Multiplikationspunkt weg.

$5\ \text{Meter} = 5 \cdot 1\ \text{Meter} = 5\,\text{m}$

Man kann Einheiten umrechnen.

$1\,\text{m} = 100\,\text{cm}$

Wenn man Potenzen von Einheiten wie Quadratmeter oder Kubikmeter umrechnet, muss man den Faktor auch potenzieren.

$$1\,\text{m}^2 = (1\,\text{m})^2 = (100\,\text{cm})^2 = (100)^2\,\text{cm}^2 = 10000\,\text{cm}^2$$

Du kannst mit Einheiten also wie mit Faktoren rechnen.

Wie viel ist 1 km/h in m/s?

$$1\,\frac{\text{km}}{\text{h}} = 1\,\frac{1000\,\text{m}}{60 \cdot 60\,\text{s}} = \frac{5}{18}\,\frac{\text{m}}{\text{s}} \approx 0{,}278\,\frac{\text{m}}{\text{s}}$$

Prozent ist in diesem Sinn gewissermaßen eine einheitenlose Einheit, ebenso Radian (die man oft weglässt) und das Gradzeichen.

$1\,\% = 0{,}01$

$$1\,\text{rad} = \frac{180^\circ}{\pi} \approx 57{,}3^\circ$$

Wie kannst du mit Einheiten Formeln überprüfen oder sogar herleiten?

Wenn du eine Anwendungsformel hast, kannst du mithilfe der Einheiten prüfen, ob du richtig gerechnet hast. Das ist eine gute Kontrolle.

Zeit für freien Fall $t = \sqrt{\frac{2h}{g}}$, für $h = 10\,\text{m}$ und $g = 9{,}81\frac{\text{m}}{\text{s}^2}$:

$$t = \sqrt{\frac{20\text{m}}{9{,}81\frac{\text{m}}{\text{s}^2}}} \approx \sqrt{2{,}04\frac{\cancel{\text{m}}\text{s}^2}{\cancel{\text{m}}}} = 1{,}43\,\text{s}$$

Wenn du eine Formel für die Periodendauer T eines Pendels auf einem Planeten bestimmen willst, dann enthält das Problem nur drei Größen: Die Länge des Pendels l, die Masse m, die du hinhängst, und die Gewichtskraft G der Masse.

$[T] = \text{s}$
$[l] = \text{m}$
$[m] = \text{kg}$
$[G] = \text{N} = \frac{\text{m kg}}{\text{s}^2}$

Du machst den Ansatz, dass die Periodendauer ein Produkt aus Potenzen von Länge, Masse und Gewichtskraft ist.

$T \sim l^a m^b G^c$

$\Rightarrow$ für die Einheiten:
$\text{s} = \text{m}^a \cdot \text{kg}^b \cdot (\frac{\text{m kg}}{\text{s}^2})^c$

Wenn du die Exponenten der Einheiten links und rechts vergleichst, erhältst du drei Gleichungen.

Exponent von s: $1 = -2c$
Exponent von m: $0 = a + c$
Exponent von kg: $0 = b + c$

Du kannst die 3 Gleichungen einfach auflösen, beginnend bei der ersten.

$c = -\frac{1}{2}, a = \frac{1}{2}, b = \frac{1}{2}$

Damit erhältst du ein Gleichung für die Periodendauer.

$T \sim \sqrt{\frac{l \cdot m}{G}}$

Wenn du noch weißt, dass Gewicht und Masse proportional zueinander sind, erhältst du die Abhängigkeit von Länge und Erdbeschleunigung.

$G = mg,\ g = 9{,}81\,\frac{\text{m}}{\text{s}^2}$

$T \sim \sqrt{\frac{l}{g}}$

Nur den korrekten Vorfaktor, hier 2π, kannst du so nicht herausbekommen.

$T = 2\pi\sqrt{\frac{l}{g}}$

Funktionen

Wenn eine Größe von einer anderen abhängt, beschreibt man dies mithilfe von Funktionen.

Eine Funktion bildet in eindeutiger Weise eine Zahl auf eine andere Zahl ab, sie ordnet einer unabhängigen Variablen eine abhängige Variable zu.

Die Verwendung von Funktionen und die Untersuchung ihrer Eigenschaften ist eine ganz wesentliche Vorgehensweise in der Mathematik und ihren Anwendungen.

Man kann damit viele Fragen formulieren und beantworten, z. B., wie eine Größe indirekt von einer anderen abhängt, oder wann eine Größe in Abhängigkeit einer anderen maximal wird.

An einigen Stellen verwende ich Grenzwerte und Ableitungen, die später ausführlich erklärt werden. Du kannst die entsprechenden Stellen überspringen, wenn dir die Begriffe nichts sagen.

Wenn der Wertebereich keine Zahlen sind, sondern andere mathematische Objekte, spricht man allgemeiner von einer Abbildung. Wir beschränken uns hier auf Funktionen.

Auch Addition und Multiplikation sind Funktionen, der Ausdruck $a + b$ ist die Kurzschreibweise für eine Funktion zweier Variablen $\text{add}(a, b)$.

A. Gründers, *Mathe übersichtlich: Von den Basics bis zur Analysis*,
https://doi.org/10.1007/978-3-662-70883-5_7

Was ist eine Funktion?

Oft hängt eine Variable von einer anderen Variablen ab. Man nennt die unabhängige Variable gerne x und die abhängige Variable y.

x: (oft) unabhängige Variable
y: (oft) abhängige Variable

Man schreibt $y = f(x)$ und nennt f eine Funktion. Die Klammern zeigen, dass du die Funktion f von x nimmst.

$y = f(x)$
f: Funktion
x: Argument, steht in Klammern

Das Ergebnis der Anwendung der Funktion f auf einen konkreten Wert x bezeichnet man als $f(x)$.

$f(x)$: Ergebnis der Anwendung von f auf x
$f(x) = x^2 \Rightarrow f(3) = 9$

Manchmal lässt man die Klammern weg. Das sollte man aber besser nicht tun, nur in Ausnahmefällen.

$f(x) = \sin(x)$, manchmal auch $\sin x$
$g(x) = \sin(2x)$, manchmal auch $\sin 2x$

Manche mathematischen Zeichen haben eine Art Klammer eingebaut, etwa den Wurzelstrich oder die Hochstellung des Arguments.

$f(x) = \sqrt{x+3}$
$g(x) = 2^{x+3}$

Eine Funktion ist eine Zuordnung von einer Definitionsmenge (hier $\mathbb{R}$) in einen Wertebereich (hier auch $\mathbb{R}$). Dabei wird jedem Element der Definitionsmenge genau ein Element des Wertebereichs zugeordnet.

$$\begin{aligned} f : \mathbb{R} &\to \mathbb{R} \\ x &\mapsto f(x) = x^2 \end{aligned}$$

Die Definitionsmenge ist die Menge, für die man die Funktion definieren will und kann. Es müssen etwa die Nullstellen des Nenners ausgeschlossen sein.

$$\begin{aligned} f : \mathbb{R} \setminus \{0\} &\to \mathbb{R} \\ x &\mapsto \frac{1}{x} \end{aligned}$$

Man kann den Definitionsbereich auch dahinterschreiben, als Menge oder als Bedingung.

$$f(x) = \frac{1}{x}, x \in \mathbb{R} \setminus \{0\}$$

$$f(x) = \frac{1}{x}, x \in \mathbb{R}, x \neq 0$$

Wie kannst du eine Funktion darstellen?

Eine Funktion, d.h. eine Abhängigkeit einer Variablen y von einer unabhängigen Variablen, kannst du auf verschiedene Weisen darstellen.

Du kannst z.B. eine Rechenvorschrift angeben und den Definitionsbereich von x.

$$y = f(x) = x^2, \quad x \in \mathbb{R}$$

Wenn x nur wenige Werte annehmen kann oder du nur wenige Werte darstellen willst, kannst du eine Tabelle verwenden.

x	0	1	2	3	4
$f(x) = x^2$	0	1	4	9	16

Wenn x eine reelle Zahl ist, bietet sich eine graphische Darstellung an. Du zeichnest für jeden x-Wert einen Punkt $P(x, y)$ mit dem entsprechenden x- und y-Wert in ein Koordinatenkreuz.

Wenn x die reellen Zahlen durchläuft, erhältst du ganz viele Punkte, die z.B. auf einer Linie liegen können. Auf diese Weise entsteht der sogenannte Graph der Funktion.

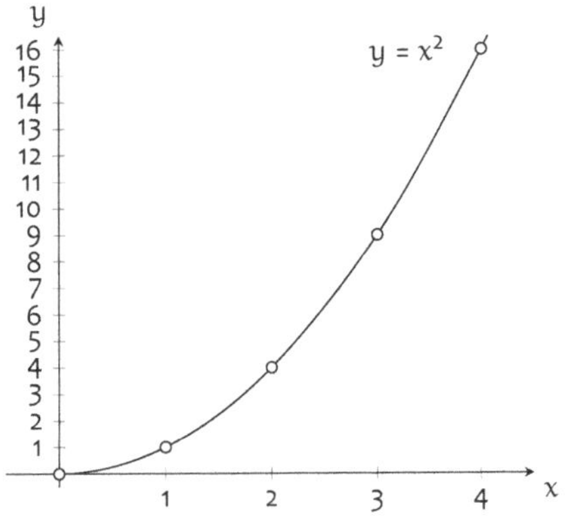

Es ist hilfreich, wenn du zwischen Rechenvorschrift und graphischer Darstellung gut hin- und herwechseln kannst.

Was bedeutet injektiv und surjektiv?

Bei einer Funktion wird jedem Element der Definitionsmenge genau ein Element des Wertebereichs zugeordnet.

$f : \mathbb{R} \to \mathbb{R},\ x \mapsto f(x) = x^2$
$2 \mapsto 4$
f ist eine Funktion.

Eine Zuordnung, die einem Element der Definitionsmenge zwei Elemente zuordnet, definiert keine Funktion.

$f : \mathbb{R} \to \mathbb{R},\ x \mapsto y$ mit $y^2 = x$
$4 \mapsto \pm 2$
f ist keine Funktion.

Die Begriffe injektiv und surjektiv charakterisieren eine Funktion ausgehend von ihrem Wertebereich.

Wichtig ist die Anzahl der x-Werte, die es zu einem y-Wert gibt:
$|\{x \in D |\ f(x) = y\}|$

Eine Funktion $f : D \to W, x \mapsto f(x)$ heißt injektiv, wenn es zu jedem $y \in W$ maximal ein x gibt mit $y = f(x)$.

$|\{x \in D |\ f(x) = y\}| \leq 1$ für alle $y \in W$
$f : \mathbb{R}_{\geq 0} \to \mathbb{R},\ x \mapsto y = f(x) = x^2$
$|\{x \in \mathbb{R}_{\geq 0} |\ x^2 = 4\}| = |\{2\}| = 1 \leq 1$
f ist injektiv.
Bei injektiven Funktionen schneidet jede Parallele zur x-Achse den Graphen der Funktion höchstens einmal.

Wenn es ein $y \in W$ gibt, das Funktionswert von zwei verschiedenen $x \in D$ ist, dann ist die Funktion nicht injektiv.

$f : \mathbb{R} \to \mathbb{R},\ x \mapsto y = f(x) = x^2$
$|\{x \in \mathbb{R}_{\geq 0} | x^2 = 9\}| = |\{\pm 3\}| = 2 \not\leq 1$
f ist nicht injektiv.

Eine Funktion $f : D \to W, x \mapsto f(x)$ heißt surjektiv, wenn es zu jedem $y \in W$ mindestens ein x gibt mit $y = f(x)$.

$|\{x \in D |\ f(x) = y\}| \geq 1$ für alle $y \in W$
$f : \mathbb{R} \to \mathbb{R}_{\geq 0},\ x \mapsto y = f(x) = x^2$
$|\{x \in \mathbb{R} |\ x^2 = 9\}| = |\{3\}| = 1 \geq 1$
f ist surjektiv.
Bei surjektiven Funktionen schneidet jede Parallele zur x-Achse im Wertebereich den Graphen der Funktion mindestens einmal.

Wenn es ein $y \in W$ gibt, zu dem sich kein $x \in D$ finden lässt mit $y = f(x)$, dann ist die Funktion nicht surjektiv.

$f : \mathbb{R} \to \mathbb{R},\ x \mapsto y = f(x) = x^2$
$|\{x \in \mathbb{R} |\ x^2 = -1\}| = |\{\,\}| = 0 \not\geq 1$
f ist nicht surjektiv.

Was bedeutet bijektiv?

Eine Funktion $D \to W, x \mapsto y = f(x)$ heißt bijektiv, wenn es zu jedem $y \in W$ genau ein x gibt mit $y = f(x)$.

$|\{x \in D | f(x) = y\}| = 1$ für alle $y \in W$

Eine Funktion ist also genau dann bijektiv, wenn sie injektiv und surjektiv ist.

(injektiv: $|\{x \in D | f(x) = y\}| \leq 1$ und
surjektiv: $|\{x \in D | f(x) = y\}| \geq 1$)
$\Leftrightarrow$ bijektiv: $|\{x \in D | f(x) = y\}| = 1$

Jedem x-Wert entspricht genau ein y-Wert und jedem y-Wert entspricht genau ein x-Wert.

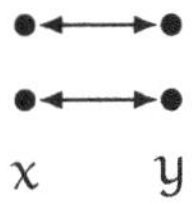

Man sagt statt bijektiv daher auch eineindeutig.

Wenn eine Funktion bijektiv ist, lässt sie sich umkehren, man kann eine Umkehrfunktion definieren, die jedem $y \in W$ ein eindeutiges $x \in D$ zuordnet, sodass $y = f(x)$ gilt. Man bezeichnet die Umkehrfunktion häufig als f^{-1}.

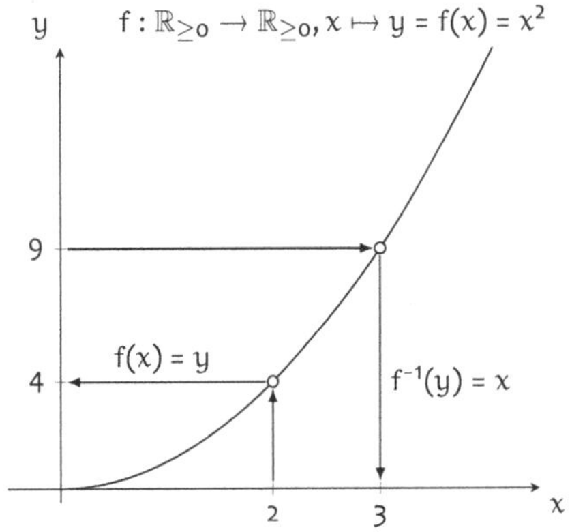

Wenn eine Funktion nicht injektiv ist, kann sie nicht bijektiv sein.

$f : \mathbb{R} \to \mathbb{R}, x \mapsto f(x) = x^2$
$(-2)^2 = 2^2 = 4$
(verschiedene x, gleiches y)
$\Rightarrow$ f nicht injektiv
$\Rightarrow$ f nicht bijektiv

Wenn eine Funktion nicht surjektiv ist, kann sie nicht bijektiv sein.

$f : \mathbb{R}_{\geq 0} \to \mathbb{R}, x \mapsto f(x) = \frac{1}{1 + x^2}$
$\Rightarrow f(x) \leq 1$
$\Rightarrow$ Es gibt kein x mit $f(x) = 2$
$\Rightarrow$ f nicht surjektiv
$\Rightarrow$ f nicht bijektiv

Wie kommst du von einer linearen Funktion zu der entsprechenden Geraden?

Der Graph einer linearen Funktion ist eine Gerade. Wenn du sie zeichnen willst, brauchst du nur zwei Punkte.

$f(x) = 2x + 1$ oder $g : y = 2x + 1$

Am einfachsten ist, du nimmst als ersten x-Wert $x_1 = 0$.

$y_1 = f(x_1) = f(0) = 2 \cdot 0 + 1 = 1$
also erster Punkt $P_1(0, 1)$

Und als zweiten x-Wert nimmst du $x_2 = 1$.

$y_2 = f(x_2) = f(1) = 2 \cdot 1 + 1 = 3$
also zweiter Punkt $P_2(1, 3)$

Da der erste x-Wert null ist, liegt dein erster Punkt P_1 auf der y-Achse.

Den zweiten Punkt zeichnest du auch in das Koordinatensystem ein.

Wenn du beide verbindest, erhältst du die Gerade.

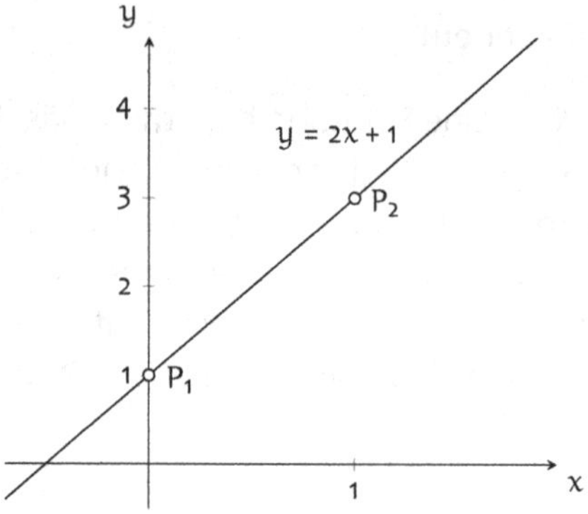

Wenn der Koeffizient vor dem x positiv ist, verläuft die Gerade von links unten nach rechts oben, sie steigt. Wenn der Koeffizient negativ ist, verläuft die Gerade von links oben nach rechts unten, sie fällt.

Wenn der Koeffizient null ist, ist die Gerade $y = c$ eine Parallele zur x-Achse, für positives c oberhalb der x-Achse, für negatives c unterhalb.

Was ist die Steigung einer Geraden und wo ist das Steigungsdreieck?

Wenn du einen Punkt auf einer Geraden nimmst und ein Stück nach rechts gehst und dann entsprechend nach oben oder unten, erhältst du ein Dreieck, das man als Steigungsdreieck bezeichnet.

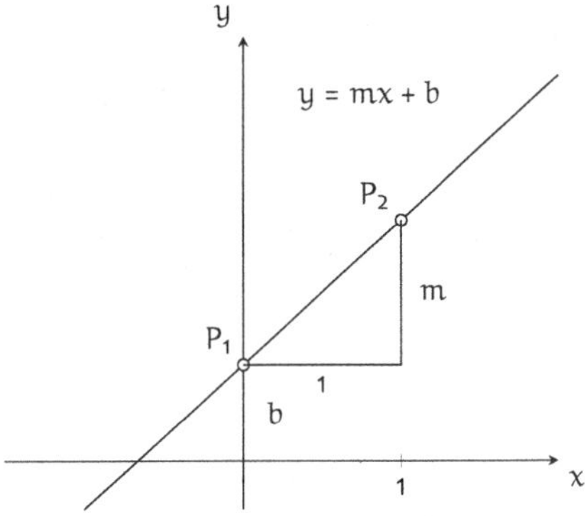

Am einfachsten ist, wenn du $x = 0$ als ersten Punkt nimmst und um 1 nach rechts gehst.

Bei der Geraden $y = mx + b$ hat das Steigungsdreieck dann die beiden Kathetenlängen 1 und m.

Die Steigung der Geraden ist definiert als das Verhältnis von Gegenkathete zu Ankathete.

$$\frac{m}{1} = m$$

Die Steigung ist daher der Tangens des Winkels, den die Gerade mit der x-Achse einschließt.

$$m = \tan(\alpha)$$

Du kannst auch ein Dreieck mit anderen Seitenlängen verwenden. Wenn die Ankathete $\Delta x = x_2 - x_1$ und die Gegenkathete $\Delta y = y_2 - y_1$ ist, ergibt sich die Steigung zu $m = \Delta y / \Delta x$.

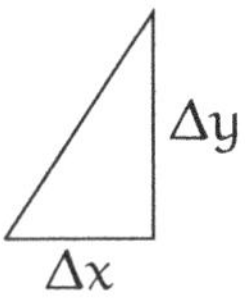

$$m = \frac{\Delta y}{\Delta x} = \frac{y_2 - y_1}{x_2 - x_1}$$

Wie kommst du noch von einer linearen Funktion zu der entsprechenden Geraden?

Du kannst auch einen anderen x-Wert in die Geradengleichung einsetzen, z. B. wenn die Steigung ein Bruch ist, ein x-Wert, bei dem sich der Nenner herauskürzt, sodass du einen glatten y-Wert erhältst.

$$f(x) = -\frac{1}{3}x + 2$$

$$x_1 = 0 \Rightarrow y_1 = 2, \quad P_1(0,2)$$

$$x_2 = 3 \Rightarrow y_2 = -\frac{1}{3}\cdot 3 + 2 = 1, \quad P_2(3,1)$$

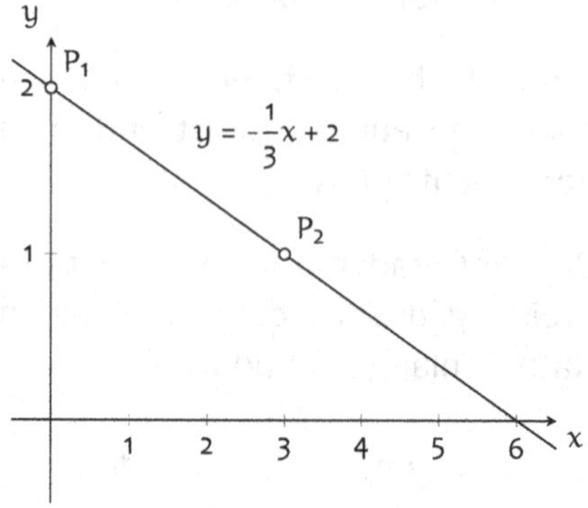

Du kannst als zweiten Punkt auch den Schnittpunkt mit der x-Achse nehmen. Dazu setzt du $y = 0$ und löst nach x auf.

$$f(x) = -\frac{1}{3}x + 2$$

$$x_1 = 0 \Rightarrow y_1 = 2, \quad P_1(0,2)$$

$$y_2 = -\frac{1}{3}x_2 + 2 = 0$$

$$\frac{1}{3}x_2 = 2 \Rightarrow x_2 = 6, \quad P_2(6,0)$$

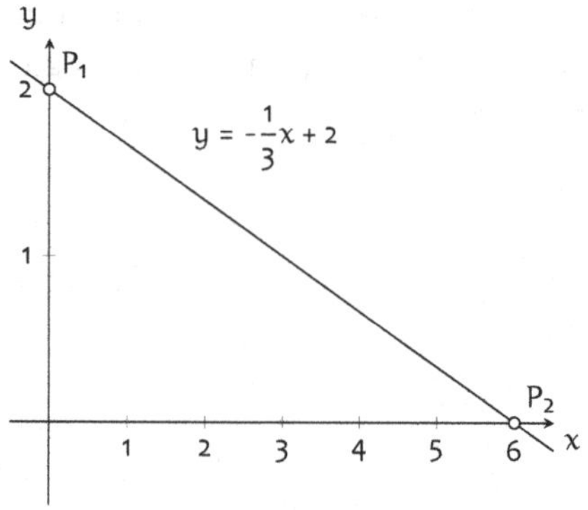

Wie kommst du von einer Geraden in der Ebene zu ihrer Gleichung?

Es kommt darauf an, was du gegeben hast.

Wenn du den Achsenabschnitt auf der y-Achse und die Steigung gegeben hast, kannst du die Gleichung der Geraden direkt in der Achsenabschnitts-Steigungs-Form angeben.

$y(x) = mx + b$
m ist die Steigung
b ist der Abschnitt auf der y-Achse

Damit kannst du alle Geraden in der Ebene angeben, außer den Geraden parallel zur y-Achse. Die Gleichungen der Parallelen lauten $x = a$.

$x = 0$ ist die y-Achse
$x = 1$ ist die Parallele zur y-Achse durch $P(1, 0)$

Wenn du zwei Punkte gegeben hast, ist es am einfachsten, du setzt beide Punkte in die allgemeine Geradengleichung ein und löst das so entstandene lineare Gleichungssystem nach m und b auf.

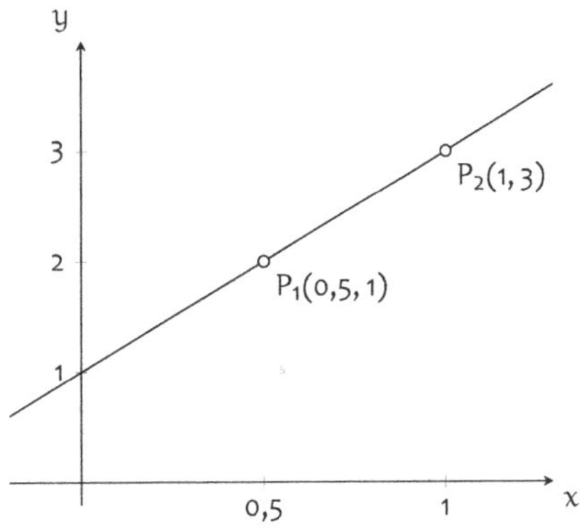

$y = mx + b$
$P(0{,}5, 2) \Rightarrow 2 = 0{,}5m + b$
$P(1, 3) \Rightarrow 3 = m + b$

Subtraktion beider Gleichungen voneinander:
$\Rightarrow 1 = 0{,}5m \Rightarrow m = 2$
$\Rightarrow 3 = 2 + b \Rightarrow b = 1$

$y = 2x + 1$

Wie stellst du die Achsenabschnittsform einer Geraden auf?

Wenn du den Achsenabschnitt a auf der x-Achse und den Achsenabschnitt b auf der y-Achse gegeben hast, kannst du die Achsenabschnittsform direkt angeben.

$$\frac{x}{a} + \frac{y}{b} = 1$$

a: x-Achsenabschnitt

b: y-Achsenabschnitt

In der Achsenabschnittsform kannst du die Gleichungen aller Geraden angeben, die nicht zu einer der beiden Koordinatenachsen parallel sind.

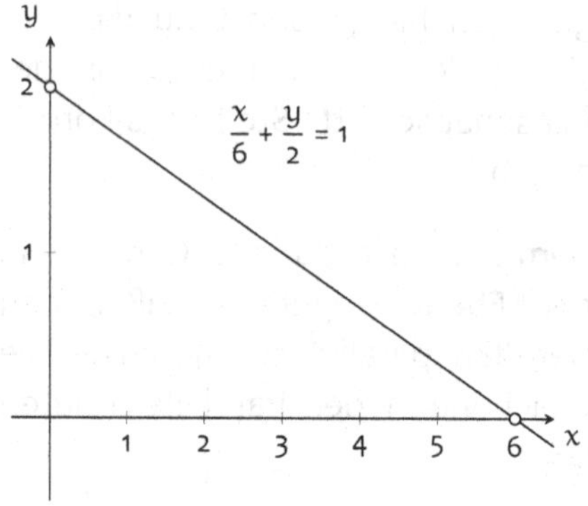

Die Gleichungen der Parallelen zur x-Achse lauten $\frac{y}{b} = 1$, du lässt den Term mit x weg, da gewissermaßen der x-Achsenabschnitt unendlich ist. Analog lauten die Gleichungen der Parallelen zur y-Achse $\frac{x}{a} = 1$.

Parallele zur y-Achse:

$$\frac{y}{b} = 1 \Rightarrow y = b$$

Parallele zur x-Achse:

$$\frac{x}{a} = 1 \Rightarrow x = a$$

Du kannst die Achsenabschnittsform natürlich durch Auflösen nach y leicht in die Achsenabschnitts-Steigungs-Form umrechnen.

$$\frac{x}{a} + \frac{y}{b} = 1$$

$$\Rightarrow y = b\left(1 - \frac{x}{a}\right) = -\frac{b}{a}x + b$$

Wie lautet die Gleichung der Normalparabel in unverschobener und verschobener Form?

Die einfachste quadratische Funktion ist $y = x^2$.

x	-2	-1	0	1	2
$y = x^2$	4	1	0	1	4

Den Graphen nennt man Normalparabel. Den Punkt mit größter Krümmung nennt man den Scheitel S. Bei der Normalparabel ist das $S = (0, 0)$, das Minimum.

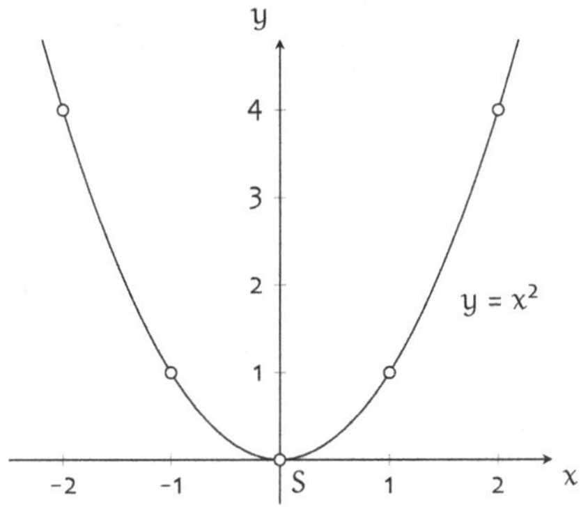

Wenn du zu dem y-Wert der Normalparabel eine Zahl addierst, verschiebt sich die Parabel um diesen Wert in y-Richtung. Ist er positiv, verschiebt sich die Parabel nach oben; ist er negativ, verschiebt sie sich nach unten.

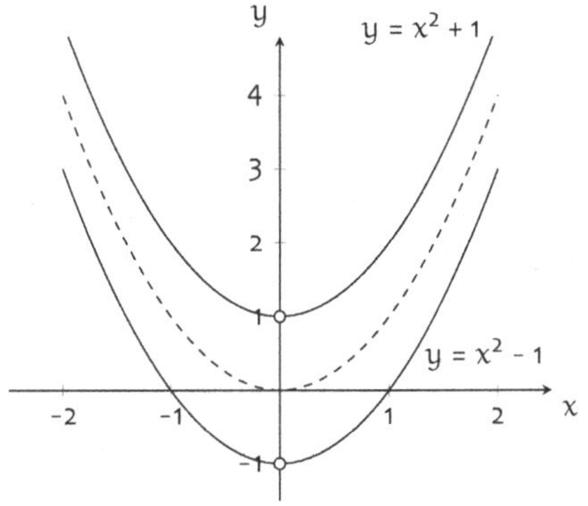

Wenn du x durch $x - a$ ersetzt, verschiebt sich die Parabel um a nach rechts: Vorher war der Scheitel bei $x = 0$, jetzt ist er bei $x - a = 0$, also $x_S = a$. Beachte, dass du bei $x - \ldots$ nach rechts verschiebst. Wenn du etwa x durch $x+1 = x-(-1)$ ersetzt, hat die Parabel ihren Scheitel bei $x_S = -1$, d. h. du verschiebst nach links.

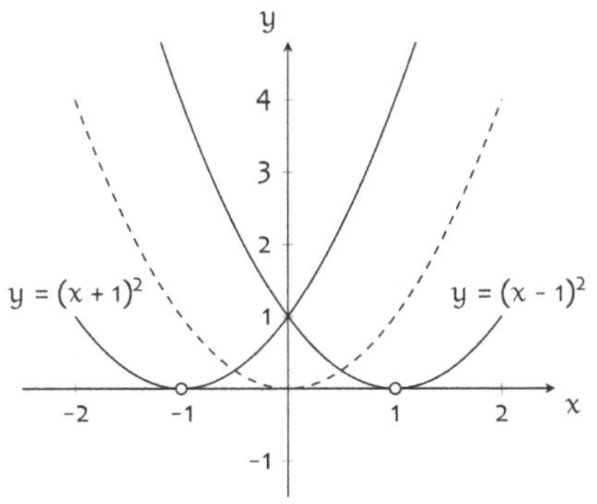

Wie kommst du von einer quadratischen Funktion zu der entsprechenden Parabel, und umgekehrt?

Die Normalparabel mit Scheitel bei $S = (a, b)$ ist um a nach rechts verschoben und um b nach oben, ihre Gleichung ist $y = (x - a)^2 + b$.

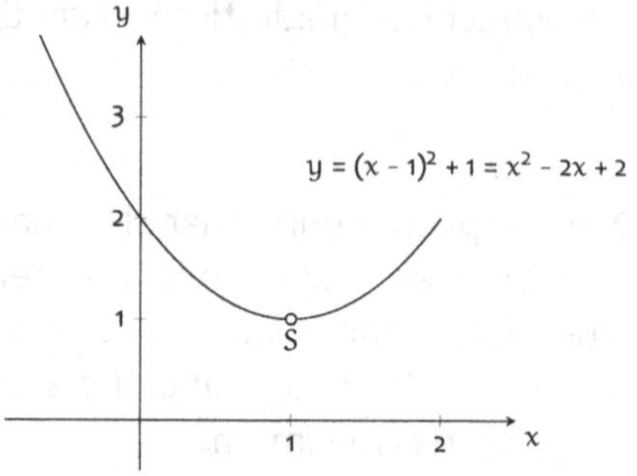

Wenn du eine Gleichung der Form $y = x^2 + px + q$ hast, kannst du sie durch quadratische Ergänzung auf die Form $y = (x - a)^2 + b$ bringen und die Koordinaten des Scheitels $S(a, b)$ dann direkt ablesen.

$y = x^2 - 2x + 2 = x^2 - 2x + 1 - 1 + 2$
$\Rightarrow y = (x - 1)^2 + 1$
$\Rightarrow$ Scheitel $S(1, 1)$

Zusätzlich zu der Verschiebung kann eine Parabel auch noch in y-Richtung gestreckt oder gestaucht sein. Die Gleichung der gestreckten oder gestauchten Normalparabel ist $y = kx^2$. Für $k > 1$ ist sie gestreckt, für $0 < k < 1$ ist sie gestaucht, für $k < 0$ an der y-Achse gespiegelt und je nach $|k|$ gestaucht oder gestreckt.

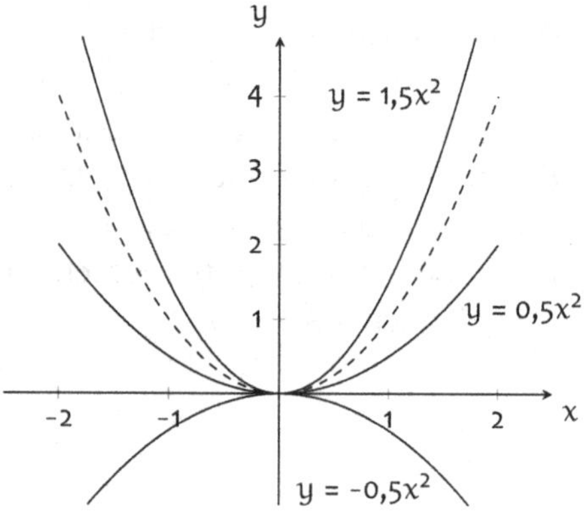

Um eine quadratische Funktion $y = Ax^2 + Bx + C$ zu zeichnen, bringst du sie in die Form $y = k(x - x_S)^2 + y_S$. Dazu klammerst du zuerst den Faktor A aus und gehst dann wie oben vor. Du kannst dann den Scheitel $S = (x_S, y_S)$ ablesen und den Streckfaktor $k = A$.

$$\begin{aligned} y &= 2x^2 - 8x - 6 \\ &= 2(x^2 - 4x - 3) \\ &= 2(x^2 - 4x + 4 - 4 + 3) \\ &= 2(x - 2)^2 - 2 \end{aligned}$$

$\Rightarrow$ Scheitel $S(2, 2)$, Streckfaktor 2

Wie stellst du fest, ob eine Funktion achsen- oder punktsymmetrisch ist?

Bei einer zur y-Achse symmetrischen Funktion ist der y-Wert identisch, wenn du x durch $-x$ ersetzt.

$f(-x) = f(x)$
$\Rightarrow$ achsensymmetrisch zur y-Achse
$f(x) = x^2 - x^4$:
$f(-x) = (-x)^2 - (-x)^4 = x^2 - x^4 = f(x)$

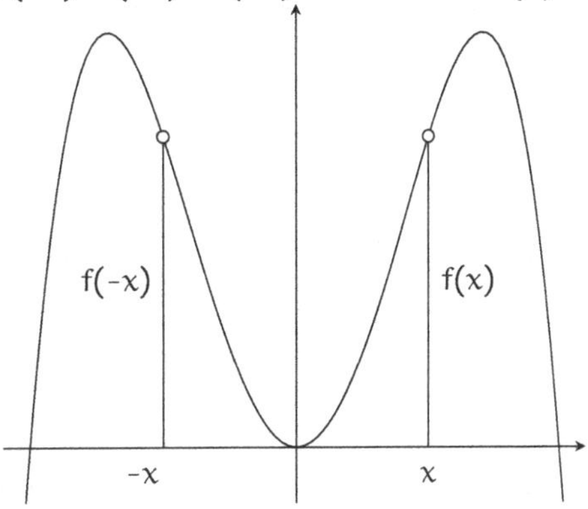

Bei einer zum Ursprung punktsymmetrischen Funktion ändert der y-Wert sein Vorzeichen und bleibt vom Betrag gleich, wenn du x durch $-x$ ersetzt.

$f(-x) = -f(x)$
$\Rightarrow$ punktsymmetrisch zum Ursprung
$f(x) = x - x^3$:
$f(-x) = (-x) - (-x)^3 = -x + x^3 = -f(x)$

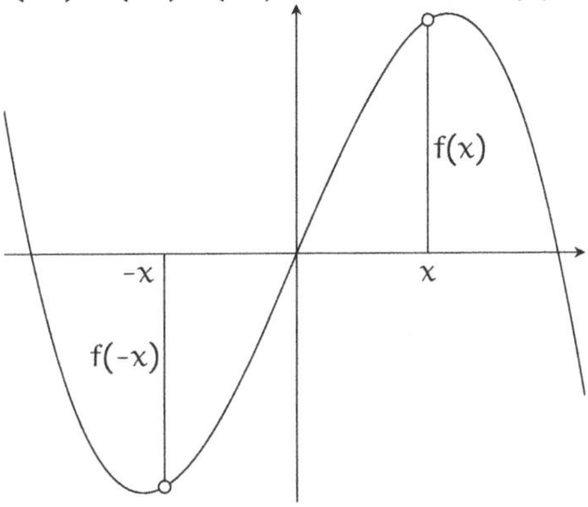

Auf ähnliche Weise kannst du feststellen, ob eine Funktion zu $x = a$ achsensymmetrisch bzw. zu $P(a, b)$ punktsymmetrisch ist.

$f(2a - x) = f(x)$
$\Rightarrow$ achsensymmetrisch zu $x = a$
$f(2a - x) = 2b - f(x)$
$\Rightarrow$ punktsymmetrisch zu $P(a, b)$

Wie verschiebst du Funktionen?

Beliebige Funktionen verschiebst du ganz analog zu Parabeln.

Wenn du zu dem y-Wert eine Zahl addierst, verschiebt sich der Graph um diese Zahl, und zwar nach oben, wenn die Zahl positiv ist, nach unten, wenn sie negativ ist.

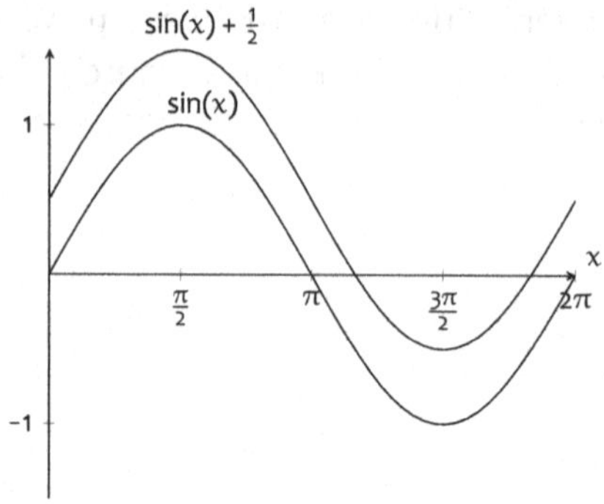

Wenn du x im Argument der Funktion durch $x - a$ ersetzt, verschiebt sich der Graph um a nach rechts (achte auf das Vorzeichen), da die ursprüngliche Stelle $x = 0$ nun die neue Stelle $x - a = 0$, also $x = a$ ist.

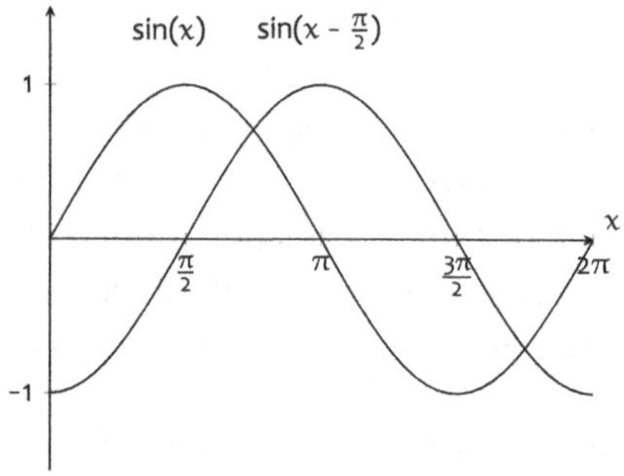

Wie streckst du Funktionen in y-Richtung?

Um eine Funktion in y-Richtung zu strecken, multiplizierst du die Werte mit einem Faktor größer als 1.

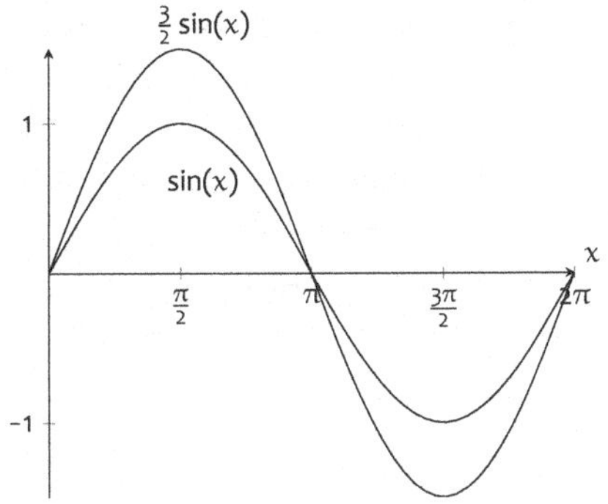

Ist der Faktor kleiner als 1, so wird die Funktion in y-Richtung gestaucht.

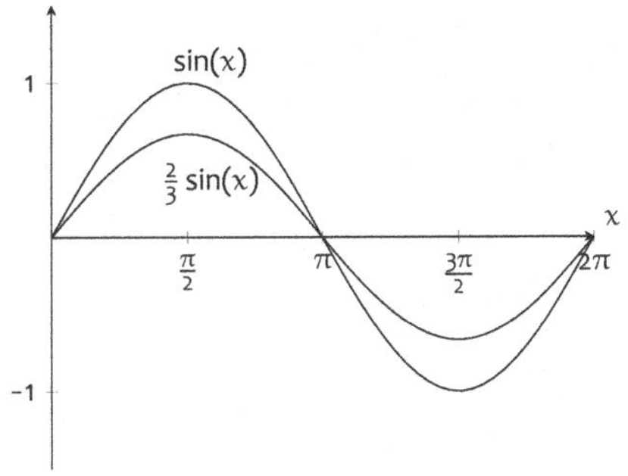

Ist der Faktor negativ, so wird die Funktion an der x-Achse gespiegelt und mit dem Betrag des Faktors in y-Richtung gestreckt bzw. gestaucht.

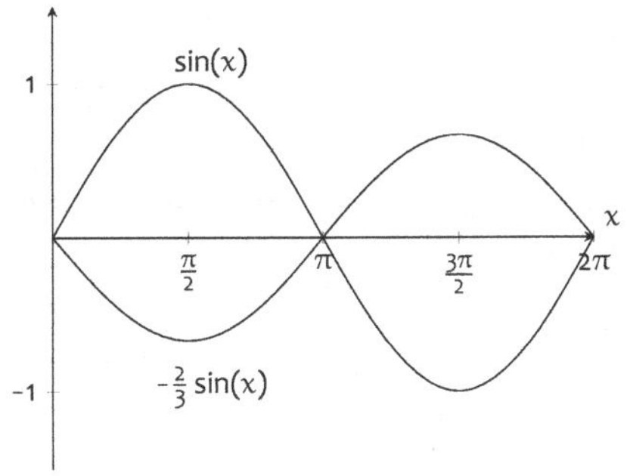

Wie streckst du Funktionen in x-Richtung?

Um eine Funktion in x-Richtung zu strecken, ersetzt du x durch x/a, mit einem Faktor $a > 1$. Du musst hier x durch den Faktor divieren. Das ist wie bei der Verschiebung, wo du von x etwas abziehen musst.

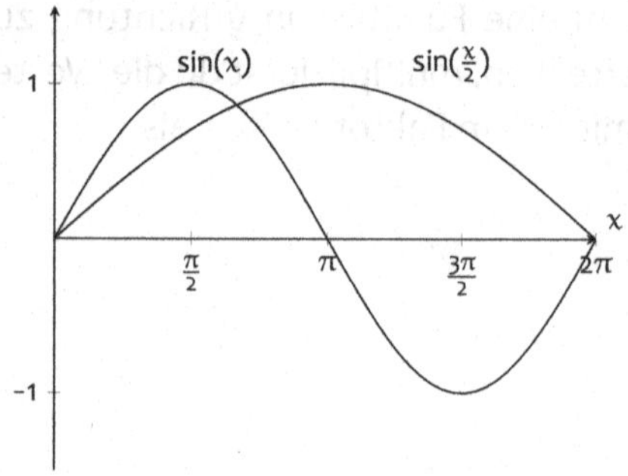

Um eine Funktion in x-Richtung zu stauchen, ersetzt du x durch x/a mit einem Faktor $a < 1$.

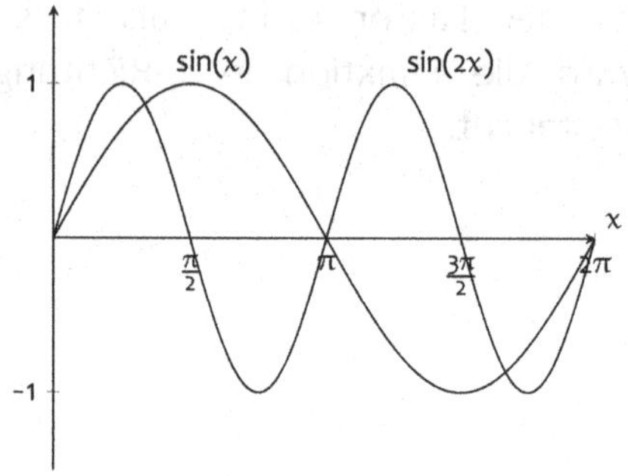

Bei Graphen von Potenzfunktionen lassen sich Streckungen/Stauchungen in x- und y-Richtung ineinander umrechnen. Bei einer Parabel entspricht einer Streckung um a in y-Richtung einer Stauchung um $1/\sqrt{a}$ in x-Richtung.

$y = x^2$

$y = 2x^2$: Streckung um Faktor 2 in y-Richtung

$y = (x/(1/\sqrt{2})^2 = 2x^2$: Stauchung um Faktor $1/\sqrt{2}$ in x-Richtung

Wie spiegelst du Funktionen an der Winkelhalbierenden?

Die Spiegelung an der Winkelhalbierenden $y = x$ von x- und y-Achse bedeutet, dass x- und y-Achse sich vertauschen und somit auch die x- und y-Koordinaten der Punkte.

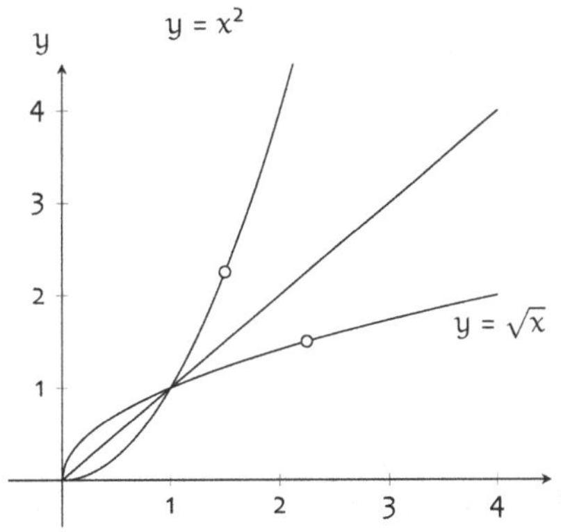

Um daher die an der Winkelhalbierenden gespiegelte Funktion zu erhalten, musst du in der Gleichung $y = f(x)$ die Variablen x und y vertauschen und dann wieder nach y auflösen.

$f(x) = y = x^2$ | Vertausche x und y.
$x = y^2$ | $\sqrt{\ }$ Löse nach y auf.
$\sqrt{x} = y$ | Schreibe y nach links.
$y = \sqrt{x} = f^{-1}(x)$: Umkehrfunktion

Die an der Winkelhalbierenden gespiegelte Funktion nennt man die Umkehrfunktion, man bezeichnet sie oft mit f^{-1}.

f^{-1} Umkehrfunktion:
$f^{-1}(f(x)) = f(f^{-1}) = x$
Die Schreibweise kann missverständlich sein. Es ist nicht die Funktion hoch -1, also 1/f.

Damit man die Umkehrfunktion bilden kann, muss die ursprüngliche Funktion monoton sein, was man falls nötig durch Einschränkung des Definitionsbereichs erreicht.

x^2 kann man für $x > 0$ umkehren, nicht für $x \in \mathbb{R}$.

$\sin(x)$ kann man für $x \in [-\pi/2, \pi/2]$ umkehren, nicht für $x \in \mathbb{R}$.

Einige Umkehrfunktionen werden häufig benötigt und haben sogar eigene Namen.

$f(x)$	$f^{-1}(x)$
x^2	$\sqrt{x}$
x^n	$x^{1/n} = \sqrt[n]{x}$
$1/x$	$1/x$
a^x	$\log_a(x)$
e^x	$\ln(x)$
$\sin(x)$	$\arcsin(x)$

Wann stehen Geraden aufeinander senkrecht?

Wenn du eine Gerade mit Steigung m an der Winkelhalbierenden spiegelst, dann ist die Steigung der gespiegelten Geraden der Kehrwert, $m' = 1/m$.

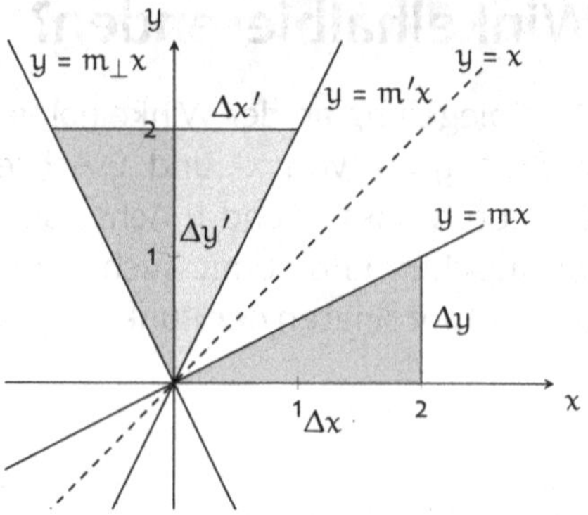

Das siehst du, wenn du die Steigungsdreiecke anschaust, es vertauschen sich Ankathete und Gegenkathete, d. h. Δx und Δy.

$$m' = \frac{\Delta y'}{\Delta x'} = \frac{\Delta x}{\Delta y} = \frac{1}{\frac{\Delta y}{\Delta x}} = \frac{1}{m}$$

Du kannst auch in der Geradengleichung x und y vertauschen, so bildet man ja die Umkehrfunktion. Wenn du dann wieder nach y auflöst, kannst du die neue Steigung ablesen.

$$y = mx$$
$$x = my$$
$$my = x$$
$$y = \frac{1}{m}x = m'x \quad \text{mit} \quad m' = \frac{1}{m}$$

Wenn du die Gerade zusätzlich noch an der y-Achse spiegelst, erhältst du eine Gerade, die senkrecht auf der ursprünglichen steht.

Dies gilt, da zwei Spiegelungen um Achsen, die sich im Winkel von $\alpha = 45^\circ$ schneiden, eine Drehung um den Winkel $2\alpha = 90^\circ$ ergeben.

Wenn du an der y-Achse spiegelst, geht x in $-x$ über, also auch Δx in $-\Delta x$. Damit erhältst du die Steigung der senkrecht stehenden Geraden.

$$m_\perp = \frac{\Delta y_\perp}{\Delta x_\perp} = \frac{\Delta y'}{-\Delta x'} = -m' = -\frac{1}{m}$$

Oben ist

$m = \frac{1}{2}$, $m' = \frac{1}{m} = 2$ und $m_\perp = -2$.

Am einfachsten merkst du dir, dass das Produkt der Steigungen bei zwei aufeinander senkrechten Geraden gleich -1 ist.

$$mm_\perp = -1$$

Wie sehen Potenzfunktionen aus?

Die Potenzfunktionen x^n zu geradem n sind spiegelbildlich zur y-Achse, sie kommen von links oben, haben bei $x = 0$ ein Minimum und gehen dann nach rechts oben, je größer das n, desto steiler. Alle Funktionen gehen durch die Punkte $(-1, 1)$ und $(1, 1)$.

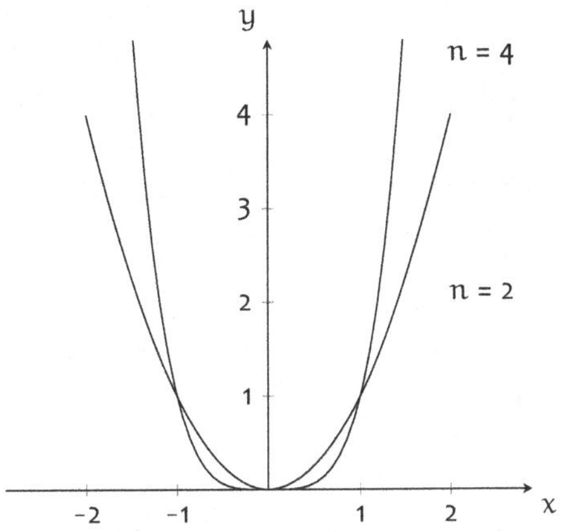

Die Potenzfunktionen x^n zu ungeradem n sind punktsymmetrisch zum Ursprung, sie kommen von links unten, haben bei $x = 0$ einen Sattelpunkt und gehen dann nach rechts oben, je größer das n, desto steiler. Alle Funktionen gehen durch die Punkte $(-1, -1)$ und $(1, 1)$.

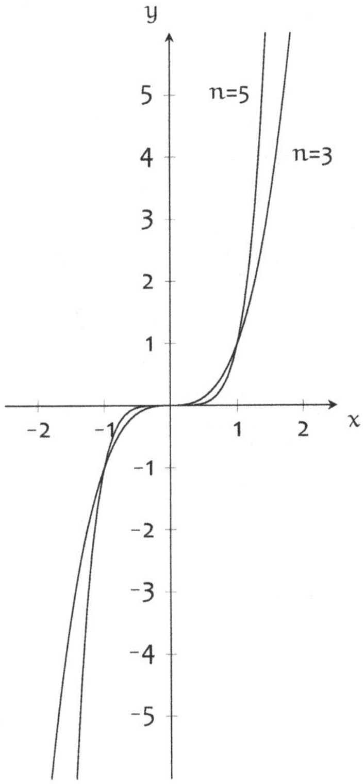

Was ist ein Polynom?

Ein Polynom ist eine Summe von (natürlichzahligen) Potenzen einer Unbekannten, die mit Zahlenfaktoren (Koeffizienten genannt) multipliziert sind. Man spricht auch von einer Polynomfunktion.

$$p(x) = a_0 + a_1x + a_2x^2 + \ldots + a_nx^n$$

$$p(x) = \sum_{i=0}^{n} a_ix^i$$

Es kommt dabei nicht auf die Koeffizienten oder die Anzahl der Terme an.

Beispiele für Polynome:
$p_1(x) = x^3 - 6x^2 + 11x - 6$
$p_2(x) = x^5 + x^{10}$
$p_3(x) = 0{,}234x - 17{,}12x^6 + 7x^7$

Wichtig ist, dass bei einem Polynom keine negativen oder gebrochenzahligen Potenzen vorkommen dürfen.

$\frac{1}{x} + x^2$ ist kein Polynom, da $\frac{1}{x} = x^{-1}$ und der Exponent negativ ist.

$\sqrt{x} + 5x$ ist kein Polynom, da $\sqrt{x} = x^{1/2}$ und der Exponent ein Bruch ist.

Den Exponenten der höchsten vorkommenden Potenz nennt man den Grad des Polynoms.

$5 - 3x$ hat den Grad 1.
$x^5 + x^{10}$ hat den Grad 10.

Ein Polynom kann man auch als Produkt von Faktoren darstellen.

$$x^3 - 6x^2 + 11x - 6 = (x-1)(x-2)(x-3)$$

Wenn man komplexe Zahlen zur Verfügung hat, kann man jedes Polynom als Produkt von Linearfaktoren schreiben, aus denen man die Nullstellen direkt ablesen kann.

$x^2 + 3x + 2 = (x+1)(x+2)$
$x^2 - 1 = (x+1)(x-1)$
$x^2 + 1 = (x+i)(x-i)$
$x^4 + 4 =$
$= (x+1+i)(x+1-i)(x-1+i)(x-1-i)$

Wenn man nur reelle Zahlen verwendet, gibt es Polynome, die man nicht in Linearfaktoren aufspalten kann. Man kann aber jedes Polynom über $\mathbb{R}$ als Produkt von maximal quadratischen Faktoren schreiben.

$x^2 + 1 > 0$ für $x \in \mathbb{R}$
lässt sich über $\mathbb{R}$ nicht zerlegen.

$x^4 + 4 =$
$= (x^2 + 2x + 2)(x^2 - 2x + 2)$
lässt sich über $\mathbb{R}$ nicht weiter zerlegen.

Wie findest du Nullstellen von Polynomen?

Oft musst du Nullstellen von Polynomen bestimmen, etwa um ein Polynom zu zeichnen.

Die Nullstelle einer Funktion ist ein x-Wert, bei dem der y-Wert ($y = f(x)$) gleich null ist. Das ist also da, wo der Graph der Funktion die x-Achse schneidet. Rechts sind die Nullstellen $x = 0$ und $x = 1$.

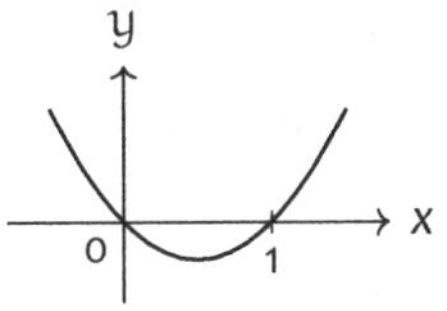

Wie findest du Nullstellen?

Wenn dein Polynom in Faktoren zerlegt ist: Lass es so, multipliziere nicht aus. Du kannst dann ganz einfach die Nullstellen ablesen.

Nullst. von $f(x) = x(x - 1)$:
$x(x - 1) = 0$
$\Rightarrow x = 0$ oder $x - 1 = 0$
$\Rightarrow x_1 = 0, x_2 = 1$
sind die beiden Nullstellen.

Wenn dein Polynom von erstem Grad ist, also eine lineare Funktion: Löse die lineare Gleichung.

Nullst. von $f(x) = 3x + 5$:
$3x + 5 = 0$
$\Rightarrow 3x = -5$
$\Rightarrow x = -\frac{5}{3}$

Wenn dein Polynom von zweitem Grad ist, also ein quadratisches Polynom: Löse die quadratische Gleichung.

Nullst. von $f(x) = x^2 - 5x + 6$:
$x^2 - 5x + 6 = 0$
$\Rightarrow x_{1,2} = \frac{5 \pm \sqrt{25-24}}{2}$
$\Rightarrow x_{1,2} = \frac{5 \pm 1}{2}$
$\Rightarrow x_1 = 3, x_2 = 2$

Wenn dein Polynom höheren Grades ist, siehe unter Lösung von Gleichungen höheren Grades für exakte Methoden. Eine weitere Möglichkeit sind numerische Näherungsverfahren, teilweise auch in Taschenrechnern implementiert.

Was sind mehrfache Nullstellen?

Wenn du zwei Funktionen, die jeweils eine Nullstelle haben, aber an getrennten Stellen, miteinander multiplizierst, erhältst du eine Funktion, die an beiden Stellen eine Nullstelle hat, da 0-mal irgendeine Zahl wieder 0 ist.

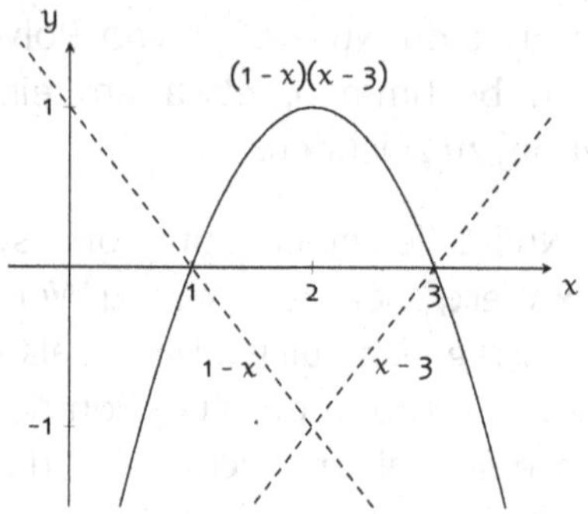

je eine Nullstelle bei $x = 1$ und $x = 3$

Wenn du zwei Funktionen, die an der gleichen Stelle eine Nullstelle haben, miteinander multiplizierst, erhältst du eine Funktion, die an dieser Stelle eine, wie man sagt, doppelte Nullstelle hat. Du kannst dir vorstellen, dass sie dadurch entstanden ist, dass die beiden Nullstellen zusammengerückt sind.

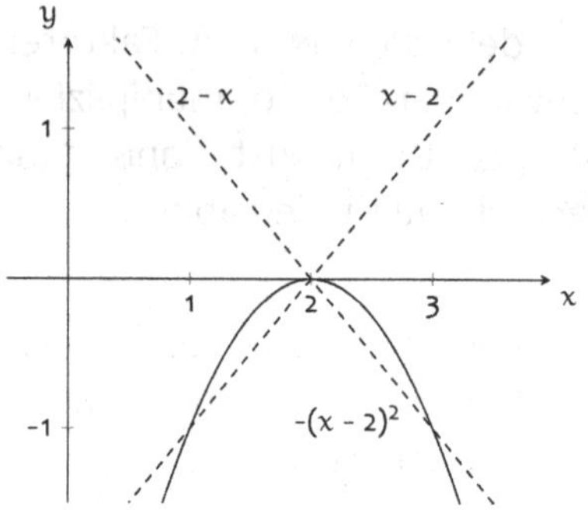

eine doppelte Nullstelle bei $x = 2$

Analog gibt es auch drei-, vier- und mehrfache Nullstellen.

$(x+1)^3(x-2)^2$:
eine dreifache Nullstelle bei $x = -1$

Bei einer n-fachen Nullstelle sieht die Funktion lokal wie x^n (oder $-x^n$) aus, d. h. für gerades n hat sie keinen Vorzeichenwechsel, bei ungeradem n hat sie einen Vorzeichenwechsel und je größer n ist, desto platter ist sie.

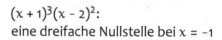

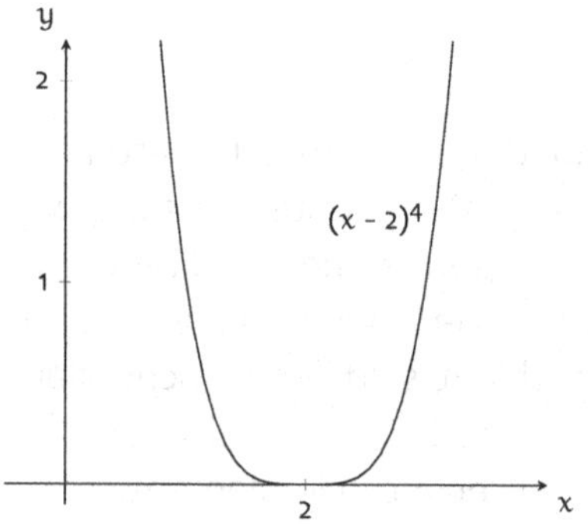

eine vierfache Nullstelle bei $x = 2$

Was sind gebrochenrationale Funktionen?

Gebrochenrationale Funktionen sind der Quotient zweier Polynome. Polynome bezeichnet man auch als ganzrationale Funktionen, daher kommt die Sprechweise.

$$y = f(x) = \frac{x^2}{x - 1}$$

Bei gebrochenrationalen Funktionen beachtest du Folgendes:

- Die Funktion ist null, wenn der Zähler gleich null ist. Damit ist es genau wie bei Polynomen.

$$f(x) = \frac{x^2}{x - 1} = 0 \Rightarrow x^2 = 0 \Rightarrow x = 0$$

- Die Funktion weist Definitionslücken auf, wenn der Nenner gleich null ist, da man nicht durch null dividieren kann.

$x - 1 = 0 \Rightarrow x = 1$
$f(x)$ ist definiert für $x \in \mathbb{R} \setminus \{1\}$.

- Wenn der Zähler an den Definitionslücken nicht auch eine Nullstelle hat, besitzt die Funktion dort eine vertikale Asymptote, der Funktionswert rechts und links davon geht gegen $+\infty$ oder $-\infty$.

$$\lim_{\substack{x \to 1 \\ x<1}} \frac{x^2}{x - 1} = -\infty$$

$$\lim_{\substack{x \to 1 \\ x>1}} \frac{x^2}{x - 1} = +\infty$$

- Beim Ableiten benutzt du die Quotientenregel.

$$f'(x) = \frac{2x \cdot (x - 1) - 1 \cdot x^2}{(x - 1)^2} = \frac{x^2 - 2x}{(x - 1)^2}$$

- Um das Verhalten für $x \to \pm\infty$ herauszufinden, nutzt du Polynomdivision und berechnest den Limes.

$$f(x) = \frac{x^2}{x - 1} = x + 1 + \frac{1}{x - 1}$$

Der Graph von f nähert sich für $x \to \pm\infty$ der Geraden $x + 1$.

Wie geht Polynomdivision?

Wenn ein Polynom $p(x)$ eine Nullstelle $x = a$ hat, dann lässt es sich schreiben als $p(x) = (x - a)q(x)$, wobei $q(x)$ ein Polynom ist mit einem um eins erniedrigten Grad.

$x^2 - 3x + 2$ (Grad 2) hat Nullstelle $x = 1$.

Daher:

$x^2 - 3x + 2 = (x - 1)\,q(x)$

mit $q(x) = x - 2$ (Grad 1)

Um das Polynom $q(x)$ zu finden, musst du $p(x)$ durch $x - a$ dividieren, man spricht von Polynomdivision.

$$p(x) = (x - a)\,q(x) \Rightarrow q(x) = \frac{p(x)}{x - a}$$

Wenn du etwa die Nullstellen von $x^3 - 6x^2 + 11x - 6$ bestimmen willst, so findest du durch Erraten (oder Ausprobieren der Teiler des Absolutglieds -6) eine Lösung $x = 1$.

$x^3 - 6x^2 + 11x - 6 = 0$

hat eine Lösung $x = 1$.

Daher:

Polynomdivision durch $x - 1$:

Bei der Polynomdivision gehst du ähnlich wie beim schriftlichen Dividieren vor. Du schaust in dem Beispiel, wie oft $x - 1$ in x^3 passt, wobei du erstmal nur die höchste Potenz x anschaust, die Antwort ist x^2-mal. Dann multiplizierst du dieses x^2 mit $x - 1$, erhältst $x^3 - x^2$, was du abziehst. Dann verfährst du analog weiter.

$$
\begin{array}{l}
(\;\; x^3 - 6x^2 + 11x - 6\,) : (x - 1) = x^2 - 5x + 6 \\
\underline{-x^3 \;\; + x^2} \\
\qquad -5x^2 + 11x \\
\qquad \underline{\;\; 5x^2 - 5x} \\
\qquad\qquad 6x - 6 \\
\qquad\qquad \underline{-6x + 6} \\
\qquad\qquad\qquad 0
\end{array}
$$

Am Schluss muss es aufgehen, es bleibt eine Null in der letzten Zeile. Als Ergebnis der Division erhältst du ein quadratisches Polynom.

$(x^3 - 6x^2 + 11x - 6) : (x - 1) = x^2 - 5x + 6$

$\Rightarrow x^3 - 6x^2 + 11x - 6 = (x - 1)(x^2 - 5x + 6)$

Dessen Nullstellen kannst du wie üblich bestimmen.

$x^2 - 5x + 6 = 0 \Rightarrow x = 2, x = 3$

Damit erhältst du dann alle Nullstellen des kubischen Polynoms.

$x^3 - 6x^2 + 11x - 6 \Rightarrow x = 1, x = 2, x = 3$

Wie geht Polynomdivision mit Rest?

Bei einer gebrochenrationalen Funktion mit Zählergrad mindestens gleich Nennergrad kannst du die Polynomdivision anwenden.

$$
\begin{array}{l}
(x^2) : (x-1) = x + 1 + \dfrac{1}{x-1} \\
\underline{-x^2 + x} \\
\phantom{-x^2 +{}} x \\
\underline{-x + 1} \\
\phantom{-x^2 + x +{}} 1
\end{array}
$$

Es wird im Allgemeinen nicht aufgehen. Du schreibst den Rest dann als Bruch. Die Darstellung zeigt dir das Verhalten für $x \to \pm\infty$.

Der Graph der Funktion

$$f(x) = \frac{x^2}{x-1} = x + 1 + \frac{1}{x-1}$$

nähert sich für $x \to \pm\infty$ der Geraden $x + 1$.

Man nennt Geraden, denen der Graph der Funktion beliebig nahe kommt, Asymptoten.

$x = 1$ ist eine vertikale Asymptote,

$y = x + 1$ eine schräge Asymptote.

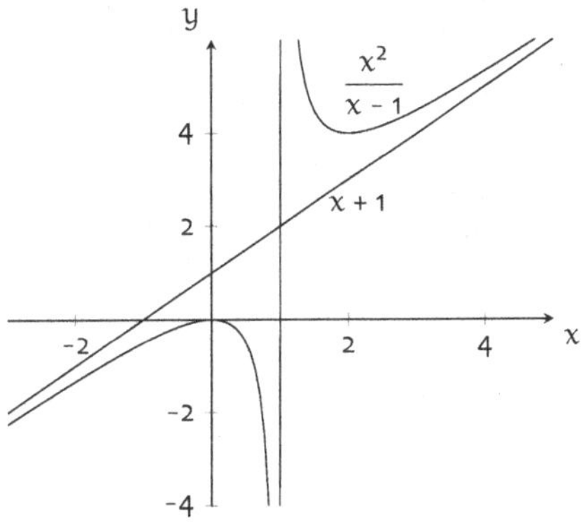

Auch andere Funktionen als gebrochenrationale können Asymptoten haben.

$f(x) = \sqrt{1 + x^2}$ hat die Asymptote $y = x$ für $x \to \pm\infty$.

$f(x) = 1 + e^x$ hat die Asymptote $y = 1$ für $x \to -\infty$.

Wie sehen Exponentialfunktionen aus?

Die Exponentialfunktion a^x für $a > 1$ beginnt für negative x bei kleinen y-Werten, verläuft durch den Punkt $(0, 1)$, da $a^0 = 1$, und geht für positive x gegen ∞, je größer das a, desto steiler.

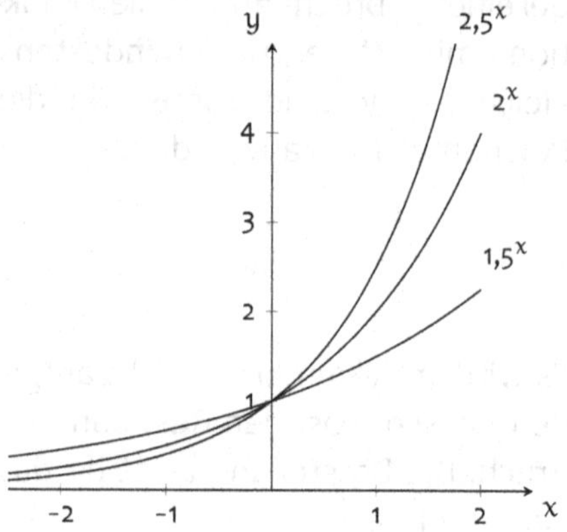

Die Exponentialfunktion a^x beginnt für $a < 1$ für negative x bei großen y-Werten, verläuft durch den Punkt $(0, 1)$, da $a^0 = 1$, und geht für positive x gegen null. Die positive x-Achse ist die Asymptote für $x \to \infty$.

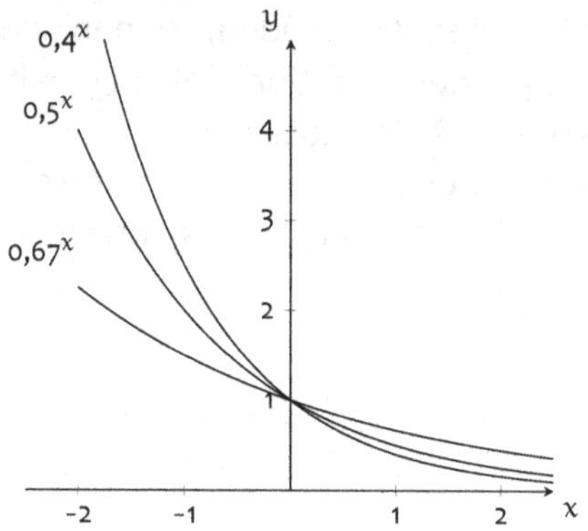

Wegen $a^{-x} = (\frac{1}{a})^x$ wird z. B. die Kurve 2^x durch Spiegelung an der y-Achse zur Kurve $0{,}5^x$.

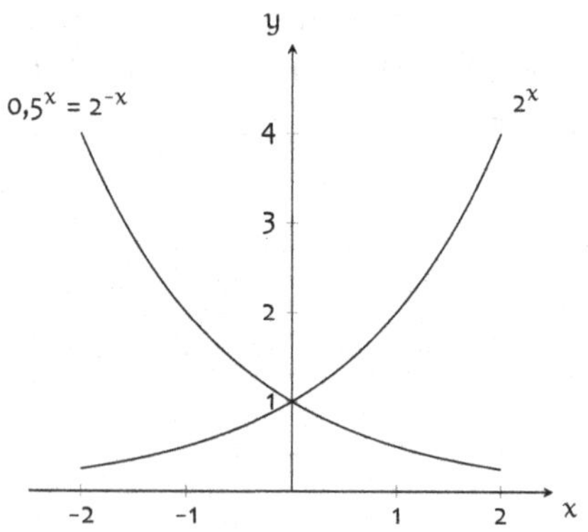

Wie sehen Logarithmusfunktionen aus?

Die Logarithmusfunktionen $\log_a(x)$ sind die Umkehrfunktionen von a^x: Sie sind nur für $x > 0$ definiert, beginnen bei kleinem x mit negativen Funktionswerten, verlaufen durch den Punkt $(1, 0)$, da $\log_a(1) = 0$ für alle a, und gehen für positive x gegen ∞, aber sehr langsam, langsamer als jede Wurzelfunktion.

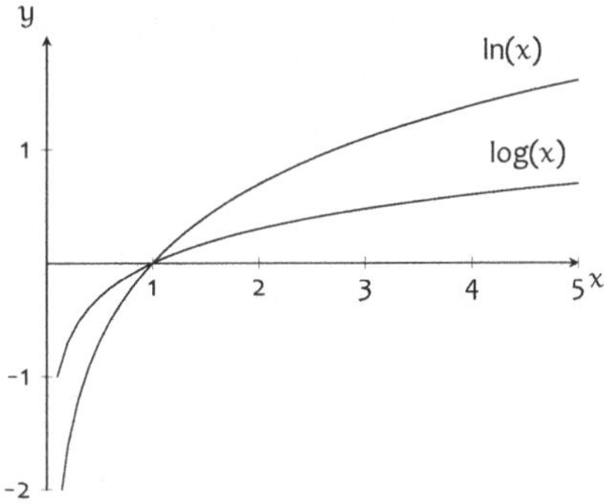

Für $x \to 0$ geht der Logarithmus gegen $-\infty$, der Graph der Logarithmusfunktionen hat die vertikale Asymptote $x = 0$.

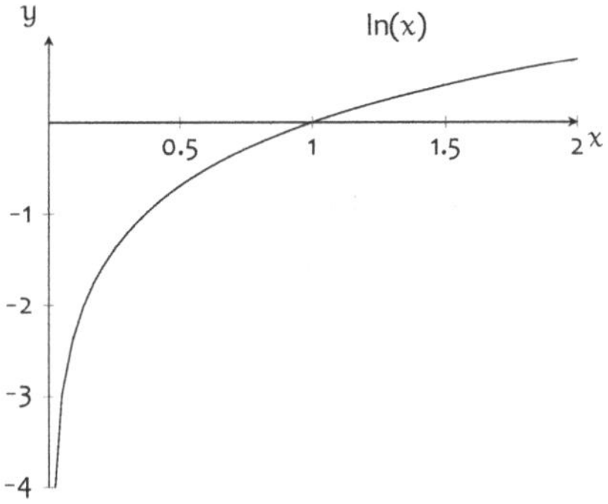

$$\lim_{x \to 0} \ln(x) = -\infty$$

Der Logarithmus ist nur für positive Werte definiert. Das schränkt den Definitionsbereich der Logarithmusfunktionen ein.

$f(x) = \ln(x),\ x > 0$
$g(x) = \ln(10 - 2x),\ x < 5$

Übersicht: Injektiv, surjektiv und bijektiv

	Beschreibung und Beispiel	Gegenbeispiel
Funktion	Jeder x-Wert hat genau einen y-Wert. 	Wenn es zu einem x-Wert mehr als einen (oder keinen) y-Wert gibt, ist es keine Funktion. 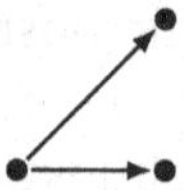
injektiv	Jeder y-Wert hat maximal einen x-Wert. 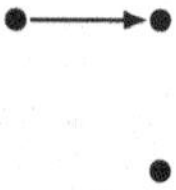	Wenn es zu einem y-Wert mehr als einen x-Wert gibt, ist die Funktion nicht injektiv. 
surjektiv	Jeder y-Wert hat mindestens einen x-Wert. 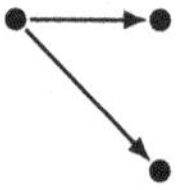	Wenn es zu einem y-Wert keinen x-Wert gibt, ist die Funktion nicht surjektiv. 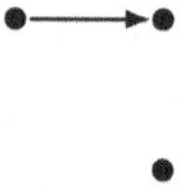
bijektiv	Jeder y-Wert hat genau einen x-Wert. 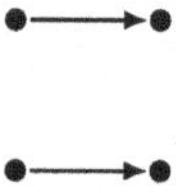 Man kann die Pfeile umkehren und erhält die Umkehrfunktion. 	Wenn es zu einem y-Wert mehr als einen oder keinen x-Wert gibt, ist die Funktion nicht bijektiv. 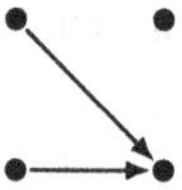 Die Funktion besitzt keine Umkehrfunktion.

Folgen und Grenzwerte

Wir kommen nun zur Analysis, einem Teilgebiet der höheren Mathematik, das im 17. Jahrhundert von Leibniz und Newton begründet wurde.

Man kann die Analysis als die Zähmung des unendlich Kleinen und des unendlich Großen verstehen.

Zähmung bedeutet, dass man gewissermaßen mit unendlich kleinen Größen und unendlich großen Größen rechnen kann und dabei endliche Größen erhält.

Dies kann etwa die Steigung einer Kurve in einem Punkt sein, also die Steigung der Geraden, die durch zwei sozusagen unendlich nahe beieinander liegende Punkte der Kurve geht.

Es kann auch die Fläche unter einer Kurve sein, die man sich aus unendlich vielen unendlich schmalen Rechtecken zusammengesetzt vorstellen kann.

Um diese Begriffe präzise zu fassen, haben sich unendliche Folgen und ihre Grenzwerte bewährt, womit wir uns zunächst befassen.

A. Gründers, *Mathe übersichtlich: Von den Basics bis zur Analysis*,
https://doi.org/10.1007/978-3-662-70883-5_8

Wozu benutzt man Indizes?

Wenn du verschiedene Variablen hast, die Ähnliches bezeichnen, kannst du auch eine durchnummerierte Variable verwenden.

Statt $a, b, c, \ldots$ einfacher $a_1, a_2, a_3, \ldots$

Die Nummer der Variablen schreibt man rechts unten und nennt sie Index.

$a_3 \leftarrow$ Index

Wenn man all diese Variablen auf einmal betrachten will, schreibt man auch als Index eine Variable (oft i, j oder n).

a_i

Man muss angeben, welche Werte der Index annehmen kann.

Mit $a_i, i = 1, 2, 3$ ist a_1, a_2, a_3 gemeint.

Man kann damit auch n Variablen gleichzeitig bezeichnen.

Mit $a_i, i = 1, 2, \ldots, n$ ist $a_1, a_2, \ldots, a_n$ gemeint.

Wie rechnet man mit einem Summenzeichen?

Wenn man alle Variablen aus einem gewissen Indexbereich addieren möchte, kann man dies mit einem Summenzeichen (großes griechisches S) schreiben.

$$a_1 + a_2 + a_3 + a_4 = \sum_{i=1}^{4} a_i$$

Man schreibt an das Summenzeichen unten (als unteren Index), welches der erste Indexwert ist, und oben, welches der letzte Indexwert ist, über den summiert wird.

$$\sum_{i=1 \leftarrow \text{unterer Indexwert}}^{4 \leftarrow \text{oberer Indexwert}}$$

Man bezeichnet Anfangs- und Endwert auch als Summationsgrenzen.

Wie man die Indexvariable bezeichnet, ist egal; wichtig ist nur die Einheitlichkeit innerhalb einer Summe.

$$\sum_{i=3}^{7} a_i = \sum_{n=3}^{7} a_n = a_3 + \ldots + a_7$$

Wenn man die Summationsgrenzen verschieben will (also z. B. statt $i = 3, \ldots, 7$ über $j = i - 3 = 0, \ldots, 4$ summiert), muss man umgekehrt auch den Index anpassen.

$$\sum_{i=3}^{7} a_i = \sum_{j=0}^{4} a_{j+3}$$

Man kann den Index dann wieder umbenennen.

$$\sum_{i=3}^{7} a_i = \sum_{j=0}^{4} a_{j+3} = \sum_{i=0}^{4} a_{i+3}$$

Natürlich kann man statt über a_i auch über einen konkreten Ausdruck, der von i abhängt, summieren.

$$\sum_{i=1}^{3} i^2 = 1 + 4 + 9 = 14$$

Mit dem Summenzeichen kann man gewisse Formeln kompakt schreiben.

$$\sum_{i=1}^{n} (2i - 1) = n^2$$

z. B. für $n = 3 : 1 + 3 + 5 = 9$

Wie geht die binomische Formel für höhere Potenzen?

Eine Klammer $(a+b)^n$ mit höherem Exponenten n kannst du analog zu dem Fall $n = 2$ ausmultiplizieren.

$$(a+b)^2 = a^2 + 2ab + b^2$$
$$(a+b)^3 = a^3 + 3a^2b + 3ab^2 + b^3$$
$$(a+b)^4 = a^4 + 4a^3b + 6a^2b^2 + 4ab^3 + b^4$$

Es ergibt sich eine Summe von $n+1$ Summanden $a^k b^{n-k}$, $k = 0, 1, \ldots, n$, wobei bei jedem Summanden die Summe der Exponenten gleich n ist.

$$(a+b)^n = \underbrace{a^n + \ldots + b^n}_{\substack{n+1 \text{ Summanden} \\ \text{der Form } a^k b^{n-k},\ k=0,\ldots,n}}$$

Um den Vorfaktor bei dem Summanden $a^k b^{n-k}$ zu bestimmen, überlegst du, wie oft es beim Ausmultiplizieren der n Klammern vorkommt, dass k-mal a auftritt und die restlichen $(n-k)$-mal b.

$(a+b)^n = (a+b)(a+b)\cdots(a+b)$
Wähle aus k der n Klammern a aus und aus $n-k$ Klammern b.
Für $n = 4$ und $k = 2$ gibt es 6 Möglichkeiten: $aabb + abab + abba + baab + baba + bbaa = 6a^2b^2$

Am einfachsten kannst du das so überlegen: Du kannst n beliebige Symbole auf $n! = 1 \cdot 2 \cdot 3 \cdot \cdots \cdot n$ Weisen in eine Reihenfolge bringen. $n!$ spricht man n Fakultät.

Für das erste Symbol hast du n Möglichkeiten, für das zweite noch $n-1$, für das dritte $n-2$, beim letzten nur noch eine. Damit hast du insgesamt $n(n-1)(n-2)\cdots 1 = n!$ Möglichkeiten.

Wenn k der n Symbole ein a sind und $n-k$ der Symbole ein b und diese ununterscheidbar sind, musst du noch durch die jeweilige Anzahl gleicher Anordnungen $k!$ und $(n-k)!$ dividieren.

Anzahl der Möglichkeiten für k-mal a und $(n-k)$-mal b:

$$\frac{n!}{k!\,(n-k)!} = \frac{n(n-1)\cdots(n-k+1)}{1 \cdot 2 \cdots k}$$

Man bezeichnet diesen Ausdruck als Binomialkoeffizienten.

$$\binom{n}{k} = \frac{n!}{k!\,(n-k)!}$$

Somit erhältst du die allgemeine Formel für $(a+b)^n$, man nennt dies auch den binomischen Satz.

$$(a+b)^n = \sum_{k=0}^{n} \binom{n}{k} a^k b^{n-k}$$

Was ist eine Folge?

Eine Folge von Zahlen ist eine Menge von Zahlen, die in einer festen Reihenfolge steht.

$1, 2, 3, \ldots$
$10, 8, 6, \ldots$

Man schreibt eine Folge in normalen Klammern, um deutlich zu machen, dass es auf die Reihenfolge ankommt (im Gegensatz zu geschweiften Klammern bei Mengen, hier kommt es nicht auf die Reihenfolge an).

$(a_n) = (1, 2, 3, \ldots)$

Meist bezeichnet man als Folgen nur (abzählbar) unendliche Folgen.

Eine (reelle) Folge ist also eine Abbildung der natürlichen Zahlen in die Menge der (reellen) Zahlen. Dass man das Argument als Index schreibt, ist nur eine Schreibweisenkonvention.

$$a : \mathbb{N} \to \mathbb{R}$$
$$n \mapsto a(n) = a_n$$

Man kann die Folge entweder explizit angeben (nur vom Index abhängig) oder rekursiv (von vorherigen Folgengliedern abhängig).

$a_n = n^2 - 2n$

$b_n = 2b_{n-1} + n,\ b_1 = 1$

Wenn die Folge explizit angegeben ist, kann man ein beliebiges Folgenglied (d. h. n beliebig) direkt ausrechnen.

Für $n = 3:\ a_3 = 3^2 - 3 \cdot 2 = 3$

Wenn die Folge rekursiv angegeben ist, muss man die Folgenglieder der Reihenfolge nach nacheinander ausrechnen.

$b_1 = 1$ (gegeben)
$b_2 = 2b_1 + 2 = 2 \cdot 1 + 2 = 4$
$b_3 = 2b_2 + 3 = 2 \cdot 4 + 3 = 11$

Wie kannst du eine Aussage für alle natürlichen Zahlen beweisen?

Wenn du eine Gesetzmäßigkeit für z. B. 1, 2, 3, 4 beobachtest und du dich fragst, ob diese allgemein (also für alle natürliche Zahlen) gilt, kannst du wie folgt vorgehen.

$1 + 2 = 3 = \frac{1}{2} \cdot 2 \cdot 3$
$1 + 2 + 3 = 6 = \frac{1}{2} \cdot 3 \cdot 4$
$1 + 2 + 3 + 4 = 10 = \frac{1}{2} \cdot 4 \cdot 5$
Gilt $1 + 2 + \cdots + n = \frac{1}{2}n(n + 1)$?

Zeige, dass, falls sie für eine beliebige, aber feste Zahl n gilt, sie dann auch für die nächste Zahl $n + 1$ gilt. Du darfst also annehmen, dass die Aussage für ein gegebenes n korrekt ist.

Annahme:
$1 + 2 + \cdots + n = \frac{1}{2}n(n + 1)$
Addiere auf beiden Seiten $n + 1$:
$1+2+\cdots+n+n+1 = \frac{1}{2}n(n+1)+n+1$
Die rechte Seite ist $= \frac{1}{2}(n(n + 1)+$
$+2(n + 1)) = \frac{1}{2}(n + 1)(n + 2)$.
Dies ist die Aussage für $n + 1$.

Wenn du zusätzlich weißt, dass die Aussage für $n = 1$ gilt, dann hast du gezeigt, dass sie für alle $n \in \mathbb{N}$ gilt.

$1 = \frac{1}{2} \cdot 1 \cdot 2 = 1$ ist korrekt.

Dies nennt man das Prinzip der vollständigen Induktion. Du musst also zeigen, dass $A(1)$ gilt und dass aus der Aussage $A(n)$ die Aussage $A(n + 1)$ folgt.

Vollständige Induktion:
1. Zeige, dass $A(1)$ gilt.
2. Zeige $A(n) \Rightarrow A(n + 1)$.
Aus 1. und 2. folgt:
$A(n)$ gilt für alle $n \in \mathbb{N}$.

Die Aussage oben lässt sich auch auf direktem Weg einfach beweisen.

$S = 1 + 2 + \cdots + n$
$S = n + (n - 1) + \cdots + 1$
Addiere die Zahlen übereinander:
$$2S = \underbrace{(n + 1) + (n + 1) + \cdots + (n + 1)}_{n\text{-mal}}$$
$2S = n(n + 1) \Rightarrow S = \frac{1}{2}n(n + 1)$

Oft ist es aber so, dass sich eine Aussage mit vollständiger Induktion viel einfacher beweisen lässt als direkt oder sie sich sogar nur so beweisen lässt.

Was bedeutet es, dass eine Folge gegen null konvergiert?

Man sagt, dass eine Folge gegen null konvergiert, wenn die Folgenglieder vom Betrag für hinreichend große n beliebig klein werden.

Die Folge $a_n = (-1)^n \frac{2}{n}$ konvergiert gegen null: Die Folgenglieder a_n werden für $n \to \infty$ beliebig klein.

Beliebig klein heißt dabei, dass du eine beliebige Zahl größer als Null vorgeben kannst, üblicherweise ϵ genannt, und die Folge ab einem gewissen Index nur noch Werte hat, deren Betrag kleiner als ϵ ist.

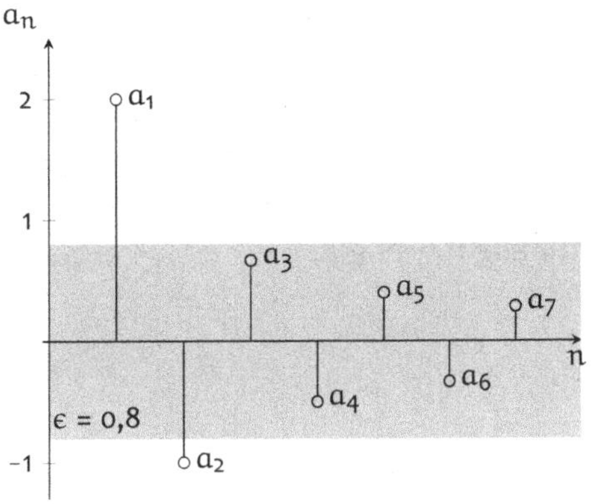

Für jedes beliebige $\epsilon > 0$ gibt es ein N, sodass ab $n > N$ alle Folgenglieder in einem Streifen der Breite ϵ um die x-Achse liegen.

Für $\epsilon = 0{,}8$ liegen alle a_n mit $n > 2$ in dem Streifen.

Für kleineres ϵ wird der Streifen schmaler und das nötige N wird größer.

Entscheidend ist, dass es für jedes $\epsilon > 0$ ein entsprechendes N gibt.

Wenn die Folge gegen null konvergiert, sagt man auch, dass der Grenzwert der Folge null ist und schreibt dies als Limes.

$$\lim_{n\to\infty} \frac{1}{n} = 0$$

lim steht für limes, lateinisch Grenze.

Die Konvergenz einer Folge macht eine Aussage über das Verhalten im Unendlichen. Es kommt nicht auf endlich viele Folgenglieder an.

$a_n = \frac{2}{n}$ für $n \geq 1$ und

$$b_n = \begin{cases} n^2 & \text{für } 1 \leq n \leq 1000 \\ \frac{2}{n} & \text{für } n \geq 1001 \end{cases}$$

haben das gleiche Konvergenzverhalten.

Wie prüfst du mit der Definition, dass eine Folge gegen null konvergiert?

Eine Folge konvergiert gegen null, wenn es für jedes $\epsilon > 0$ ein N gibt, sodass für alle $n > N$ der Betrag $|a_n|$ kleiner ϵ ist.

Für alle $\epsilon > 0$ existiert ein N, sodass $|a_n| < \epsilon$ für alle $n > N$.
$\epsilon > 0$ deshalb, weil sonst der Betrag gar nicht kleiner als ϵ sein kann.

Um dies nachzuprüfen, gibst du dir ein ϵ mit $\epsilon > 0$ vor und prüfst, ob es einen Index N gibt, ab dem alle Folgenglieder $n > N$ betragsmäßig kleiner als ϵ sind, also ob $|a_n| < \epsilon$ für alle $n > N$ gilt.

Für die Folge $a_n = \frac{1}{n}$:
Wenn $\epsilon = 0{,}1$, dann ist
für $n > 10 \quad (= N)$ der Betrag
$|a_n| = \frac{1}{n}$ kleiner als ϵ:
$n > 10 \Rightarrow \frac{1}{n} < \frac{1}{10} = 0{,}1$
Dies geht analog auch für $\epsilon = 0{,}01$, das entsprechende N ist dann 100.

Dies muss für jedes $\epsilon > 0$ gehen, man sagt auch, es muss für alle $\epsilon > 0$ gelten.

Für jedes $\epsilon > 0$ lässt sich ein N (das von ϵ abhängt) finden, sodass für $n > N$ gilt $|a_n| < \epsilon$:

Wähle $N = \frac{1}{\epsilon}$. Dann gilt für $n > N$:

$|a_n| = \frac{1}{n} < \frac{1}{N} < \epsilon.$

Beachte, dass sich beim Kehrbruchbilden das Größerzeichen umdreht.

Wenn dies der Fall ist, konvergiert die Folge gegen null.

$$\lim_{n \to \infty} \frac{1}{n} = 0$$

Oft ist es nicht einfach, direkt mit der Definition nachzuweisen, dass eine Folge konvergiert. Daher verwendet man häufig Grenzwertsätze, gewissermaßen Rechenregeln für Grenzwerte.

Was bedeutet es, dass eine Folge gegen einen Grenzwert konvergiert?

Wenn eine Folge gegen 0 konvergiert, bedeutet das, dass für jedes $\epsilon > 0$ ein N existiert, sodass $|a_n| < \epsilon$ für alle $n > N$.

$\lim\limits_{n\to\infty} = 0$ gilt genau dann, wenn für alle $\epsilon > 0$ ein N existiert, sodass für alle $n > N$ gilt: $|a_n| < \epsilon$.

Analog definiert man die Konvergenz gegen eine andere Zahl als die Null: Wenn alle Folgenglieder ab einem gewissen Index in einem Streifen um $\lim_{n\to\infty} a_n = a$ liegen, sagt man, dass die Folge gegen a konvergiert.

$\lim\limits_{n\to\infty} a_n = a$ gilt genau dann, wenn für alle $\epsilon > 0$ ein N existiert, sodass für alle $n > N$ gilt: $|a_n - a| < \epsilon$.

Es muss wieder zu jedem $\epsilon > 0$ ein N geben, sodass für alle $n > N$ alle a_n innerhalb des Streifens liegen.

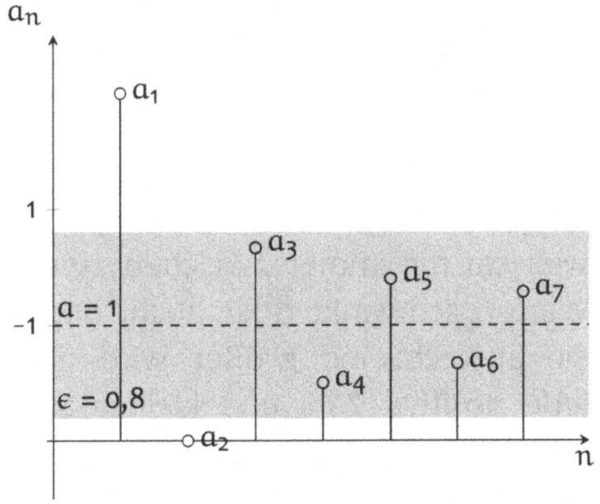

Für $\epsilon = 0,8$ liegen alle a_n mit $n > 2$ in dem Streifen.

Dann sagt man, dass die Folge gegen a konvergiert. Die Zahl a nennt man den Grenzwert (limes).

Die Folge konvergiert gegen 1:

$$\lim_{n\to\infty} \frac{n + 2 \cdot (-1)^n}{n} = 1$$

Wenn man sagt, dass eine Folge konvergiert, meint man damit, dass es eine reelle Zahl (also nicht ∞ oder $-\infty$) gibt, gegen die die Folge konvergiert.

Wenn (a_n) konvergiert, schreibt man:

$\lim\limits_{n\to\infty} a_n = a,$ oder kurz $a_n \to a \quad (n \to \infty)$.

Was bedeutet es, dass eine Folge divergiert?

Wenn es kein $a \in \mathbb{R}$ gibt, gegen den die Folge konvergiert, so heißt die Folge divergent, sie divergiert.

Diese Folgen divergieren:

$a_n = (-1)^n : (a_n) = (-1, 1, -1, 1, \ldots)$
$b_n = n : (b_n) = (1, 2, 3, 4, \ldots)$
$c_n = (-1)^n n : (c_n) = (-1, 2, -3, 4, \ldots)$

Wenn die Folge über jede Grenze anwächst, schreibt man dafür auch symbolisch, dass der Grenzwert unendlich (∞) ist (Achtung: ∞ ist keine reelle Zahl).

$$\lim_{n \to \infty} n = \infty$$

Analog, wenn die Folge unter jede noch so negative Zahl fällt.

$$\lim_{n \to \infty} -n = -\infty$$

Diese beiden Fälle nennt man manchmal auch bestimmte Divergenz.

Es kann aber auch sein, dass die Folge deswegen nicht konvergiert, weil sie für immer zwischen zwei Werten schwankt oder auch, dass sie abwechselnd größer wird als jede positive Zahl und kleiner als jede negative Zahl. Zudem gibt es viele andere Möglichkeiten.

Die Folgen $(a_n) = (-1, 1, -1, 1, \ldots)$ und $(c_n) = ((-1)^n n) = (-1, 2, -3, 4, \ldots)$ divergieren unbestimmt.

Wie stellst du fest, ob eine Folge konvergiert?

Du kannst die Konvergenz einer Folge mit der Definition überprüfen. Oft sind aber andere Wege einfacher.

Dazu musst du für jedes $\epsilon > 0$ ein N angeben, sodass $|a_n - a| < \epsilon$ für alle $n > N$ gilt.

Zunächst ist gut zu wissen, wann eine Folge von Potenzen konvergiert, nämlich genau dann, wenn der Exponent kleinergleich null ist.

$$\lim_{n\to\infty} n^\alpha = \begin{cases} 0 & \text{für} \quad \alpha < 0 \\ 1 & \text{für} \quad \alpha = 0 \\ \infty & \text{für} \quad \alpha > 0 \end{cases}$$

Eine negative Exponentialfunktion konvergiert für jede Basis $b > 1$ gegen null.

$$\lim_{n\to\infty} b^{-n} = 0 \qquad \text{für } b > 1$$

Zudem geht sie schneller nach null als jede Potenzfunktion.

$$\lim_{n\to\infty} b^{-n} n^\alpha = 0 \qquad \text{für } b > 1, \alpha \in \mathbb{R}$$

Wenn zwei Folgen konvergieren, dann konvergieren auch Summe, Differenz, Produkt und Quotient (sofern der Nenner nicht gegen null konvergiert).

Mit $\lim_{n\to\infty} a_n = a$, $\lim_{n\to\infty} b_n = b$:

$$\lim_{n\to\infty} (a_n \pm b_n) = a \pm b$$

$$\lim_{n\to\infty} (a_n \cdot b_n) = a \cdot b$$

$$\lim_{n\to\infty} \frac{a_n}{b_n} = \frac{a}{b}, \qquad \text{wenn } b \neq 0$$

Mit diesen Aussagen lassen sich bereits die Grenzwerte vieler Folgen berechnen.

$$\lim_{n\to\infty} n^2 2^{-n} = 0$$

Manchmal musst du erst Umformungen vornehmen.

$$\lim_{n\to\infty} \frac{3n + 17}{5n + 1} = \lim_{n\to\infty} \frac{3 + \frac{17}{n}}{5 + \frac{1}{n}} = \frac{3}{5}$$

Wenn bei einer gebrochenrationalen Funktion der Nennergrad größer ist als der Zählergrad, ist der Grenzwert für $n \to \infty$ gleich 0.

$$\lim_{n\to\infty} \frac{50n^2 + 3n + 100}{n^3 + 7} =$$

$$= \lim_{n\to\infty} \frac{\frac{50}{n} + \frac{3}{n^2} + \frac{100}{n^3}}{1 + \frac{7}{n^3}} = \frac{0}{1} = 0$$

Warum konvergieren monoton wachsende und beschränkte Folgen?

Anschaulich gesprochen kann eine Folge auf zwei Weisen divergieren: Entweder sie wächst über alle Grenzen (positiv oder negativ) oder sie schwankt für immer ohne zu einem Grenzwert zu finden.

Es gilt nun die Aussage, dass wenn eine Folge monoton wächst (dann schwankt sie nicht) und sie nach oben beschränkt ist (dann kann sie nicht über alle Grenzen wachsen), sie konvergiert. Analoges gilt für eine monoton fallende Folge, die nach unten beschränkt ist.

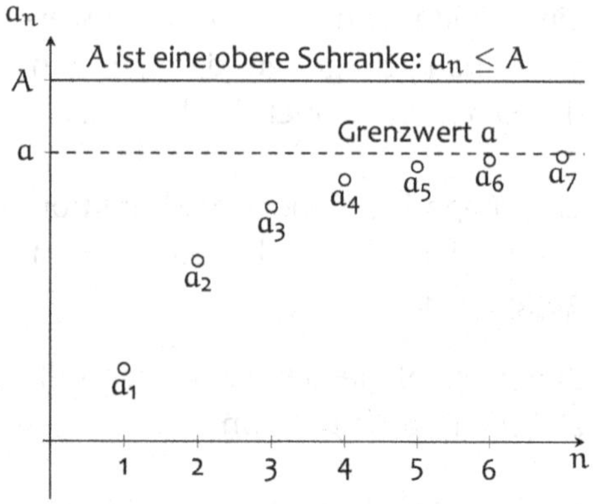

$a_{n+1} > a_n$ und $a_n < A$ für alle n
$\Rightarrow (a_n)$ konvergiert

Es reicht auch, wenn die beiden Aussagen erst ab einem gewissen N gelten, also für alle $n > N$.

Dies liegt an der Vollständigkeit der Menge der reellen Zahlen; die Menge der reellen Zahlen hat keine Löcher.

Für die rationalen Zahlen gilt dies nicht, es gibt Folgen von rationalen Zahlen, die monoton und beschränkt sind, aber nicht gegen eine rationale Zahl konvergieren, etwa die Folge der Dezimalzahlen mit n Nachkommastellen von $\sqrt{2}$ oder von π.

Mit diesem Kriterium kann man die Konvergenz einer Folge nachweisen, ohne ihren Grenzwert zu kennen.

Man kann zeigen, dass $a_n = \left(1 + \frac{1}{n}\right)^n$ durch 3 beschränkt ist (indem man die Klammer mit dem binomischen Satz ausmultipliziert und die Binomialkoeffizienten nach oben abschätzt) und dass die Folge (a_n) monoton wächst. Aus beidem zusammen folgt, dass die Folge konvergiert. Der Grenzwert ist die Euler'sche Zahl e = 2,7182818....

Was ist eine Reihe und wann konvergiert sie?

Eine Reihe ist anschaulich eine unendliche Summe.

$$S = \frac{1}{2} + \frac{1}{4} + \frac{1}{8} + \ldots = \sum_{n=1}^{\infty} \frac{1}{2^n}$$

Mathematisch ist eine Reihe eine Folge, deren Folgenglieder aus Teilsummen bestehen. Man sagt, die Reihe konvergiert, wenn die Folge der Teilsummen konvergiert.

$$s_1 = \frac{1}{2}$$

$$s_2 = \frac{1}{2} + \frac{1}{4}$$

$$\vdots$$

$$s_n = \frac{1}{2} + \frac{1}{4} + \ldots + \frac{1}{2^n}$$

Ein notwendiges Kriterium für die Konvergenz von $\sum a_n$ ist, dass die Folge (a_n) gegen null konvergiert, man sagt, dass (a_n) eine Nullfolge ist.

Dies lässt sich wie folgt sehen: Konvergiert eine Reihe $s_n = \sum_{i=1}^{n} a_i$ gegen s, so gilt $\lim_{n\to\infty} a_n = \lim_{n\to\infty}(s_n - s_{n-1}) = \lim_{n\to\infty} s_n - \lim_{n\to\infty} s_{n-1} = s - s = 0$.

Dieses Kriterium ist aber nicht hinreichend.

Für $\sum_{n=1}^{\infty} \frac{1}{n}$ gilt $\lim_{n\to\infty} \frac{1}{n} = 0$,

aber die Reihe divergiert.

Dies siehst du, wenn du $2, 4, 8, \ldots$ aufeinanderfolgende Glieder der Reihe wie rechts zusammenfasst. Jede Klammer ist größer als 1/2, es gibt unendlich viele davon, daher kann die Summe nicht konvergieren. Die Reihe rechts bezeichnet man auch als harmonische Reihe.

$$1 + \frac{1}{2} + \underbrace{\frac{1}{3} + \frac{1}{4}}_{\geq 2\cdot\frac{1}{4}=\frac{1}{2}} +$$

$$+ \underbrace{\frac{1}{5} + \frac{1}{6} + \frac{1}{7} + \frac{1}{8}}_{\geq 4\cdot\frac{1}{8}=\frac{1}{2}} +$$

$$+ \underbrace{\frac{1}{9} + \frac{1}{10} + \frac{1}{11} + \frac{1}{12} + \frac{1}{13} + \frac{1}{14} + \frac{1}{15} + \frac{1}{16}}_{\geq 8\cdot\frac{1}{16}=\frac{1}{2}} +$$

$$+ \ldots \to \infty$$

Bei einer alternierenden Reihe sind die Vorzeichen abwechselnd + und −. Wenn die Folge eine Nullfolge bildet, konvergiert die alternierende Reihe.

$$S = 1 - \frac{1}{2} + \frac{1}{3} - \frac{1}{4} \pm = \sum_{n=1}^{\infty} \frac{(-1)^{n+1}}{n}$$

konvergiert, da alternierend und

$$\lim_{n\to\infty} \frac{(-1)^{n+1}}{n} = 0.$$

Wie bestimmst du den Wert einer geometrischen Reihe?

Bei einer geometrischen Reihe verändern sich die Folgenglieder mit einem konstanten Faktor.

$$S = 1 + q + q^2 + \ldots = \sum_{n=0}^{\infty} q^n$$

Du kannst ihren Wert auf einfache Weise berechnen, indem du beobachtest, dass qS dieselbe Reihe ergibt bis auf die erste 1.

$$qS = q + q^2 + \ldots = \sum_{n=0}^{\infty} q^{n+1}$$

Wenn du die beiden Gleichungen voneinander abziehst, erhältst du eine Gleichung, aus der du den Wert S der Reihe direkt bestimmen kannst.

$$(1 - q)S = 1$$

$$\Rightarrow S = \frac{1}{1 - q}$$

Damit kannst du etwa die Reihensumme für $q = 1/2$ bestimmen.

$$1 + \frac{1}{2} + \frac{1}{4} + \frac{1}{8} + \ldots = \frac{1}{1/2} = 2$$

Die geometrische Reihe konvergiert für $0 < q < 1$ (und für $-1 < q \leq 0$).

Du kannst die Summe der geometrischen Reihe auch geometrisch herleiten, am einfachsten durch Schnitt der Geraden $y = qx$ und $y = x - 1$. In der Abbildung ist $q = 1/2$.

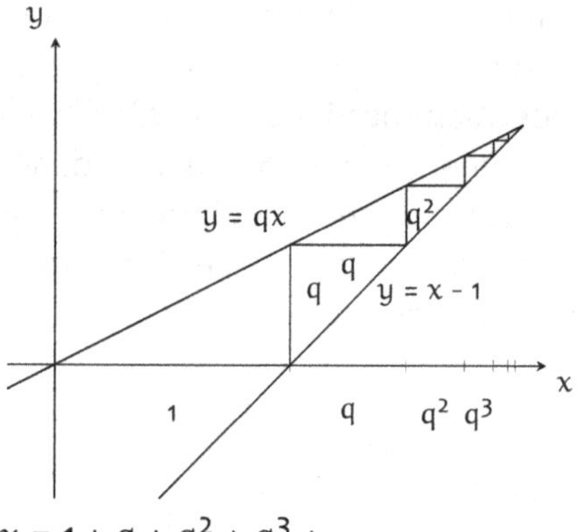

$$x = 1 + q + q^2 + q^3 + \ldots$$

$$qx = x - 1$$

$$\Rightarrow x = \frac{1}{1 - q}$$

Wie kannst du die Konvergenz einer Reihe bestimmen?

Bei der geometrischen Reihe ist das Verhältnis zweier aufeinander folgenden Glieder konstant, ebenso die n-te Wurzel des n-ten Folgenglieds (wenn die Reihe mit 1 beginnt).

$$a_0 = 1, a_1 = q, a_2 = q^2, \ldots, a_n = q^n$$

$$\frac{a_{n+1}}{a_n} = q, \quad \sqrt[n]{a_n} = q$$

$$S = \sum_{n=0}^{\infty} a_n \text{ konvergiert für } |q| < 1.$$

Wenn das Verhältnis bzw. die Wurzel nicht konstant ist, aber für $n \to \infty$ zu einem Wert strebt, dessen Betrag kleiner 1 ist, dann gilt immer noch, dass die entsprechende Reihe konvergiert.

$$\lim_{n\to\infty} \left|\frac{a_{n+1}}{a_n}\right| < 1$$

$$\Rightarrow \lim_{n\to\infty} \sum_{i=0}^{n} a_i \text{ konvergiert.}$$

$$\lim_{n\to\infty} \sqrt[n]{|a_n|} < 1$$

$$\Rightarrow \lim_{n\to\infty} \sum_{i=0}^{n} a_i \text{ konvergiert.}$$

Mit diesem sogenannten Quotienten- bzw. Wurzelkriterium kannst du die Konvergenz vieler Reihen bestimmen.

Für $a_n = \dfrac{10^n}{n!}$ gilt:

$$\frac{a_{n+1}}{a_n} = \frac{10^{n+1}}{(n+1)!}\frac{n!}{10^n} = \frac{10}{n} \to 0$$

$$\Rightarrow \sum_{n=0}^{\infty} \frac{10^n}{n!} \text{ konvergiert.}$$

Was sind Grenzwerte von Funktionen?

Der Grenzwert einer Funktion lässt sich auf den Grenzwert von Folgen zurückführen.

Man sagt, eine Funktion $f(x)$ hat für $x \to a$ den Grenzwert g, wenn für jede Folge (x_n), die gegen a konvergiert, die Folge $(f(x_n))$ gegen g konvergiert.

$\lim\limits_{x \to a} f(x) = g$ bedeutet:
Für jede Folge (x_n) mit $\lim\limits_{n \to \infty} x_n = a$ gilt $\lim\limits_{n \to \infty} f(x_n) = g$.

Z. B. gilt $\lim\limits_{x \to a} x^2 = a^2$, da
$\lim\limits_{x \to a}(x \cdot x) = (\lim\limits_{x \to a} x) \cdot (\lim\limits_{x \to a} x) = a \cdot a.$

Dies gilt auch für den Grenzwert einer Funktion $f(x)$ für $x \to \infty$. Den Grenzwert einer Funktion $f(x)$ für $x \to \infty$ definiert man als Grenzwert der Funktionswerte $f(x_n)$, wenn x_n eine Folge ist mit uneigentlichem Grenzwert ∞ und die Grenzwerte der Funktionswerte für alle derartigen Folgen gleich sind.

$\lim\limits_{x \to \infty} \frac{1}{x} = 0$, da $\lim\limits_{n \to \infty} \frac{1}{x_n} = 0$ für jede Folge $(x_n) \to \infty$, etwa für $x_n = n$ oder $x_n = n^2$ oder $x_n = \sqrt{n}$.

Wenn $(f(x_n))$ für manche Folgen $(x_n) \to \infty$ einen gewissen Grenzwert hat und für andere Folgen $(x_n) \to \infty$ einen anderen, dann hat die Funktion $f(x)$ keinen Grenzwert für $x \to \infty$.

$\lim\limits_{x \to \infty} \sin(\pi x)$ existiert nicht:

Für $x_n = n$ mit $\lim\limits_{n \to \infty} x_n = \infty$ gilt $\sin(\pi x_n) = 0$,
also $\lim\limits_{n \to \infty} \sin(\pi x_n) = 0$.

Für $x_n = \frac{4n+1}{2}$ mit $\lim\limits_{n \to \infty} x_n = \infty$ gilt $\sin(\pi x_n) = 1$,
also $\lim\limits_{n \to \infty} \sin(\pi x_n) = 1$.

Somit hat $\sin(\pi x)$ für $x \to \infty$ keinen Grenzwert. Dies entspricht unserer Anschauung.

Wie berechnest du einfache Grenzwerte?

Viele Grenzwerte kannst du auf bekannte Grenzwerte zurückführen. Zunächst ist gut zu wissen, wie sich eine Potenzfunktion im Limes $x \to \infty$ verhält, sie geht gegen null genau dann, wenn der Exponent kleiner null ist.

$$\lim_{x\to\infty} x^{\alpha} = \begin{cases} 0 & \text{für} \quad \alpha < 0 \\ 1 & \text{für} \quad \alpha = 0 \\ \infty & \text{für} \quad \alpha > 0 \end{cases}$$

Für $x \to 0$ ist es umgekehrt, sie geht gegen null genau dann, wenn der Exponent größer null ist.

$$\lim_{x\to 0} x^{\alpha} = \begin{cases} \infty & \text{für} \quad \alpha < 0 \\ 1 & \text{für} \quad \alpha = 0 \\ 0 & \text{für} \quad \alpha > 0 \end{cases}$$

Eine negative Exponentialfunktion geht für jedes $b > 1$ für $x \to \infty$ gegen null.

$$\lim_{x\to\infty} b^{-x} = 0 \text{ für } b > 1$$

Zudem geht sie schneller gegen null als jede Potenzfunktion.

$$\lim_{x\to\infty} b^{-x}x^{\alpha} = 0 \text{ für } b > 1, \alpha \in \mathbb{R}$$

Die Grenzwertsätze übertragen sich von Folgen auf Grenzwerte von Funktionen.

Mit $\lim_{x\to x_0} f(x) = a$, $\lim_{x\to x_0} g(x) = b$:

$$\lim_{x\to x_0} (f(x) \pm g(x)) = a \pm b$$

$$\lim_{x\to x_0} (f(x) \cdot g(x)) = a \cdot b$$

$$\lim_{x\to x_0} \frac{f(x)}{g(x)} = \frac{a}{b}, \quad \text{wenn } b \neq 0.$$

Mit diesen Aussagen lassen sich bereits viele Grenzwerte berechnen.

Manchmal musst du erst Umformungen vornehmen.

$$\lim_{x\to\infty} \frac{3x+17}{5x+1} = \lim_{x\to\infty} \frac{3+\frac{17}{x}}{5+\frac{1}{x}} = \frac{3}{5}$$

Wenn bei einer gebrochenrationalen Funktion der Nennergrad größer ist als der Zählergrad, ist der Grenzwert für $x \to \infty$ gleich 0.

$$\lim_{x\to\infty} \frac{50x^2+3x+100}{x^3+7} =$$

$$= \lim_{x\to\infty} \frac{\frac{50}{x}+\frac{3}{x^2}+\frac{100}{x^3}}{1+\frac{7}{x^3}} = \frac{0}{1} = 0$$

Was bedeutet es anschaulich, dass eine Funktion stetig ist?

Eine Funktion ist stetig an einem Punkt x_0, wenn kleine Änderungen im x-Wert nur zu kleinen Änderungen im Funktionswert $f(x)$ führen. Dazu muss die Funktion an der Stelle x_0 definiert sein, was wir im Folgenden voraussetzen.

Wenn du beim Duschen am Temperaturregler drehst, willst du, dass die Temperatur y stetig vom Winkel x abhängt.

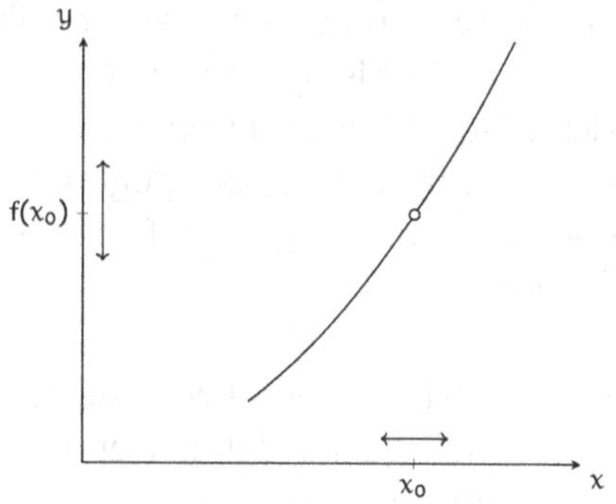

$f(x)$ ist stetig: Kleine x-Änderungen führen zu kleinen y-Änderungen.

Wenn die Funktion an einer Stelle einen Sprung hat, ist sie nicht stetig.

$$f(x) = \begin{cases} 0 & \text{für } x < 0 \\ 1 & \text{für } x \geq 0 \end{cases}$$

ist bei $x = 0$ nicht stetig:

Wenn Du ein bisschen (beliebig wenig) an x drehst, ändert sich y stark.

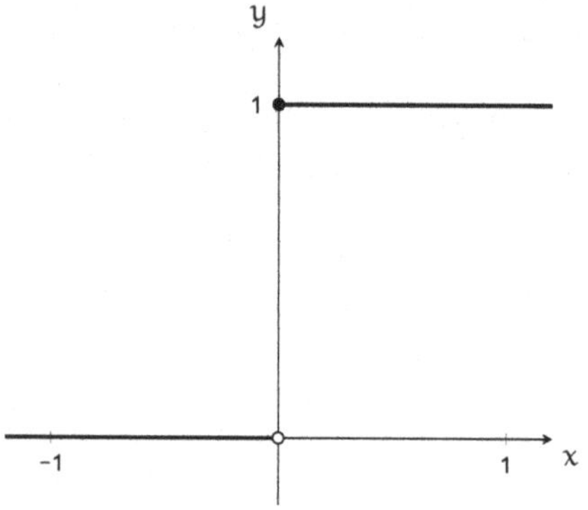

Wenn die Funktion an einer Stelle so stark oszilliert, dass sie keinen Grenzwert hat, ist sie nicht stetig.

$$f(x) = \begin{cases} \sin(\frac{1}{x}) & \text{für } x \neq 0 \\ 0 & \text{für } x = 0 \end{cases}$$

ist bei $x = 0$ nicht stetig.

Wenn du ein bisschen an x drehst, schwankt y stark.

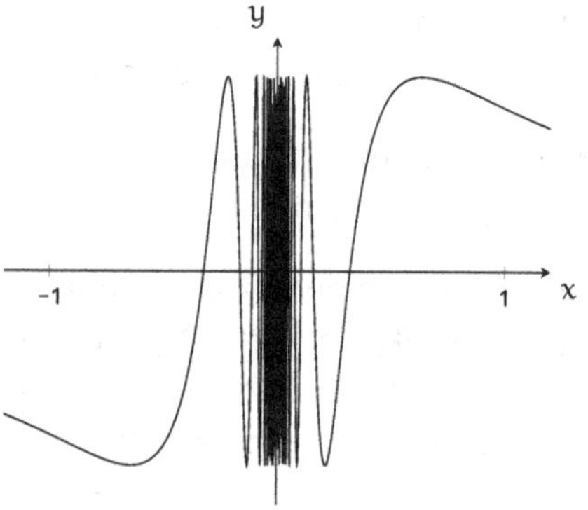

Was bedeutet es mathematisch, wenn eine Funktion stetig ist?

Du musst zu jeder noch so kleinen y-Umgebung eines Punktes eine x-Umgebung finden, sodass alle Funktionswerte der x-Umgebung in der y-Umgebung liegen.

Gleichwertig dazu ist, wie man zeigen kann: Für jede Folge (x_n), die gegen den x-Wert $\hat{x}$ konvergiert, konvergieren die Funktionswerte $f(x_n)$ gegen den zugehörigen y-Wert $f(\hat{x})$.

Eine Funktion f ist bei $\hat{x}$ stetig, wenn es zu jedem $\epsilon > 0$ ein $\delta > 0$ gibt, sodass für alle x mit $|x - \hat{x}| < \delta$ $|f(x) - f(\hat{x})| < \epsilon$ gilt.

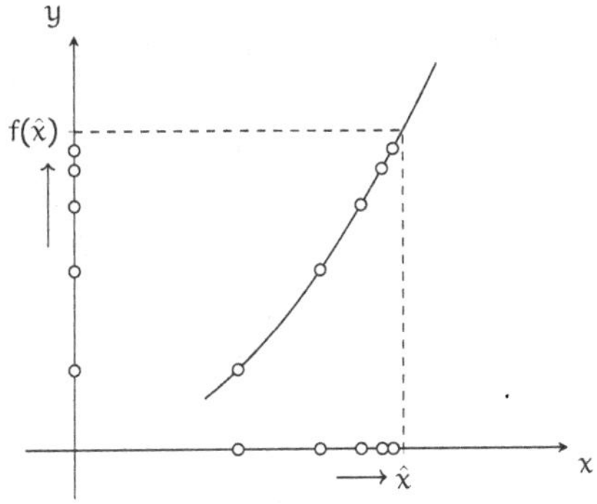

Es kommt also nicht darauf an, ob man erst den Funktionswert f bildet und dann den Limes $n \to \infty$ (links) oder erst den Limes $n \to \infty$ bildet und dann den Funktionswert (rechts).

$$\lim_{n \to \infty} f(x_n) = f(\hat{x}) = f(\lim_{n \to \infty} x_n)$$

Dass die Reihenfolge egal ist, kann man auch als Diagramm darstellen. Wenn beide Wege das gleiche Ergebnis liefern, ist die Funktion stetig.

$$
\begin{array}{ccc}
x_n & \xrightarrow{\lim} & \hat{x} \\
f \downarrow & & \downarrow f \\
f(x_n) & \xrightarrow{\lim} & \begin{array}{l} f(\hat{x}) = \\ \lim_{n\to\infty} f(x_n) \end{array}
\end{array}
$$

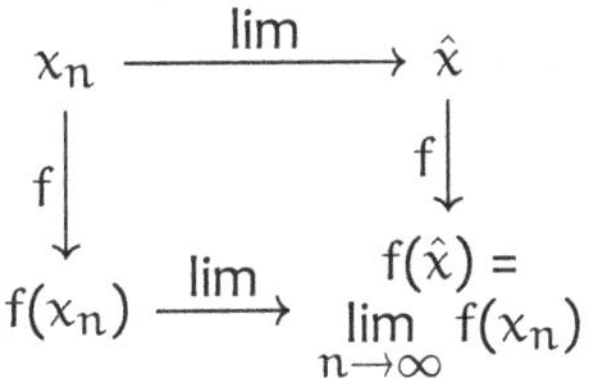

Damit eine Funktion an einer Stelle $\hat{x}$ stetig ist, muss für alle Folgen (x_n) mit $\lim_{n \to \infty} x_n = \hat{x}$ der Grenzwert $\lim_{n \to \infty} f(x_n)$ existieren und derselbe sein. Und er muss gleich dem Funktionswert an der Stelle sein.

f ist stetig für $x = \hat{x}$. $\Longleftrightarrow$

Für jede Folge $(x_n) \to \hat{x}$ gilt:
a) $\lim_{n \to \infty} f(x_n)$ existiert,
b) diese Grenzwerte sind gleich,
c) dieser Wert ist gleich $f(\hat{x})$.

Was bedeutet es, wenn eine Funktion stetig fortsetzbar ist?

Wenn ein Funktion an einer Stelle nicht definiert ist, kann die Frage nach der Stetigkeit nicht sinnvoll gestellt werden.

$f(x) = \frac{1}{x}$ für $x \neq 0$

ist an der Stelle $x = 0$ nicht definiert.

Man kann dann nur fragen, ob man die Funktion stetig fortsetzen kann, also, ob man an der Stelle, wo sie nicht definiert ist, einen Funktionswert so festlegen kann, dass die damit erweiterte Funktion stetig ist.

$f(x) = \frac{1}{x}$ für $x \neq 0$ ist an der Stelle $x = 0$ nicht stetig fortsetzbar.
Egal, wie man $f(0)$ definieren würde, die entstehende für alle $x \in \mathbb{R}$ definierte Funktion wäre nicht stetig.

Es gibt aber auch Funktionen, die stetig fortsetzbar sind.

$$f(x) = \frac{x^2 - 1}{x - 1} \text{ für } x \neq 1$$

ist stetig fortsetzbar, man setzt

$$f(1) = \lim_{x \to 1} f(x) = \lim_{x \to 1} \frac{x^2 - 1}{x - 1} =$$

$$= \lim_{x \to 1} \frac{(x - 1)(x + 1)}{x - 1} = \lim_{x \to 1} (x + 1) = 2.$$

Durch die stetige Fortsetzung wird die Lücke geschlossen. Dieses Beispiel sieht etwas konstruiert aus, du kannst sagen, man hat mutwillig mit $x - 1$ erweitert, um eine Definitionslücke zu schaffen.

Die stetig fortgesetzte Funktion ist $g(x) = x + 1, x \in \mathbb{R}$. Es hat nur der Punkt $(1, 2)$ gefehlt, da die Ursprungsfunktion für $x = 1$ nicht definiert war.

Ähnliches tritt aber auch in ganz natürlicher Weise auf, etwa bei der Funktion $\sin(x)/x$, die für $x = 0$ zunächst nicht definiert ist, aber durch $f(0) = 1$ stetig fortgesetzt werden kann. Diese Funktion beschreibt in der Optik die Beugung an einem Spalt.

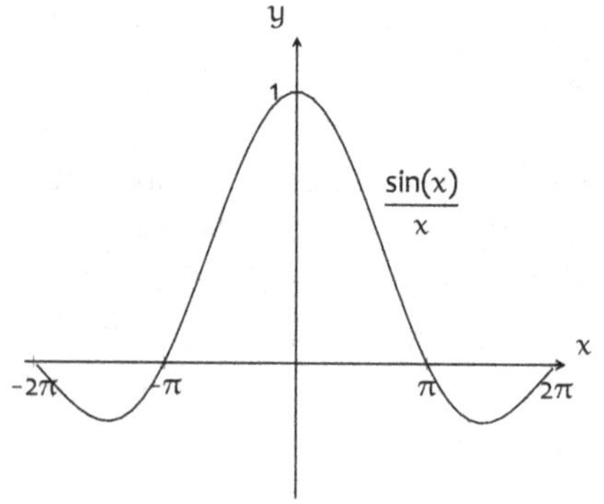

Wie stellst du fest, ob eine Funktion stetig ist?

Alle Funktionen, die wir konkret betrachtet haben, sind auf ihrem gesamten Definitionsbereich stetig.

Stetig sind die Funktionen

$x^n, n \in \mathbb{Z}$	für alle $x \in \mathbb{R}$,
$\sqrt{x}$	für alle $x \geq 0$,
$a^x, a \geq 0$	für alle $x \in \mathbb{R}$,
$\ln(x)$	für alle $x > 0$,
$\sin(x), \cos(x)$	für alle $x \in \mathbb{R}$.

Auch Summen, Differenzen, Produkte und Quotienten und Verkettungen von stetigen Funktionen sind auf dem sich ergebenden Definitionsbereich stetig.

Stetig sind die Funktionen

$f(x) = x + \sin(x)$	für $x \in \mathbb{R}$,
$f(x) = \sqrt{x^2 + 1}$	für $x \in \mathbb{R}$,
$f(x) = \ln(x) + \ln(1 - x)$	für $x \in (0, 1)$.

Der Definitionsbereich kann insbesondere bei Quotienten von Funktionen kleiner sein als der ursprüngliche Definitionsbereich. Man muss die Nullstellen der Nennerfunktion ausschließen.

Nicht definiert sind

$f(x) = \frac{x^2 - 1}{x - 1}$ für $x = 1$,

$f(x) = \frac{x - 1}{x^2 - 1}$ für $x = \pm 1$.

Manchmal kann man die Funktion dann stetig fortsetzen. Dies kann insbesondere möglich sein, wenn sich ein Term herauskürzt.

$f(x) = \frac{x - 1}{x^2 - 1}, x \neq \pm 1$ ist für $x = 1$ stetig fortsetzbar zur Funktion $g(x) = \frac{1}{x + 1}, x \neq -1$, nicht aber für $x = -1$.

Am einfachsten ist die Stetigkeit nachzuweisen, wenn du die Funktion auf eine bekannte, stetige Funktion zurückführen kannst (s. o).

Wenn deine Funktion stückweise definiert ist, gehst du wie auf der nächsten Seite beschrieben vor.

Wie prüfst du eine stückweise definierte Funktion auf Stetigkeit?

Eine Funktion ist im gesamten Definitionsbereich stetig, wenn sie in jedem Punkt ihres Definitionsbereiches stetig ist.

Wenn du konkret die Stetigkeit einer stückweise definierten Funktion prüfen willst, musst du erst prüfen, ob die einzelnen Stücke stetig sind, und dann, ob die Funktion an der Übergangsstelle stetig ist.

$$f(x) = \begin{cases} g(x) & \text{für } x < a \\ h(x) & \text{für } x \geq a \end{cases}$$ ist stetig,

wenn

a) $g(x)$ für $x < a$ stetig ist,

b) $h(x)$ für $x \geq a$ stetig ist,

c) $\lim\limits_{x \to a} g(x) = h(a)$.

Dies prüfst du, indem du von der linken Funktion den linksseitigen Grenzwert nimmst und von der rechten Funktion den rechtsseitigen Grenzwert, der gleich dem Funktionswert ist, wenn der Funktionswert noch Teil des Definitionsbereichs ist. Wenn beide übereinstimmen und gleich dem Funktionswert an der Stelle sind, dann ist die Funktion stetig.

$$f(x) = \begin{cases} x + 2 & \text{für } x < 1 \\ 4 - x & \text{für } x \geq 1 \end{cases}$$

Die beiden Einzelfunktionen sind als lineare Funktionen stetig.

Zudem ist $\lim\limits_{x \to 1}(x + 2) = 3 = 4 - 1$.

Daher ist $f(x)$ für alle $x \in \mathbb{R}$ stetig.

Es kann $x = a$ auch im ersten Fall mit dabei sein, dann prüfst du den Limes von $h(x)$.

$$f(x) = \begin{cases} x + 2 & \text{für } x \leq 1 \\ 4 - x & \text{für } x > 1 \end{cases}$$

Die beiden Einzelfunktionen sind als lineare Funktionen stetig.

Zudem ist $\lim\limits_{x \to 1}(4 - x) = 3 = 1 + 2$.

Daher ist $f(x)$ für alle $x \in \mathbb{R}$ stetig.

Differenzialrechnung

Wir kommen nun zur sogenannten höheren Mathematik, die im 17. Jahrhundert von Leibniz und Newton begründet wurde.

Mithilfe der Differenzialrechnung kann man die Steigung der Tangente an eine Kurve in einem Punkt berechnen. Dies ist der Grenzwert der Steigung einer Geraden durch zwei Punkte der Kurve, wenn der zweite Punkt immer näher an den ersten rückt.

Wie groß die Steigung des Graphen einer Funktion ist, drückt die Ableitung der Funktion aus. Sie beschreibt die Änderungsrate des Funktionswerts in Abhängigkeit vom x-Wert.

Die Ableitung des Orts eines Körpers in Abhängigkeit von der Zeit ergibt in analoger Weise die Änderung des Orts pro Zeit, also die Geschwindigkeit des Körpers. Hier bewirkt der Grenzwert den Übergang von der Durchschnittsgeschwindigkeit zur Momentangeschwindigkeit.

Mittels Differenzialrechnung, d. h. der Berechnung der Ableitung, lassen sich besondere Punkte einer Kurve wie etwa Maxima und Minima elegant und effizient bestimmen.

A. Gründers, *Mathe übersichtlich: Von den Basics bis zur Analysis*,
https://doi.org/10.1007/978-3-662-70883-5_9

Wie bestimmst du die Steigung der Tangente in einem Punkt an eine Kurve?

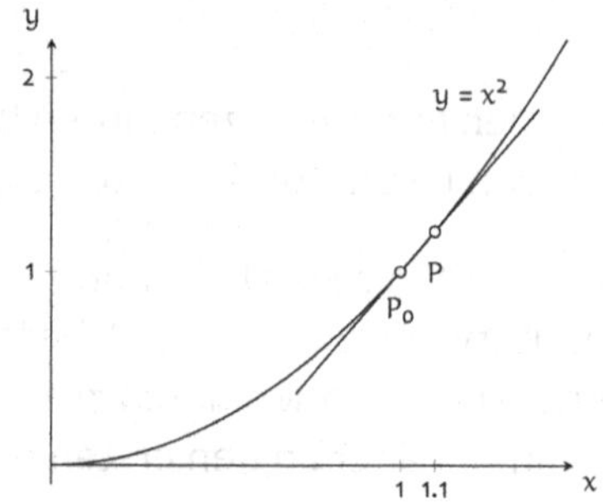

Die Tangente in einem Punkt P_0 an eine Kurve ergibt sich, wenn du die Gerade durch diesen Punkt P_0 und einen benachbarten Punkt P betrachtest und dann P immer näher an P_0 heranrückst. Als einfachen Fall betrachten wir die Normalparabel $f(x) = x^2$ und den Punkt $P_0(1, 1)$.

Als x-Wert des benachbarten Punkts P wählen wir $x = 1 + h$.

$x_P = 1 + h$ (oben ist $h = 0{,}1$)
Je kleiner h, desto näher P an P_0.

Den y-Wert des Punkts P erhältst du durch Einsetzen in die Funktionsgleichung.

$$y_P = x_P^2 = (1 + h)^2$$

Die Steigung der Geraden durch $P_0(1, 1)$ und den Punkt $P(1+h, (1+h)^2)$ berechnest du aus dem Verhältnis der Differenz der y-Werte zu der Differenz der x-Werte.

$$\frac{\Delta y}{\Delta x} = \frac{y_P - y_0}{x_P - x_0} = \frac{(1 + h)^2 - 1}{(1 + h) - 1}$$
$$= \frac{1 + 2h + h^2 - 1}{h} = \frac{2h + h^2}{h} = 2 + h$$

Für den Grenzwert $h \to 0$ ergibt sich die Steigung der Tangente an der Stelle $x = 1$.

$$\lim_{h\to 0} (2 + h) = 2$$

Man schreibt $f'(x)$ für die Steigung der Tangente im Punkt $P(x, f(x))$ und nennt $f'(x)$ die Ableitung.

$$f'(1) = \lim_{h\to 0} \frac{f(1 + h) - f(1)}{h} = 2$$

Analog zu $x = 1$ kannst du die Ableitung an einer beliebigen Stelle x berechnen.

$$f'(x) = \lim_{h\to 0} \frac{f(x + h) - f(x)}{h}$$
$$= \lim_{h\to 0} \frac{(x + h)^2 - x^2}{h}$$
$$= \lim_{h\to 0} \frac{x^2 + 2xh + h^2 - x^2}{h}$$
$$= \lim_{h\to 0} \frac{2xh + h^2}{h} = \lim_{h\to 0} (2x + h) = 2x$$

Was bedeutet die Ableitung?

Die Ableitung einer Funktion $f(x)$ an einer Stelle x gibt die Steigung der Tangente an den Graphen der Funktion in dem Punkt $P(x, f(x))$ an.

$f'(x)$ = Steigung der Tangente bei x

Wenn $f(x) = x^2$,
dann $f'(x) = 2x$, $f'(1) = 2$.

Die Steigung der Tangente ist die lokale Änderungsrate des Funktionswerts in Abhängigkeit von der unabhängigen Variablen.

$y = f(x) = x^2$ ändert sich bei $x = 1$ mit der Änderungsrate $f'(1) = 2$: Wenn sich x von 1 um 0,01 zu 1,01 ändert, dann ändert sich x^2 um $\approx f'(1) \cdot 0{,}01 = 0{,}02$.

Für die lokale Änderungsrate $f'(x)$ schreibt man auch dy/dx. Das „d" steht für Differenzial.

$$\frac{dy}{dx} = f'(x)$$

Die Einheit der Ableitung (durch eckige Klammern notiert) ergibt sich als Quotient der Einheit des Funktionswerts und der Einheit der unabhängigen Variablen.

$$\left[\frac{dy}{dx}\right] = \frac{[dy]}{[dx]} = \frac{[y]}{[x]}$$

Bei der Steigung der Kurve ist die Einheit von y und von x gleich, daher ist die Ableitung dimensionslos.

$$[y] = \text{cm}, [x] = \text{cm}, \frac{[dy]}{[dx]} = \frac{\text{cm}}{\text{cm}} = 1$$

Wenn die Funktion den Ort $s(t)$ eines Objekts in Abhängigkeit von der Zeit beschreibt, gibt die Ableitung $s'(t) = v(t)$ die Geschwindigkeit an. Die Einheit ist m/s.

$$[s] = \text{m}, [t] = \text{s}, \frac{[ds]}{[dt]} = \frac{\text{m}}{\text{s}} = [v]$$

Wenn du $s(t)$ mit korrekten Einheiten gegeben hast, sodass sich nach Einsetzen von t in Sekunden eine Länge in Meter ergibt, dann ergibt sich auch für die Ableitung die richtige Einheit in Meter pro Sekunde.

$$s(t) = 100\,\text{m} - 5\frac{\text{m}}{\text{s}^2}t^2$$

$$v(t) = s'(t) = -10\,\frac{\text{m}}{\text{s}^2}t$$

$$v(1\,\text{s}) = s'(1\,\text{s}) = -10\,\frac{\text{m}}{\text{s}}$$

Wann ist eine Funktion differenzierbar?

Eine Funktion ist an einem Punkt x aus ihrem Definitionsbereich differenzierbar, wenn die Ableitung, d. h. der Differenzialquotient als Grenzwert des Differenzenquotienten, existiert.

Dazu muss der Limes des Differenzenquotienten $\frac{f(x+h)-f(x)}{h}$ für jede Folge $h \to 0$ existieren.

Aus der Differenzierbarkeit folgt die Stetigkeit, aber nicht umgekehrt. Es gibt stetige Funktionen, die nicht differenzierbar sind, wie etwa $f(x) = |x|$ bei $x = 0$. Der Graph der Funktion $f(x) = |x|$ hat bei $x = 0$ einen Knick, die Ableitung existiert nicht.

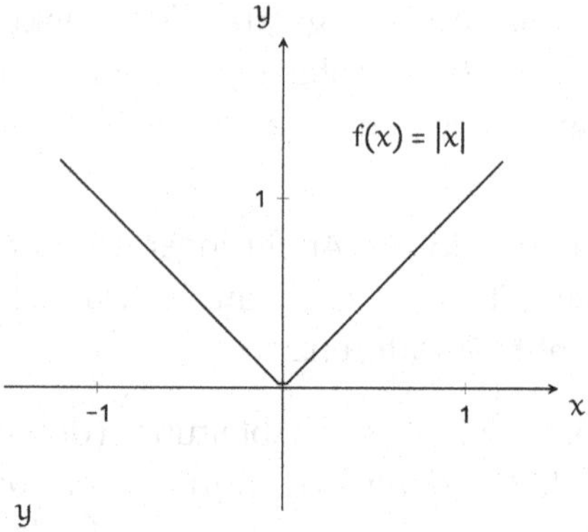

Die Funktion $f(x) = \sqrt{x}$ ist an der Stelle $x = 0$ nicht differenzierbar, da der Grenzwert des Differenzialquotienten nicht existiert. Es gilt

$$f'(0) = \lim_{h \to 0} \frac{\sqrt{h} - 0}{h} = \infty.$$

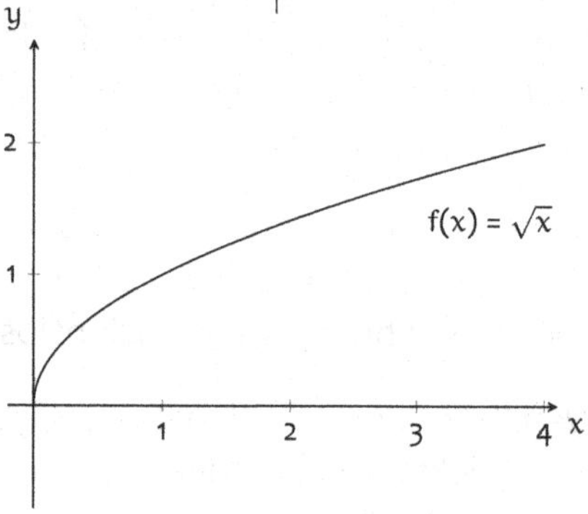

Es gibt auch kompliziertere Beispiele für Nichtdifferenzierbarkeit als einen einfachen Knick oder dass die Ableitung gegen ∞ geht.

$$f(x) = \begin{cases} x \sin(\frac{1}{x}) & \text{für } x \neq 0 \\ 0 & \text{für } x = 0 \end{cases}$$

ist bei $x = 0$ stetig,
aber nicht differenzierbar.

Äquivalent zur Definition über die Existenz des Differenzialquotienten ist die lokale lineare Approximierbarkeit.

$f(x)$ ist für $x = x_0$ differenzierbar, wenn für $h \to 0$ gilt, dass es eine Zahl $m \in \mathbb{R}$ gibt, sodass $f(x_0 + h) = f(x_0) + m\,h + r(h)$, wobei der Rest $r(h)$ schneller als linear gegen null geht: $r(h)/h \to 0$ für $h \to 0$.

Wie leitest du Potenzfunktionen ab?

Analog zur Ableitung von $y = x^2$ kann man auch die Ableitung von $y = x^3$ berechnen.

$$y = f(x) = x^3$$

$$f'(x) = \lim_{h\to 0} \frac{(x+h)^3 - x^3}{h}$$

$$= \lim_{h\to 0} \frac{x^3 + 3x^2h + 3xh^2 + h^3 - x^3}{h}$$

$$= \lim_{h\to 0} \frac{3x^2h + 3xh^2 + h^3}{h}$$

$$= \lim_{h\to 0} (3x^2 + 3xh + h^2)$$

$$= 3x^2$$

Dies lässt sich auf beliebiges $n \in \mathbb{N}$ verallgemeinern und gilt sogar für beliebige reelle Exponenten.

$$y(x) = x^n$$

$$y'(x) = nx^{n-1}$$

Zwei wichtige Beispiele ergeben sich für die Exponenten -1 und 1/2.

$$y = f(x) = x^{-1} = \frac{1}{x}$$

$$y' = f'(x) = -1 \cdot x^{-1-1} = -x^{-2} = -\frac{1}{x^2}$$

$$y(x) = x^{1/2} = \sqrt{x}$$

$$y'(x) = \frac{1}{2}x^{1/2-1} = \frac{1}{2}x^{-1/2} = \frac{1}{2\sqrt{x}}$$

Die Ableitungsregel gilt für alle Exponenten.

$$f(x) = \sqrt[3]{x} = x^{\frac{1}{3}}$$

$$f'(x) = \frac{1}{3}x^{\frac{1}{3}-1} = \frac{1}{3}x^{-\frac{2}{3}} =$$

$$= \frac{1}{3x^{\frac{2}{3}}} = \frac{1}{3\sqrt[3]{x^2}}$$

$$f(x) = x^{-0{,}45}$$

$$f'(x) = -0{,}45\, x^{-1{,}45}$$

Beachte, dass sich als Ableitung einer Potenzfunktion kein Exponent -1 ergeben kann, da dazu $n - 1 = -1$ sein müsste, d. h. $n = 0$, dann ist aber $nx^{n-1} = 0$.

Wenn wir später die Ableitung umkehren und Funktionen suchen, die eine vorgegebene Ableitung haben, wird dies wichtig sein.

Wie leitest du zusammengesetzte Funktionen ab?

Die Ableitung der Summe bzw. Differenz von Funktionen ist einfach die Summe bzw. Differenz der Ableitungen.

$f(x) = x^2 \Rightarrow f'(x) = 2x$
$g(x) = x^3 \Rightarrow f'(x) = 3x^2$
$h(x) = x^2 + x^3$
$\Rightarrow h'(x) = 2x + 3x^2$

Allgemein:
$((f(x) + g(x))' = f'(x) + g'(x)$

Wenn eine Funktion mit einer Konstanten multipliziert ist, kannst du einfach die Funktion ableiten und mit der Konstanten multiplizieren.

$f(x) = x^2 \Rightarrow f'(x) = 2x$
$f(x) = 3x^2 \Rightarrow f'(x) = 6x$

Allgemein: $(af(x))' = af'(x)$

Das liegt daran, dass du den Faktor bei der Limesbildung vor den Limes ziehen kannst.

$$(af(x))' = \lim_{h \to 0} \frac{af(x+h) - af(x)}{h} =$$
$$= a \lim_{h \to 0} \frac{f(x+h) - f(x)}{h} = af'(x)$$

Ganz wichtig ist, dass das nur dann geht, wenn der Faktor eine Konstante, also eine feste Zahl ist. Wenn zwei Funktionen miteinander multipliziert sind, brauchst du die Produktregel, die später kommt.

Wenn du beide Regeln zusammennimmst, kannst du Funktionen der Form $af(x) \pm bg(x)$ ableiten.

$$(af(x) + bg(x))' = af'(x) + bg'(x)$$

Damit kannst du nun beliebige Polynome ableiten. Die Ableitung eines Polynoms n-ten Grades ist ein Polynom $(n-1)$-ten Grades.

$$p(x) = \sum_{i=0}^{n} a_i x^i = a_0 + a_1 x + \cdots + a_n x^n$$
$$\Rightarrow p'(x) = \sum_{i=0}^{n} i a_i x^{i-1} =$$
$$= a_1 + 2a_2 x + \cdots + n x^{n-1}$$

Wie groß ist die Steigung der Exponentialfunktion bei $x = 0$?

Die Steigung einer Exponentialfunktion an einer beliebigen Stelle können wir auf die Steigung an der Stelle $x = 0$ zurückführen.

Für $f(x) = a^x$:

$$f'(x) = \lim_{h\to 0} \frac{f(x+h) - f(x)}{h} =$$

$$\lim_{h\to 0} \frac{a^{x+h} - a^x}{h} = \lim_{h\to 0} \frac{a^x a^h - a^x}{h}$$

$$= a^x \lim_{h\to 0} \frac{a^h - 1}{h} = a^x f'(0)$$

Wir betrachten nun die Steigung bei $x = 0$.

$$f'(0) = \lim_{h\to 0} \frac{a^h - 1}{h}$$

Wenn man diesen Grenzwert für $a = 2$ numerisch berechnet, findet man eine Zahl ungefähr 0,6931472.

$$\frac{2^{0,1} - 1}{0,1} \approx 0{,}718, \quad \frac{2^{0,01} - 1}{0,01} \approx 0{,}696$$

$$\lim_{h\to 0} \frac{2^h - 1}{h} = 0{,}6931472\ldots$$

Für $a = 3$ erhält man analog eine Zahl, die etwas größer als 1 ist.

$$\lim_{h\to 0} \frac{3^h - 1}{h} = 1{,}0986123\ldots$$

Die Graphen der Funktionen 2^x und 3^x haben also bei $x = 0$ eine Steigung, die kleiner bzw. größer als 1 ist.

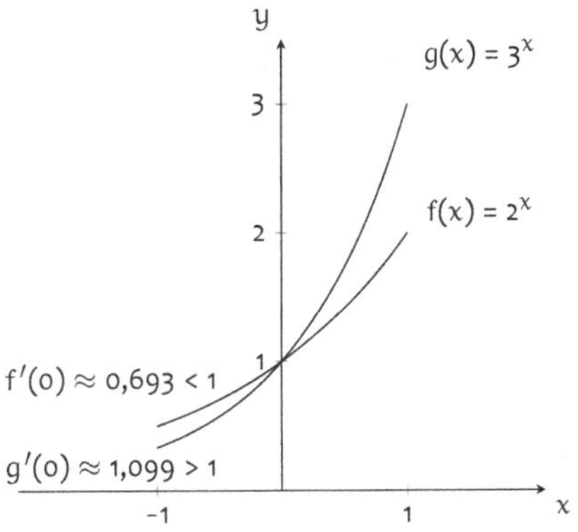

Es liegt die Vermutung nahe und man kann beweisen, dass es eine eindeutige Zahl zwischen 2 und 3 gibt, bei der die Steigung genau 1 ist.

Wir nennen diese Zahl Euler'sche Zahl e. Sie ist ungefähr 2,718281828.

Was ist an der Exponentialfunktion mit Steigung 1 bei $x = 0$ besonders?

Die Basis, bei der die Exponentialfunktion für $x = 0$ die Steigung 1 hat, nennen wir e. Sie ist durch den entsprechenden Grenzwert definiert.

$$\lim_{h \to 0} \frac{e^h - 1}{h} = 1$$

Wir lösen nach e auf, indem wir den Ausdruck, von dem der Grenzwert genommen wird, rein formal umformen. Wir verzichten auf den Beweis der Richtigkeit.

$$e = \lim_{h \to 0} (1 + h)^{1/h}$$

Wir setzen nun $n = 1/h$ und betrachten somit statt $h \to 0$ den Grenzwert $n \to \infty$.

$$e = \lim_{n \to \infty} \left(1 + \frac{1}{n}\right)^n$$

Der Grenzwert dieser Folge ist e.

$$\left(1 + \frac{1}{2}\right)^2 = 2{,}25$$
$$\left(1 + \frac{1}{10}\right)^{10} = 2{,}5937\ldots$$
$$\left(1 + \frac{1}{100}\right)^{100} = 2{,}7048\ldots$$
$$e = \lim_{n \to \infty} \left(1 + \frac{1}{n}\right)^n = 2{,}71828\ldots$$

Die Funktion hat bei $x = 0$ die Steigung 1, und noch viel mehr, sie hat (s. letzte Seite, oben) an jeder Stelle die Steigung, die ihrem Funktionswert entspricht. Dies ergibt sich aus oben stehender Gleichung für e.

$$f(x) = e^x \Rightarrow f'(0) = 1$$
$$f'(x) = e^x = f(x)$$

Die Funktion ist ihre eigene Ableitung! Man kann zeigen, dass es bis auf eine multiplikative Konstante die einzige Funktion ist, die ihre eigene Ableitung ist.

$$y'(x) = y(x)$$
$$\Rightarrow y(x) = ce^x, c \in \mathbb{R}$$

Wie kann man die e-Funktion noch schreiben?

Die definierende Gleichung für e kann man mit dem binomischen Satz auch als Reihe schreiben. Wir zeigen es nicht im Detail.

$$e = \lim_{n\to\infty}\left(1+\frac{1}{n}\right)^n$$

mit $(1+x)^n = \sum_{k=0}^{n}\binom{n}{k}x^k$, $x = \frac{1}{n}$ und $n \to \infty$

$$e = 1 + \frac{1}{1!} + \frac{1}{2!} + \frac{1}{3!} + \ldots = \sum_{k=0}^{\infty}\frac{1}{k!}$$

Für e^x kann man ähnlich vorgehen. Wir formen dazu erst e^x um.

$$e^x = \lim_{n\to\infty}\left(1+\frac{1}{n}\right)^{nx}$$

Setze $m = nx$, $n = \frac{m}{x}$, dann geht mit n auch $m \to \infty$ und es folgt

$$e^x = \lim_{m\to\infty}\left(1+\frac{x}{m}\right)^m.$$

Wenn man dann ähnlich wie oben wieder den binomischen Satz anwendet, kommt man zur Reihendarstellung der Exponentialfunktion.

$$f(x) = e^x = 1 + \frac{x}{1!} + \frac{x^2}{2!} + \frac{x^3}{3!} + \frac{x^4}{4!} + \ldots$$

$$= \sum_{n=0}^{\infty}\frac{x^n}{n!}$$

Auch an dieser Darstellung siehst du, dass die Ableitung der Funktion $f(x) = e^x$ wieder sie selbst ergibt. Jedes Reihenglied gibt abgeleitet das davor. Da es unendlich viele Summanden sind, ergibt sich genau der gleiche Ausdruck.

$$f(x) = e^x = 1 + \frac{x}{1!} + \frac{x^2}{2!} + \frac{x^3}{3!} + \frac{x^4}{4!} + \ldots$$

$$\begin{aligned} f'(x) &= 1 + \frac{2x}{2!} + \frac{3x^2}{3!} + \frac{4x^3}{4!} + \ldots \\ &= 1 + \frac{x}{1!} + \frac{x^2}{2!} + \frac{x^3}{3!} + \ldots \\ &= e^x \\ &= f(x) \end{aligned}$$

Inwiefern ist die Ableitung eine Linearisierung?

Die Tangente ist eine Gerade, d. h., wenn du eine Funktion an einer Stelle durch ihre Tangente annäherst, hast du sie linearisiert.

$f(x) = x^2$ nahe bei $x = 1$:
Setze $x = 1 + h$ mit kleinem $h = x - 1$:
$$f(1+h) = (1+h)^2 = \underbrace{1 + 2h}_{\text{Linearisierung}} + h^2$$

Die Linearisierung ist eine Näherung der Funktion an einer Stelle (hier 1), bei der nur der Funktionswert an der Stelle und die lineare Änderung in Abhängigkeit von der Differenz der x-Werte (hier h) berücksichtigt wird. Quadratische Terme (proportional zu h^2) und weitere nichtlineare Terme werden vernachlässigt.

$$f(x) = f(1+h) \approx \underbrace{1}_{\text{Funktionswert}} + \underbrace{2h}_{\text{linearer Term}}$$

Diese Terme, die für $h \to 0$ schneller gegen 0 gehen als h, bezeichnen wir mit $o(h)$.

$$f(x) = f(1+h) = 1 + 2h + o(h)$$

Diese höheren Terme werden für kleines $h = x - 1$, also in der Umgebung des betrachteten x-Werts 1, sehr klein.

Wenn $h = 0{,}1$ dann ist
$h^2 = 0{,}01$ und
$h^3 = 0{,}001$.

Für kleines h ist die Linearisierung (bei differenzierbaren Funktionen) daher eine gute Näherung.

$(1+h)^2 \approx 1 + 2h$
$1{,}1^2 \approx 1{,}2$ (exakt: $1{,}21$)
$1{,}01^2 \approx 1{,}02$ (exakt: $1{,}0201$)

Der Koeffizient vor h in der Linearisierung ist gerade die Ableitung, die Steigung der Tangente, die angibt, wie stark sich die Funktion an der Stelle in linearer Näherung ändert.

$f(x) = x^2$, für $x = 1$:
$$(1+h)^2 = \underbrace{1}_{f(1)} + \underbrace{2}_{f'(1)} h + o(h)$$

Für eine allgemeine Stelle x_0:
$$(x_0+h)^2 = \underbrace{x_0^2}_{f(x_0)} + \underbrace{2x_0}_{f'(x_0)} h + o(h)$$
mit $f'(x_0) = 2x_0$, d. h. $f'(x) = 2x$.

Dies gilt auch allgemein.

$$f(x+h) = f(x) + hf'(x) + o(h)$$

Wie kannst du nutzen, dass die Ableitung die Linearisierung ist?

Wenn du also eine lineare Näherung einer Funktion angeben kannst, kannst du die Ableitung direkt ablesen.

$$f(x) = x^3$$

$$(x_0 + h)^3 = \underbrace{x_0^3}_{f(x_0)} + \underbrace{3x_0^2}_{f'(x_0)} h + o(h)$$

Somit: $f'(x_0) = 3x_0^2$, d. h. $f'(x) = 3x^2$

Die Variable h steht für die Abweichung des x-Werts von der betrachteten Stelle ($x_0 = 1$). Statt h kann man auch $\Delta x = x - x_0$ oder auch dx schreiben.

Man nennt das dx Differenzial und kann es als lineare Abbildung auffassen (führt dann zu Differenzialformen) oder auch als infinitesimale Zahl (keine reelle Zahl, aber hyperreelle Zahl). Beides führt hier zu weit.

Wenn du dx schreibst, lässt du die höheren Terme weg.

$$(x + dx)^3 = x^3 + 3x^2dx$$

Das geht auch für eine beliebige (differenzierbare) Funktion.

$$f(x + dx) = f(x) + f'(x)dx$$

Du kannst dann die Änderung in y auch als dy schreiben.

$$y + dy = f(x + dx) = \underbrace{f(x)}_{y} + \underbrace{f'(x)dx}_{dy}$$

Wenn du formal durch dy dividierst, erhältst du eine neue Schreibweise für die Ableitung, die manchmal Vorteile hat, aber mit Vorsicht zu verwenden ist. Es ist kein Bruch im üblichen Sinne.

$$dy = f'(x)\,dx$$

$$\frac{dy}{dx} = f'(x)$$

Wie leitest du ein Produkt ab?

Die Ableitung des Produkts zweier Funktionen ist die erste Funktion abgeleitet mal die zweite plus die erste mal die zweite Funktion abgeleitet.

$$(uv)' = u'v + uv'$$

$$f(x) = \underbrace{x^2}_{u}\,\underbrace{e^x}_{v}$$

d. h. $u = x^2, v = e^x$,
somit $u' = 2x, v' = e^x$,

$$f'(x) = \underbrace{2x}_{u'}\,\underbrace{e^x}_{v} + \underbrace{x^2}_{u}\,\underbrace{e^x}_{v'}.$$

Das kannst du verstehen, indem du die Änderung des Produkts zweier Funktionen bis in erster Ordnung von h betrachtest. Wir schreiben ab der dritten Zeile u statt $u(x)$ etc.

$$u(x + h)\,v(x + h)$$
$$= (u(x)+hu'(x))\,(v(x)+hv'(x))+o(h)$$
$$= uv + (\underbrace{u'v + uv'}_{(uv)'})\,h + \underbrace{u'v'\,h^2}_{o(h)}$$

Du kannst es auch verstehen, indem du das Produkt $u(x)v(x)$ als Fläche interpretierst und dir überlegst, wie sich die Fläche in erster Ordnung verändert.

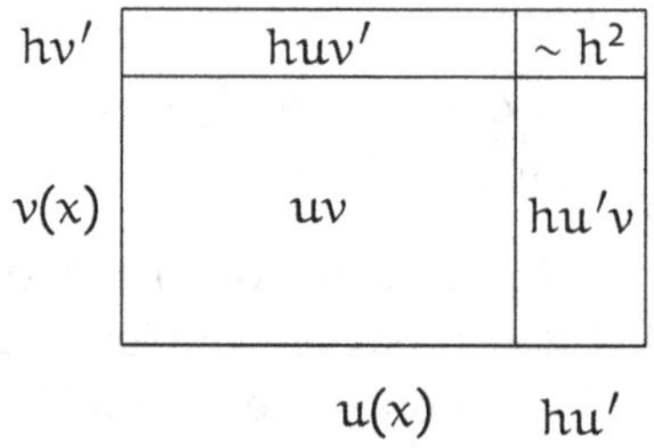

Flächenänderung in erster Ordnung: $(u'v + uv')h$

Du kannst die Produktregel auch mit Differenzialen schreiben.

$$d(uv) = udv + vdu$$

$$u = x^2, du = 2xdx$$
$$v = e^x, dv = e^x dx$$

$$d(x^2e^x) = x^2e^x dx + e^x 2x dx =$$
$$= (x^2 + 2x)e^x dx$$

Wie leitest du einen Quotienten ab?

Die Ableitung des Quotienten zweier Funktionen ist der Zähler abgeleitet mal der Nenner minus der Zähler mal der Nenner abgeleitet und das Ganze durch den Nenner im Quadrat dividiert.

$$\left(\frac{u}{v}\right)' = \frac{u'v - uv'}{v^2}$$

$$y(x) = \frac{x}{1+x^2}$$

d. h. $u = x, v = 1 + x^2$,
somit $u' = 1, v' = 2x$,

$$y'(x) = \frac{1 \cdot (1+x^2) - 2x \cdot x}{(1+x^2)^2}$$

$$= \frac{1-x^2}{(1+x^2)^2}.$$

Diese Quotientenregel kann man ähnlich herleiten wie die Produktregel.

Den Bruch, den du erhältst, erweiterst du geschickt so, dass im Nenner kein in h linearer Term mehr auftaucht, sondern nur noch ein quadratischer Term h^2, den du für die Bestimmung der Ableitung (Änderung in erster Ordnung von h) weglassen kannst. Wir schreiben ab der zweiten Zeile u statt $u(x)$ etc.

$$\frac{u(x+h)}{v(x+h)} = \frac{u(x) + hu'(x)}{v(x) + hv'(x)}$$

$$= \frac{(u+hu'))(v-hv')}{(v+hv')(v-hv')}$$

$$= \frac{uv + h(u'v - uv') - h^2u'v'}{v^2 - h^2v'^2}$$

$$= \frac{uv + h(u'v - uv')}{v^2} + o(h)$$

$$= \frac{u}{v} + h\underbrace{\frac{u'v - uv'}{v^2}}_{\left(\frac{u}{v}\right)'} + o(h)$$

Der lineare Term ist die Ableitung und liefert dir die Quotientenregel.

$$\left(\frac{u}{v}\right)' = \frac{u'v - uv'}{v^2}$$

Was ist eine verkettete Funktion?

Bei einer verketteten Funktion sind zwei Funktionen ineinander geschachtelt, man berechnet erst eine Funktion, wendet auf ihren Wert (z für Zwischenergebnis) dann die zweite Funktion an.

Berechne aus x erst $x^2 (= z)$,
dann Sinus: $\sin(z) = \sin(x^2)$.

Du erhältst dann $y(x) = \sin(x^2)$.
$\sin(x^2)$ ist eine verkettete Funktion.

Man bezeichnet die Funktion, die man zuerst berechnet, als innere Funktion (da sie oft innen, in Klammern steht), die Funktion, die man als zweites berechnet, als äußere Funktion.

Bei $y(x) = \sin(x^2)$:
inn. Fkt.: $g(x) = x^2$
äuß. Fkt.: $f(z) = \sin(z) = \sin(x^2)$

$y(x) = f(g(x))$
g: innere Funktion
f: äußere Funktion

Achtung: Die Funktion, die man als erstes berechnet, steht in Leserichtung als zweites (weiter rechts).

Bei $f(g(x))$ berechnet man zunächst $g(x)$, dann f davon.

Es kommt im Allgemeinen auf die Reihenfolge an.

$\sin(x^2) \neq (\sin(x))^2$

Immer wenn unter einer Wurzel oder als Argument einer Funktion nicht nur ein schlichtes x steht, sondern ein Ausdruck von x, also eine Funktion von x, handelt es sich um eine verkettete Funktion.

Verkettete Funktionen:

$\sqrt{x+1}$ innere Funktion: $x + 1$

$\ln(2x)$ innere Funktion: $2x$

$\frac{1}{x^2+1}$ innere Funktion: $x^2 + 1$

Verkettete Funktionen treten häufig in Anwendungen auf, wenn etwa die Kraft auf einen Körper vom Ort des Körpers abhängt, dieser aber wiederum von der Zeit.

$F(x(t))$

Kraft F hängt vom Ort x ab,
Ort x hängt von der Zeit t ab.

Wie bestimmst du die Ableitung einer verketteten Funktion?

Die Ableitung einer verketteten Funktion bestimmst du, indem du erst die innere Funktion ableitest und dann mit der Ableitung der äußeren Funktion multiplizierst (und dabei die innere Funktion einfach übernimmst).

$$(\sin(x^2))' = \underbrace{2x}_{\text{Ableitung von } x^2} \cdot \underbrace{\cos}_{\text{Ableitung von sin}} (x^2)$$

Dies ist die Kettenregel: Ableitung einer verketteten Funktion ist gleich innere Ableitung mal äußere Ableitung.

$$f(g(x))' = g'(x)f'(g(x))$$

Du kannst die Kettenregel verstehen, indem du die Linearisierung betrachtest. Wenn du $y(x) = f(g(x))$ linearisierst, d. h. in erster Ordnung von dx betrachtest, musst du erst die Funktion g an der Stelle x linearisieren, dann die Funktion f an der Stelle $g(x)$, wobei das h dann ein anderes ist, wir bezeichnen es mit $\tilde{h}$. Wenn du bei dem Ergebnis den Koeffizienten zu dem h abliest (=Ableitung), erhältst du die Kettenregel.

$$f(g(x+h)) = f(g(x)+hg'(x)+o(h)) =$$
$$= f(g(x)+\tilde{h})+o(h) \quad \text{mit } \tilde{h} = hg'(x)$$
$$= f(g(x)) + \tilde{h}f'(g(x)) + o(h)$$
$$= f(g(x)) + h\,\underbrace{g'(x)f'(g(x))}_{(f(g(x))'} + o(h)$$

Du kannst dir die Kettenregel auch mit der dy/dx-Schreibweise merken.

$$y = f(g(x))$$
$$y' = \frac{dy}{dx} = \frac{d\,f(g(x))}{dx} = \frac{df}{dx} = \frac{df}{dg}\frac{dg}{dx}$$

Wenn du eine mehrfach verkettete Funktion hast, arbeitest du dich von innen nach außen vor und multiplizierst die jeweiligen Ableitungen.

$$f(g(h(x)))' =$$
$$= h'(x)\,g'(h(x))\,f'(g(h(x)))$$
$$\left(\sin\left(e^{x^2}\right)\right)' = 2x\,e^{x^2}\cos\left(e^{x^2}\right)$$

Wie leitest du Exponentialfunktionen ab?

Die Exponentialfunktion mit allgemeiner Basis a^x kannst du mit den Regeln zur Potenzrechnung in eine Exponentialfunktion zur Basis e umschreiben.

$$a^x = (e^{\ln(a)})^x = e^{x\ln(a)}$$

Es ist eine verkettete Funktion, deren Ableitung du mit der Kettenregel berechnen kannst.

$$f(x) = e^{x\ln(a)}$$
$$f'(x) = \ln(a)e^{x\ln(a)} = \ln(a)a^x$$

Die Steigung der Exponentialfunktion a^x an der Stelle $x = 0$ ist also gerade der natürliche Logarithmus von a.

$$f'(0) = \ln(a)$$

Hier erkennst du wieder, dass die Funktion e^x bei $x = 0$ die Steigung 1 hat und alle Exponentialfunktionen a^x mit $a < e$ eine Steigung kleiner als 1 haben und alle mit $a > e$ eine Steigung größer als 1.

$$f(x) = e^x \Rightarrow f'(0) = 1$$
$$f(x) = 2^x \Rightarrow f'(0) = 0{,}693\ldots < 1$$
$$f(x) = 3^x \Rightarrow f'(0) = 1{,}099\ldots > 1$$

s. vorne

Vorhin hast du schon gesehen, dass die Exponentialfunktion e^x besonders ist, da sie sich nicht verändert, wenn du sie ableitest. Man gibt ihr oft einen eigenen Namen, $\exp(x)$.

$$\exp(x) = e^x$$
$$(\exp(x))' = \exp(x)$$

Wie bestimmst du die Ableitung der Umkehrfunktion einer Funktion?

Der Graph der Umkehrfunktion ist der Graph der ursprünglichen Funktion an der Winkelhalbierenden $y = x$ gespiegelt.

Damit kannst du die Ableitung der Umkehrfunktion bestimmen. Ich zeige dir das am Beispiel der Ableitung von $\ln(x)$ an der Stelle $x = e$.

Der Punkt $(e, 1)$ auf dem Graphen der Logarithmusfunktion entspricht dem Punkt $(1, e)$ auf dem Graphen der e-Funktion.

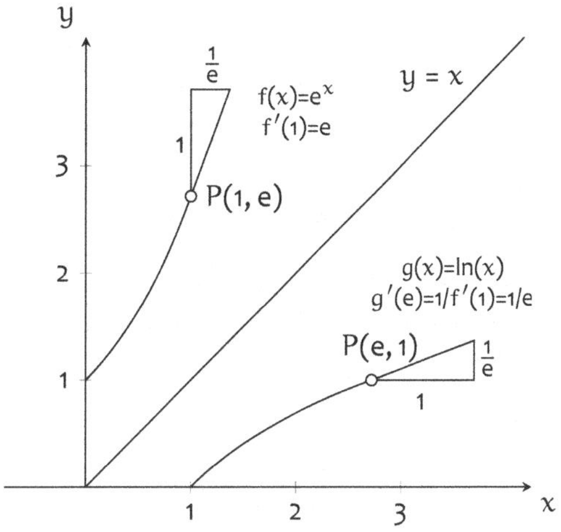

Die entsprechenden Steigungsdreiecke sind auch an der Winkelhalbierenden gespiegelt, daher sind Ankathete und Gegenkathete vertauscht und die Steigung des zweiten Dreiecks ist der Kehrwert der Steigung des ersten.

$$g'(e) = \frac{1}{e} = \frac{1}{f'(1)}$$

Dies gilt auch an einer allgemeinen Stelle.

$$g'(e^x) = \frac{1}{f'(x)}$$

$$\ln'(e^x) = \frac{1}{e^x} \Rightarrow \ln'(x) = \frac{1}{x}$$

Und analog funktioniert es auch für eine beliebige Funktion und ihre Umkehrfunktion.

$g(x)$ ist Umkehrfunktion von $f(x)$.

$$\Rightarrow g'(f(x)) = \frac{1}{f'(x)}$$

Wie bestimmst du konkret die Ableitung der Umkehrfunktion einer Funktion?

Du kannst die Ableitung der Umkehrfunktion auch mit der Kettenregel bestimmen. Wir bezeichnen die Umkehrfunktion einfachheitshalber mit g.

Definition der Umkehrfunktion g:
$g(f(x)) = x, \quad y = f(x), x = g(y)$

Leite beide Seiten ab:
$f'(x)\, g'(f(x)) = 1$

Löse nach der Ableitung g' auf:
$g'(f(x)) = \frac{1}{f'(x)}$, oder

$g'(y) = \frac{1}{f'(x)}$ oder $g'(y) = \frac{1}{f'(g(y))}$

So kannst du die Ableitung der Logarithmusfunktion bestimmen.

Die Auflösung von $y = f(x) = e^x$ ist $x = g(y) = \ln(y)$.

$$g'(y) = (\ln(y))' = \frac{1}{f'(x)} = \frac{1}{e^x} = \frac{1}{y}$$

$$\Rightarrow (\ln(x))' = \frac{1}{x}$$

Auch die Ableitung von $\ln(-x), x < 0$ ergibt (Kettenregel) $1/x$. Daher gilt $(\ln|x|)' = 1/x$.

Du kannst so auch die Umkehrfunktion der Tangensfunktion, man nennt sie Arcustangens, $\arctan(x)$, ableiten.

Die Auflösung von $y = f(x) = \tan(x)$ ist $x = g(y) = \arctan(y)$.

$$g'(y) = \frac{1}{f'(x)} = \frac{1}{\tan'(x)}$$

Ableitung von $\tan(x) = \frac{\sin(x)}{\cos(x)}$:

$$\tan'(x) = \frac{\cos(x)\cos(x)-(-\sin(x)\sin(x))}{\cos^2(x)}$$

$$= 1 + \frac{\sin^2(x)}{\cos^2(x)} = 1 + \tan^2(x)$$

Somit:

$$(\arctan(y))' = \frac{1}{\tan'(x)} =$$

$$= \frac{1}{1+\tan^2(x)} = \frac{1}{1+y^2}$$

$$\Rightarrow (\arctan(x))' = \frac{1}{1+x^2}$$

Übersicht: Funktionen und ihre Ableitungen

Hier findest du die wichtigsten einfachen Funktionen mit ihren Ableitungen und die Ableitungsregeln für zusammengesetzte Funktionen.

$y = f(x)$	$y' = f'(x)$
x^n	nx^{n-1}
e^x	e^x
$\ln(x)$	$\frac{1}{x}$
$\sin(x)$	$\cos(x)$
$\cos(x)$	$-\sin(x)$
$af(x) + bg(x)$	$af'(x) + bg'(x)$
$f(x)g(x)$	$f'(x)g(x) + f(x)g'(x)$
$\frac{f(x)}{g(x)}$	$\frac{f'(x)g(x) - f(x)g'(x)}{g^2(x)}$
$f(g(x))$	$g'(x)f(g(x))$

Die folgenden Ableitungen brauchst du nicht auswendig zu wissen, sondern kannst du dir selbst einfach herleiten:

$$(a^x)' = \left(e^{x\ln(a)}\right)' = \ln(a)e^{x\ln(a)} = \ln(a)a^x$$

$$(\log_a(x))' = \left(\frac{1}{\ln(a)}\ln(x)\right)' = \frac{1}{\ln(a)x}$$

$$(\tan(x))' = \left(\frac{\sin(x)}{\cos(x)}\right)' = \frac{\cos^2(x) + \sin^2(x)}{\cos^2(x)} = \frac{1}{\cos^2(x)}$$

Wie bestimmst du Kandidaten für Minima und Maxima?

Bei einer lokalen Minimalstelle x_{min} einer Funktion hat die Funktion ein lokales Minimum, d. h., es gibt eine Umgebung von x_{min}, sodass der Funktionswert dort überall größer ist.

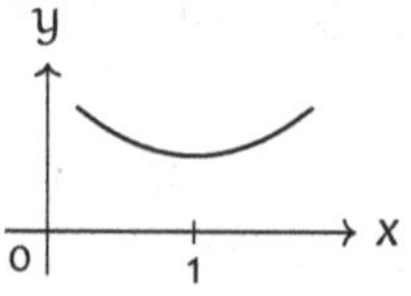

Die Funktion hat bei $x_{min} = 1$ ein Minimum.

Bei einer lokalen Maximalstelle x_{max} einer Funktion hat die Funktion ein lokales Maximum, d. h., es gibt eine Umgebung von x_{max}, sodass der Funktionswert dort überall kleiner ist.

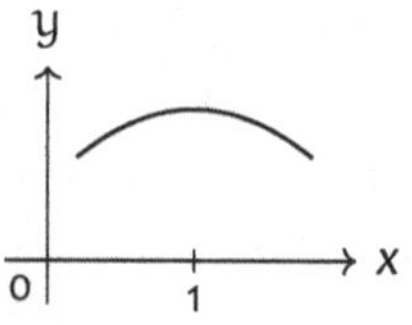

Die Funktion hat bei $x_{max} = 1$ ein Maximum.

Eine notwendige Bedingung für ein Maximum oder ein Mimimum ist, dass die Ableitung der Funktion (wenn sie existiert) gleich 0 ist.

Wenn bei einem Maximum (Min.) die Ableitung nicht 0 wäre, sondern größer als 0, dann wäre ein wenig rechts (links) davon der Funktionswert größer (kleiner), daher läge also kein Maximum (Min.) vor. Analog, wenn die Ableitung kleiner als 0 wäre, dann wäre der Funktionswert links davon etwas größer.

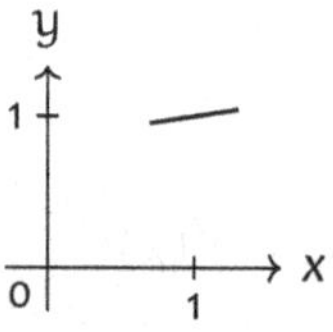

Für $f'(1) > 0$ kann $x = 1$ keine Maximalstelle sein, da für kleines $\epsilon > 0$ der Wert $f(1 + \epsilon) > f(1)$ wäre.

Allerdings ist die Bedingung, dass $f'(x) = 0$ ist, nicht hinreichend. Es kann auch $f'(x) = 0$ sein, ohne dass ein Maximum oder Minimum vorliegt. Man nennt dies einen Sattelpunkt.

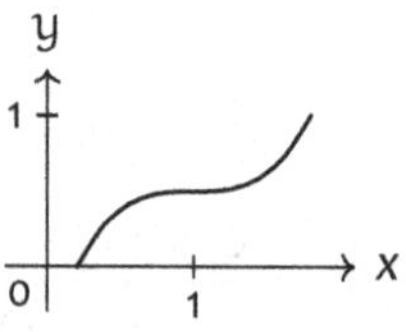

Es ist $f'(1) = 0$, aber $f(1)$ ist kein Min/Max, sondern ein Sattelpunkt.

Wie bestimmst du, ob ein Minimum oder Maximum vorliegt?

Wenn du von links nach rechts durch ein Minimum gehst, gehst du erst nach unten ($f' < 0$), ganz unten ist es eben ($f' = 0$), dann gehst du wieder nach oben ($f' > 0$).

$f'(x_0) = 0$
und $f'(x) < 0$ für $x < x_0$
und $f'(x) > 0$ für $x > x_0$
$\Rightarrow x_0$ ist Min.stelle, $f(x_0)$ Minimum

Wenn du von links nach rechts durch ein Maximum gehst, gehst du erst nach oben ($f' > 0$), ganz oben ist es eben ($f' = 0$), dann gehst du wieder nach unten ($f' < 0$).

$f'(x_0) = 0$
und $f'(x) > 0$ für $x < x_0$
und $f'(x) < 0$ für $x > x_0$
$\Rightarrow x_0$ ist Max.stelle, $f(x_0)$ Maximum

Du findest daher die möglichen Extrempunkte, indem du die Funktion ableitest und die Nullstelle(n) von $f'(x)$ bestimmst.

$f(x) = x^3 - 3x$
$f'(x) = 3x^2 - 3 = 0$
$x_{1,2} = \pm 1$

Du musst dann noch prüfen, ob $f'(x)$ an der Stelle das Vorzeichen wechselt.

Bei $x = -1$ wechselt f' von + nach -, also Max.
Bei $x = 1$ wechselt f' von - nach +, also Min.

Alternativ kannst du auch die zweite Ableitung berechnen, die die Krümmung angibt.

Wenn diese größer als 0 ist, ist die Kurve linksgekrümmt, dann liegt ein Minimum vor; bei kleiner als 0 ist die Kurve rechtsgekrümmt, dann liegt ein Maximum vor.

$f'' > 0$, also Linkskrümmung
$\Rightarrow$ Minimum

$f'' < 0$, also Rechtskrümmung
$\Rightarrow$ Maximum

Wenn die zweite Ableitung 0 ist, kannst du entweder den Vorzeichenwechsel der ersten Ableitung betrachten (s.o.) oder höhere Ableitungen.

Wenn die erste Ableitung, die ungleich null ist, eine geradzahlige Ableitung ist, liegt ein Extremum vor. Ist sie eine ungeradzahlige Ableitung, liegt ein Sattelpunkt vor.

Was sagt die zweite Ableitung aus?

Die zweite Ableitung ist einfach die erste Ableitung (die von x abhängt, also auch eine Funktion ist) nochmals abgeleitet.

$f(x) = x^2 - 2x + 2$
$f'(x) = 2x - 2$
$f''(x) = 2$

$f''(x)$ gibt also an, wie schnell an der Stelle x die Steigung der Funktion f zunimmt oder abnimmt.

Wenn die zweite Ableitung positiv ist, also die Steigung mit zunehmendem x-Wert zunimmt, dann ist der Graph der Funktion linksgekrümmt: Wenn du in Richtung positiver x-Werte fährst, musst du den Lenker nach links drehen.

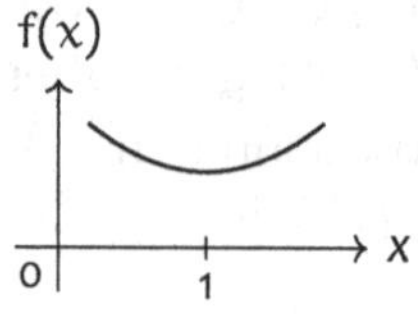

$f'' > 0$: Linkskrümmung

Wenn die zweite Ableitung negativ ist, also die Steigung mit zunehmendem x-Wert abnimmt, dann ist der Graph der Funktion rechtsgekrümmt: Wenn du in Richtung positiver x-Werte fährst, musst du den Lenker nach rechts drehen.

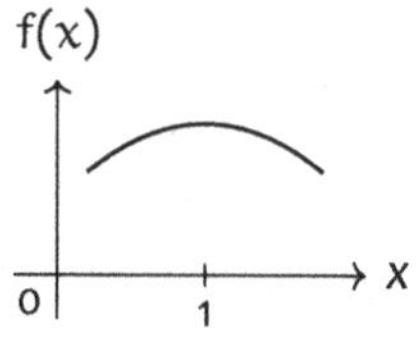

$f'' < 0$: Rechtskrümmung

Wenn die betrachtete Funktion der Ort in Abhängigkeit der Zeit ist, so ist die erste Ableitung die Änderungsrate des Orts in Abhängigkeit der Zeit, also die Geschwindigkeit.

Somit ist die zweite Ableitung die Änderungsrate der Geschwindigkeit in Abhängigkeit der Zeit, also die Beschleunigung.

Wenn man beschleunigt, ist die Beschleunigung positiv ($s''(t) > 0$), und die Geschwindigkeit nimmt zu.

Wenn man abbremst, ist die Beschleunigung negativ ($s''(t) < 0$), und die Geschwindigkeit nimmt ab.

Was sind Wendepunkte, wie bestimmst du sie?

Wenn die zweite Ableitung an einer Stelle x das Vorzeichen wechselt (also von linksgekrümmt nach rechtsgekrümmt übergeht, oder umgekehrt), sagt man, dass bei x ein Wendepunkt vorliegt.

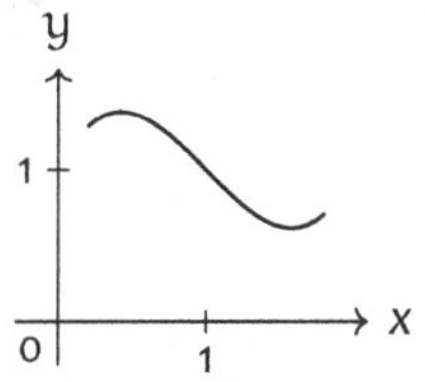

für $x < 1$: Rechtskrümmung
für $x > 1$: Linkskrümmung
bei $x = 1$: Wendepunkt

Es ist analog wie bei der ersten Ableitung. Wenn diese von positiv zu negativ bzw. von negativ zu positiv wechselt, liegt ein Extrempunkt vor (Maximum bzw. Minimum).

Bei den Wendepunkten unterscheidet man nicht zwischen den beiden Fällen.

Du findest die Wendepunkte, indem du die Funktion zweimal ableitest und die Nullstellen von $f''(x)$ bestimmst.

$f(x) = x^3 - 3x^2 + 2x + 1$
$f'(x) = 3x^2 - 6x + 2$
$f''(x) = 6x - 6 = 0 \Rightarrow x = 1$

Du musst dann noch überprüfen, ob $f''(x)$ an der Stelle das Vorzeichen wechselt, bzw. ob $f'''(x) \neq 0$ ist. Wenn $f'''(x) \neq 0$, hast du einen Wendepunkt gefunden. Wenn $f'''(x) = 0$, kann ein Wendepunkt vorliegen oder auch nicht.

$f''(1) = 0$
$f'''(1) = 6 \neq 0$
$\Rightarrow$ Wendepunkt bei $x = 1$.

Wenn die erste Ableitung nach f'', die ungleich null ist, eine ungeradzahlige Ableitung ist, liegt ein Wendepunkt vor.

Für $f(x) = x^5$ ist $f''(0) = 0$, $f'''(0) = 0$, $f^{(iv)} = 0$, $f^{(v)} = 120 \neq 0$.
$\Rightarrow$ Wendepunkt bei $x = 0$.

Übrigens bezeichnet man einen Wendepunkt mit horizontaler Tangente ($f'(x) = 0$) als Sattelpunkt.

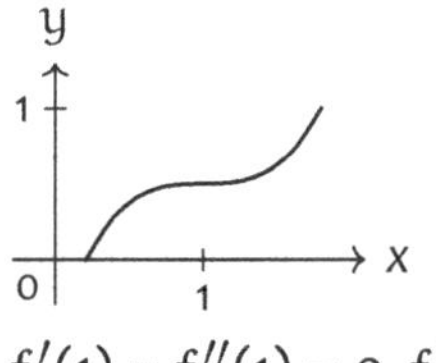

$f'(1) = f''(1) = 0$, $f'''(1) \neq 0$
$\Rightarrow$ Sattelpunkt bei $x = 1$

Warum ist das geometrische Mittel kleiner gleich dem arithmetischen Mittel (I)?

Das arithmetische Mittel zweier Zahlen ist die Zahl, die zu sich selbst addiert die Summe der beiden Zahlen ergibt, also die Hälfte der Summe.

$$\overline{a}_{arith} + \overline{a}_{arith} = a_1 + a_2$$

$$\overline{a}_{arith} = \frac{1}{2}(a_1 + a_2)$$

Das geometrische Mittel zweier Zahlen ist die Zahl, die mit sich selbst multipliziert das Produkt der beiden Zahlen ergibt, also die Wurzel des Produkts.

$$\overline{a}_{geom} \cdot \overline{a}_{geom} = a_1 \cdot a_2$$

$$\overline{a}_{geom} = \sqrt{a_1 \cdot a_2}$$

Beide Definitionen verallgemeinern sich direkt auf n Zahlen.

$$\overline{a}_{arith} = \frac{1}{n}(a_1 + a_2 + \cdots + a_n)$$

$$\overline{a}_{geom} = \sqrt[n]{a_1 a_2 \cdots a_n}$$

Für $n = 2$ kann man auf einfache Weise beweisen, dass das arithmetische Mittel mindestens so groß ist wie das geometrische.

$$0 \le \left(\sqrt{a} - \sqrt{b}\right)^2$$

$$0 \le a - 2\sqrt{a}\sqrt{b} + b$$

$$\sqrt{ab} \le \frac{a + b}{2}$$

Diese Ungleichung kann man auch geometrisch erkennen.

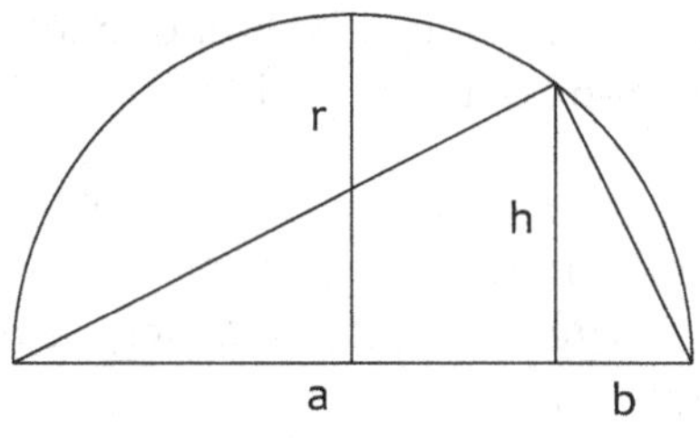

Die beiden kleinen rechtwinkligen Dreiecke mit Katheten a und h bzw. h und b sind zueinander ähnlich und somit gilt $\frac{h}{a} = \frac{b}{h}$, also ist die Höhe des großen rechtwinkligen Dreiecks $h = \sqrt{ab}$.

Der Radius des Kreises ist $r = \frac{a+b}{2}$. Da die Höhe des Dreiecks kleiner gleich dem Radius des Kreises ist, gilt also $\sqrt{ab} \le \frac{a+b}{2}$.

$$h = \sqrt{ab} \le \frac{a + b}{2} = r$$

Warum ist das geometrische Mittel kleiner gleich dem arithmetischen Mittel (II)?

Wenn man die Ungleichung für $n > 2$ beweisen will, kann man dies entweder mit vollständiger Induktion tun oder mit einer Ungleichung aus der Analysis, nämlich $e^x \geq 1 + x$.

$$e^x \geq 1 + x$$

Da die Funktion e^x linksgekrümmt ist (die zweite Ableitung e^x ist > 0 für alle $x \in \mathbb{R}$), liegt der Graph der Funktion für $x \neq 0$ stets über der Tangente $1 + x$.

Für den Beweis schätzt man $\exp(a_i/A - 1)$ nach unten ab, wobei A das arithmetische Mittel sei.

$$\exp\left(\frac{a_i}{A} - 1\right) \geq 1 + \frac{a_i}{A} - 1 = \frac{a_i}{A}$$

Dann multipliziert man diese Ungleichungen für $i = 1, \ldots, n$ miteinander.

$$\prod_{i=1}^{n} \exp\left(\frac{a_i}{A} - 1\right) \geq \prod_{i=1}^{n} \frac{a_i}{A}$$

Das Produkt von e hoch Exponent ist e hoch die Summe der Exponenten, und auf der rechten Seite kann man die von i unabhängige Konstante A aus dem Produkt herausziehen.

$$\exp\left(\sum_{i=1}^{n} \left(\frac{a_i}{A} - 1\right)\right) \geq \frac{\prod_{i=1}^{n} a_i}{A^n}$$

Die Summe auf der linken Seite ist wegen $\sum a_i = nA$ gleich null; das Produkt auf der rechten Seite ist wegen der Definition des geometrischen Mittels G gleich G^n.

$$\exp(0) \geq \frac{G^n}{A^n}$$

Somit ist bewiesen, dass das geometrische Mittel G kleiner gleich dem arithmetischen Mittel A ist.

$$G \leq A$$

$$\sqrt[n]{a_1 a_2 \cdots a_n} \leq \frac{a_1 + a_2 + \cdots + a_n}{n}$$

Ersetzt man a_i durch $1/a_i$, so erhält man, dass das harmonische Mittel H (Kehrwert des arithmetischen Mittels der Kehrwerte) kleiner gleich dem geometrischen Mittel ist.

$$H = \frac{n}{\frac{1}{a_1} + \frac{1}{a_2} + \ldots + \frac{1}{a_n}}$$

$$H \leq G \leq A$$

Übersicht: Bestimmung von Extremwerten und Wendepunkten

Bei beliebig häufig differenzierbaren Funktionen bestimmst du Extremwerte und Wendepunkte im Inneren des Definitionsbereichs wie folgt:

Kriterien für Extremwerte
notwendig $f'(x_0) = 0$, $f''(x_0) > 0$: Minimum $f''(x_0) < 0$: Maximum $f''(x_0) = 0$ und $f'''(x_0) \neq 0$: Sattelpunkt
notwendig und hinreichend • f' wechselt das Vorzeichen bei x_0 von + nach - : Max; von - nach + : Min • Die erste Ableitung $f^{(k)}$, die ungleich 0 ist, hat gerades k. $f^{(k)} > 0$: Min, $f^{(k)} < 0$: Max Wenn $f'(x_0) = 0$ und dieses k ungerade ist: Sattelpunkt.

Kriterien für Wendepunkte
notwendig $f''(x_0) = 0$, $f'''(x_0) > 0$: von rechts- nach linksgekrümmt $f'''(x_0) < 0$: von links- nach rechtgekrümmt $f'''(x_0) = 0$ und $f''''(x_0) \neq 0$: Extremwert, s.o.
notwendig und hinreichend • f'' wechselt das Vorzeichen bei x_0 von + nach - : von l- nach r-gekrümmt; von - nach + : von r- nach l-gekrümmt. • Die erste Ableitung $f^{(k)}$, die ungleich 0 ist, hat ungerades k.

Übersicht: Wie hängen die Graphen von f und f' zusammen?

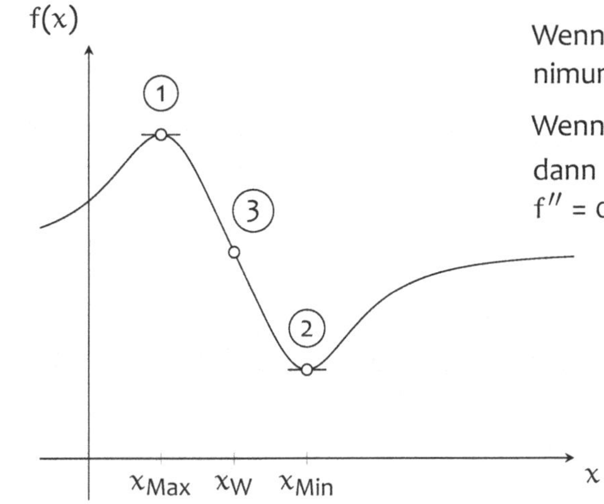

Wenn f ein Maximum (1) oder ein Minimum (2) hat, ist $f' = 0$.

Wenn f einen Wendepunkt (3) hat, dann hat f' einen Extremwert, d. h. $f'' = 0$.

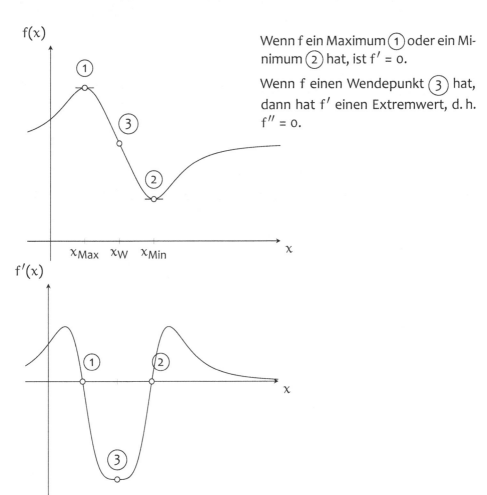

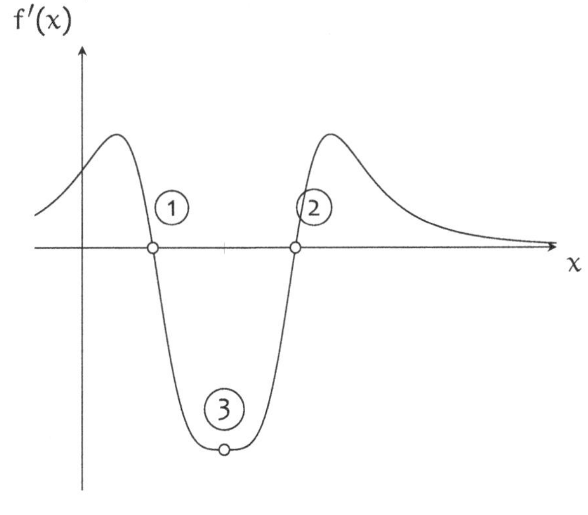

f	steigend	fallend	Maximum	Minimum	Wendepunkt
f′	> 0	< 0	= 0, fallend	= 0, steigend	Extremwert

Wie löst du Extremwertaufgaben ?(I)

Eine Extremwertaufgabe ist eine Textaufgabe, bei der eine Größe maximal (oder minimal) werden soll.

Wie muss man die Seiten eines Rechtecks mit Umfang 1 m wählen, damit die Fläche maximal ist?

- Wenn irgendwie möglich, mache eine Skizze.

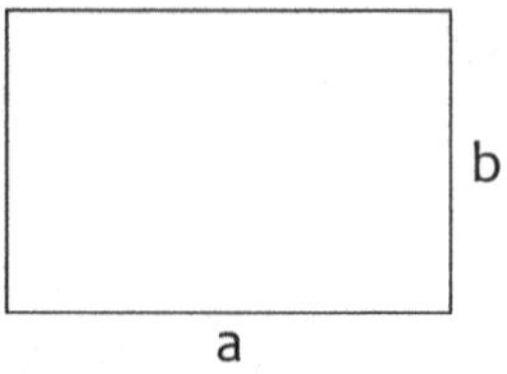

- Stelle alle Größen aus der Aufgabe und der Skizze zusammen und benenne sie. Überlege dir, in welchen Einheiten du sie angibst.

Fläche (soll maximal werden): F
Umfang (gegeben): U
Seitenlängen (aus Skizze) a, b
Längen in m, Flächen in m^2

- Überlege, welche Größe maximal werden soll und stelle eine Gleichung für sie auf, die zeigt, von welchen Größen sie abhängt.

F soll maximal werden.
$F = a \cdot b$

- Wenn sie von zwei (oder mehr) Größen abhängt, überlege dir, wie diese Größen unter sich voneinander abhängen, man nennt das die Nebenbedingung.

Umfang $U = 1$
$U = a + b + a + b = 2(a + b) = 1$

- Löse die Nebenbedingung nach einer Variablen auf und setze diese Variable in die zu maximierende Größe ein.

$$2(a + b) = 1 \Rightarrow b = \frac{1}{2} - a$$

$$F = ab = a\left(\frac{1}{2} - a\right)$$

- Die zu maximierende Größe (nennen wir sie f) hängt dann nur noch von einer unabhängigen Variablen (nennen wir sie x) ab.

$$f(x) = x\left(\frac{1}{2} - x\right) = \frac{1}{2}x - x^2$$

Wie löst du Extremwertaufgaben ? (II)

(Fortsetzung von vorheriger Seite)

- Bestimme dann das Maximum, indem du $f'(x) = 0$ setzt, nach x auflöst und prüfst, ob $f''(x) < 0$ (bei Minimum > 0) ist.

$$f'(x) = \frac{1}{2} - 2x = 0$$

$$x = \frac{1}{4}, f''(x) = -2 < 0, \text{ok}$$

- Übersetze die Lösung x mit dem maximalen Wert $f(x)$ in die Sprache des Problems zurück und prüfe auf Plausibilität.

$$x = \frac{1}{4}, f(x) = \frac{1}{4}\left(\frac{1}{2} - \frac{1}{4}\right) = \frac{1}{16}$$

$$a = \frac{1}{4}, b = \frac{1}{2} - \frac{1}{4} = \frac{1}{4}, F = \frac{1}{16}$$

a und b sind gleich groß, die Fläche ist positiv, ok.

- Formuliere die Antwort als vollständigen Satz, vergiss dabei nicht, die Einheiten wieder hinzuzufügen.

Das Rechteck mit maximaler Fläche ergibt sich, wenn die beiden Seiten gleich lang sind, also ein Quadrat vorliegt. Sie sind dann $\frac{1}{4}\,\text{m} = 25\,\text{cm}$ lang, die maximale Fläche ist $\frac{1}{16}\,\text{m}^2$.

Wie machst du eine Kurvendiskussion?

Wir zeigen eine Kurvendiskussion am Beispiel eines Polynoms vierten Grades.

$y = f(x) = x^4 - x^2$

Am besten du schreibst dir zu Beginn die ersten drei Ableitungen hin.

$f'(x) = 4x^3 - 2x$
$f''(x) = 12x^2 - 2$
$f'''(x) = 24x$

Du berechnest zunächst die Nullstellen der Polynomfunktion, sofern analytisch möglich. Zeichne diese in ein Koordinatensystem (s. u.).

$y = f(x) = x^4 - x^2 = 0$
$x^2(x^2 - 1) = 0$
$\Rightarrow$ a) $x^2 = 0$ oder b) $x^2 - 1 = 0$
a) $x_{1,2} = 0$, $\quad N_{1,2}(0, 0)$ doppelte N.
b) $x_{3,4} = \pm 1$, $\quad N_3(-1, 0), N_4(1, 0)$

Dann berechnest du die Nullstellen der Ableitung, das sind die Kandidaten für die Extremwerte, und testest mit $f''(x)$. Zeichne diese Punkte mit einem kleinen Stückchen horizontaler Tangente ein.

$f'(x) = 0 \Rightarrow x(4x^2 - 2) = 0$
a) $x = 0 \Rightarrow x_1 = 0$
$f''(0) = -2 < 0 \Rightarrow \text{Max}(0, 0)$
b) $2x^2 - 1 = 0 \Rightarrow x_{2,3} = \pm\frac{1}{\sqrt{2}}$
$f''(\pm\frac{1}{\sqrt{2}}) = 4 > 0 \Rightarrow \text{Min}(\pm\frac{1}{\sqrt{2}}, -\frac{1}{4})$

Danach berechnest du die Nullstellen der zweiten Ableitung, das sind die Kandidaten für die Wendepunkte. Berechne den Funktionswert und den Wert der Ableitung und zeichne die Punkte mit einem kleinen Stückchen der Tangente ein.

$f''(x) = 0 \Rightarrow 12x^2 - 2 = 0$
$\Rightarrow x_{1,2} = \pm\frac{1}{\sqrt{6}}$
$f'''(\pm\frac{1}{\sqrt{6}}) \neq 0 \Rightarrow W_{1,2}(\pm\frac{1}{\sqrt{6}}, -\frac{5}{36})$

Abschließend verbindest du die Punkte und achtest darauf, dass die Kurve in Richtung der jeweiligen Tangente verläuft.

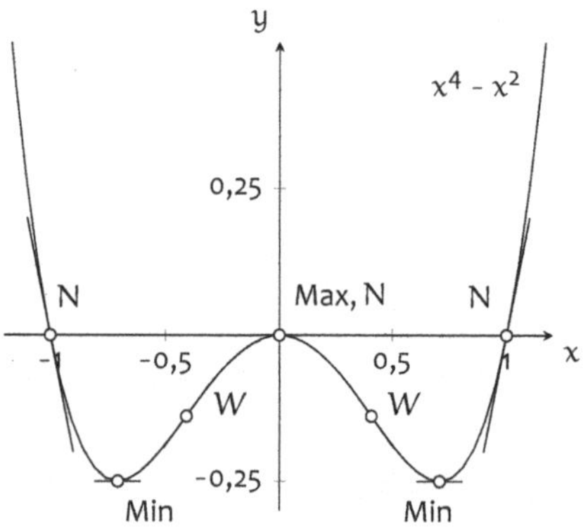

Übersicht: Kurvendiskussion

Mit einer Kurvendiskussion verschaffst du dir einen Überblick, wie der Graph einer Funktion aussieht.

Dazu sammelst du möglichst viele Informationen zu der Funktion und ihrem Graphen und trägst die Information graphisch in ein Koordinatensystem ein (s. vorne Beispiel).

Prüfe, ob es eine Achsensymmetrie oder Punktsymmetrie gibt.
Symmetrie zur y-Achse: $f(-x) = f(x)$ Punktsymmetrie zum Ursprung: $f(-x) = -f(x)$
Achsenschnittpunkte
Bestimme den Schnittpunkt mit der y-Achse: Setze $x = 0$ in $f(x)$ ein. Bestimme die Nullstellen, setze dazu $f(x) = 0$ und löse nach x auf. Berechne auch jeweils noch die Ableitung an den Stellen.
Bestimme die Extrempunkte und die Wendepunkte.
Extrempunkte: Setze $f'(x) = 0$, löse nach x auf und prüfe $f''(x) \neq 0$ oder Vorzeichenwechsel von $f'(x)$. Wendepunkte: Setze $f''(x) = 0$, löse nach x auf und prüfe $f'''(x) \neq 0$ oder Vorzeichenwechsel von $f''(x)$.
Bestimme das Verhalten für $x \to \pm\infty$ und die Asymptoten.
Skizziere den Graphen.

Integralrechnung

Mithilfe der Integralrechnung lassen sich Flächen unter Kurven berechnen, die als Graphen von Funktionen gegeben sind.

Entscheidend war die Erkenntnis von Newton und Leibniz, dass die Änderungsrate der Flächenfunktion gleich der Funktion ist, durch die der Graph gegeben ist.

Oder etwas laxer ausgedrückt: Die Ableitung der Fläche unter einer Kurve ist die Kurve selbst.

Analog erlaubt die Integralrechnung ganz allgemein die Berechnung von Größen aus ihren Änderungsraten.

So kann der Weg aus der Geschwindigkeit, die Geschwindigkeit aus der Beschleunigung, die Flüssigkeitsmenge aus dem Zufluss bestimmt werden.

Auch die Verallgemeinerung ins Mehrdimensionale ist problemlos möglich: Man kann die Bahnkurve durch Integrieren aus dem Geschwindigkeitsvektor und diesen aus dem Beschleunigungsvektor, d. h. der Kraft erhalten.

Es lassen sich Volumina und Oberflächen von krummlinig begrenzten Körpern berechnen und vieles mehr.

A. Gründers, *Mathe übersichtlich: Von den Basics bis zur Analysis*,
https://doi.org/10.1007/978-3-662-70883-5_10

Wie kannst du Flächen mit unendlichen Summen berechnen?

Um die Fläche unter der Parabel $y = x^2$ von $x = 0$ bis $x = 1$ zu berechnen, kannst du die Fläche näherungsweise in n schmale Rechtecke der Breite $h = 1/n$ und der Höhe $0, h^2, (2h)^2, \ldots$ unterteilen.

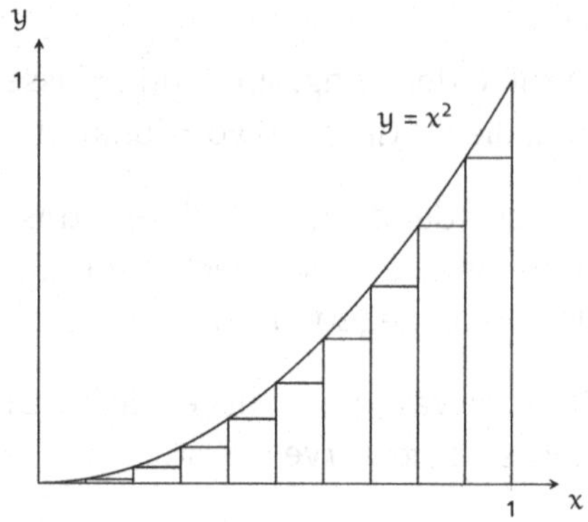

$n = 10$

Die Fläche unter der Parabel erhältst du als Limes $n \to \infty$ der Fläche F_n: $F = \lim_{n\to\infty} F_n$.

$$F_n = h\underbrace{(0^2 + h^2 + (2h)^2 + \ldots + ((n-1)h)^2)}_{n \text{ Summanden}}$$

$$= h^3 \sum_{k=0}^{n-1} k^2 \text{ mit } h = \frac{1}{n}$$

Zur Berechnung benötigst du die Summenformel der ersten n Quadrate, die du mit vollständiger Induktion beweisen kannst.

$$\sum_{k=0}^{n-1} k^2 = \frac{(n-1)n(2n-1)}{6}$$

Damit findest du im Grenzwert $n \to \infty$ die Fläche unter der Parabel.

$$F = \lim_{n\to\infty} \frac{1}{n^3} \frac{(n-1)n(2n-1)}{6} = \frac{1}{3}$$

Auf diese Weise kann man die Fläche unterhalb der Graphen von Funktionen bestimmen. Du erfährst später eine viel einfachere Methode (Stichwort: Stammfunktion).

Was ist ein bestimmtes Integral?

Das bestimmte Integral über einer positiven Funktion von $x = a$ bis $x = b$ gibt die Fläche zwischen der x-Achse, dem Graph der Funktion und den beiden vertikalen Begrenzungen $x = a$ und $x = b$ an.

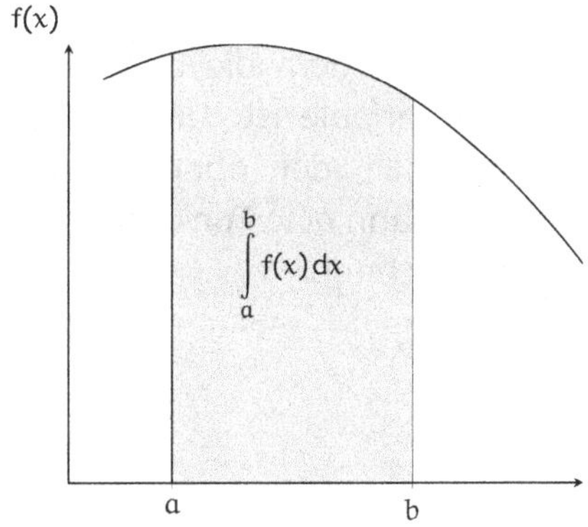

Man bezeichnet a und b als untere und obere Grenze des Integrals, manchmal schreibt man auch $x = a$ und b oder $x = a$ und $x = b$.

$$\int_a^b f(x)\,dx = \int_{x=a}^{x=b} f(x)\,dx$$

Die Fläche zwischen $x = a$ und $x = a$ ist Null, egal, welche Funktion du integrierst.

$$\int_a^a f(x)\,dx = 0$$

Wenn du erst von a bis b integrierst und dann von b bis c ist es dasgleiche, wie wenn du direkt von a bis c integrierst.

$$\int_a^b f(x)\,dx + \int_b^c f(x)\,dx = \int_a^c f(x)\,dx$$

Wenn du die Integralgrenzen vertauschst, dreht sich das Vorzeichen des Integrals um.

$$\int_b^a f(x)\,dx = -\int_a^b f(x)\,dx$$

Damit ergibt sich, wenn du von a bis b integrierst und von b nach a, dass du von a nach a integrierst und somit als Wert des Integrals Null.

$$\int_a^b f(x)\,dx + \int_b^a f(x)\,dx = 0$$

Die Integrationsvariable kannst du bezeichnen, wie du willst, das ist wie beim Index einer Summe.

$$\int_{x=0}^{1} f(x)\,dx = \int_{u=0}^{1} f(u)\,du$$

Was ist ein unbestimmtes Integral?

Ein unbestimmtes Integral ist ein Integral, bei dem die obere Grenze eine Variable ist. Die Fläche in Abhängigkeit der oberen Grenze definiert dann eine Funktion, oft als $F(x)$ bezeichnet.

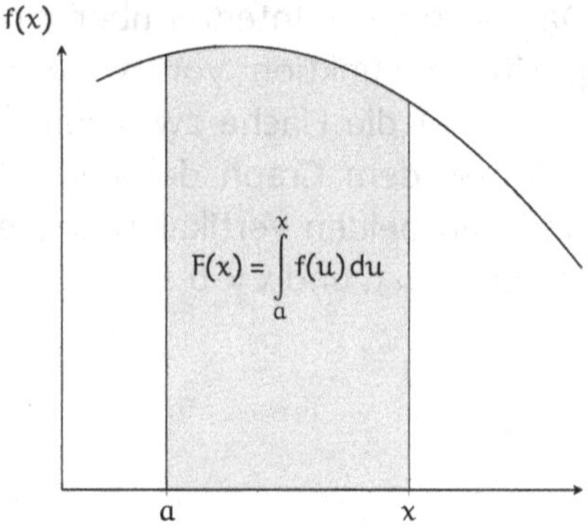

Wenn du die variable obere Grenze mit x bezeichnest, nimmst du für die Variable unter dem Integral eine andere Bezeichnung, sonst würde x zweimal mit unterschiedlicher Bedeutung vorkommen.

$$F(x) = \int_a^x f(u)\,du$$

u: Integrationsvariable
x: obere Grenze

Das ist wie bei Summen, da nimmst du auch einen anderen Index innen als für die obere Grenze.

$$\sum_1^n a_k, \quad \text{nicht} \sum_1^n a_n$$

Manche nehmen auch die gleiche Bezeichnung, die innere Variable ist dann das, was beim Programmieren als lokale Variable bezeichnet wird.

Nicht zu empfehlen:

$$F(x) = \int_a^x f(x)\,dx$$

Für konstante oder lineare Funktionen kannst du die Fläche elementargeometrisch bestimmen und somit das Integral direkt angeben.

$$\int_0^x c\,dx = cx,$$

da Fläche des Rechtecks mit Seiten x und c.

$$\int_0^x x\,dx = \frac{1}{2}x^2,$$

da Fläche des rechtwinkligen Dreiecks mit beiden Kathetenlängen x.

Was ist eine Stammfunktion?

Eine Funktion, deren Ableitung f ist, bezeichnet man als Stammfunktion von f (da die Funktion durch Ableitung daraus abstammt, sich daraus ergibt), man schreibt häufig F.

Die Ableitung von x^2 ist $2x$.
Eine Stammfunktion von $2x$ ist x^2.

$f(x) = 2x$, $F(x) = x^2$
$F'(x) = f(x)$

Da die Ableitung einer Konstanten (reelle Funktion, die konstant ist) gleich null ist, kannst du zu einer Stammfunktion eine beliebige Konstante dazu addieren und erhältst wieder eine Stammfunktion.

Die Ableitung von $x^2 + 17$ ist $2x$.
Eine Stammfkt. von $2x$ ist $x^2 + 17$.

Eine Stammfunktion ist also nur bis auf eine additive Konstante festgelegt, man schreibt oft „+C“.

$$f(x) = 2x \Rightarrow F(x) = x^2 + C$$

Dies ist kein Problem, da du bei konkreten Rechnungen die Differenz der Stammfunktion bei zwei x-Werten bildest und dabei die Konstante wegfällt.

$$F(x_1) - F(x_2) =$$
$$= (x_1^2 + C) - (x_2^2 + C) = x_1^2 - x_2^2$$

Die Stammfunktion schreibt man auch als Integral. Das Integralzeichen ist ein stilisiertes S für Summe, das x zeigt die Variable an.

$$\int 2x\,dx = x^2 + C$$

Die Integration ist also gewissermaßen die Umkehrung der Differenziation.

Was sagt der Hauptsatz der Differenzial- und Integralrechnung und warum ist er so nützlich?

Integrale lassen sich als Grenzwerte von Summen definieren, aber fast immer kommst du mit dem Hauptsatz der Differenzial- und Integralrechnung schneller und einfacher zum Ziel.

Dieser besagt, dass wenn du das unbestimmte Integral einer Funktion f nach der oberen Grenze ableitest, du wieder f erhältst.

$$F(x) = \int_a^x f(u)\,du \Rightarrow F'(x) = f(x)$$

Das bedeutet, dass das unbestimmte Integral einfach eine Stammfunktion ist.

$$\int_a^x f(u)\,du = F(x) + C$$

Das bestimmte Integral, das du zur Flächenberechnung benötigst, ergibt sich somit einfach als Differenz der Stammfunktion an der oberen und an der unteren Grenze.

$$\int_a^b f(x)\,dx = F(b) - F(a)$$

Da sich Stammfunktionen zu einer Funktion nur um eine Konstante unterscheiden, ist egal, welche der Stammfunktionen du nimmst.

$$\int_a^b f(x)\,dx = \\ = (F(b) + C) - (F(a) + C) \\ = F(b) + C - F(a) - C = \\ = F(b) - F(a)$$

Die Differenz schreibt man auch mit einem vertikalen Strich mit oberer und unterer Grenze (analog zum Integral).

$$\int_a^b f(x)\,dx = F(x)\Big|_a^b = F(b) - F(a)$$

So kannst du einfach Flächeninhalte berechnen, ganz ohne unendliche Summen bilden zu müssen.

$$\int_0^1 x^2\,dx = \frac{1}{3}x^3\Big|_0^1 = \frac{1}{3} - \frac{0}{3} = \frac{1}{3}$$

Warum gilt der Hauptsatz der Differenzial- und Integralrechnung?

Wir nennen $F(x)$ die Fläche zwischen dem Graphen der Funktion $f(x)$ und der x-Achse. Wir suchen eine Gleichung zwischen den Funktionen $F(x)$ und $f(x)$.

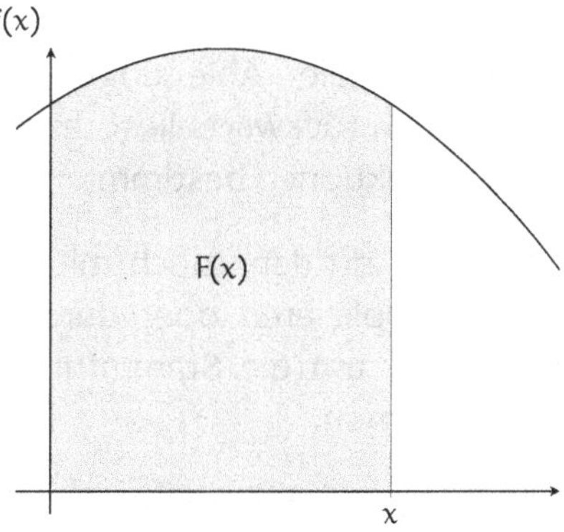

Wir überlegen dazu, wie sich die Fläche ändert, wenn sich x ein klein wenig ändert, von x hin zu $x + h$, wobei h klein sein soll. Die neu hinzukommende Fläche ist ein schmaler Streifen, der ungefähr ein Rechteck ist mit Seiten h und $f(x)$, oder h und $f(x + h)$, das ist aber ungefähr, d. h. in erster Ordnung von h, gleich groß.

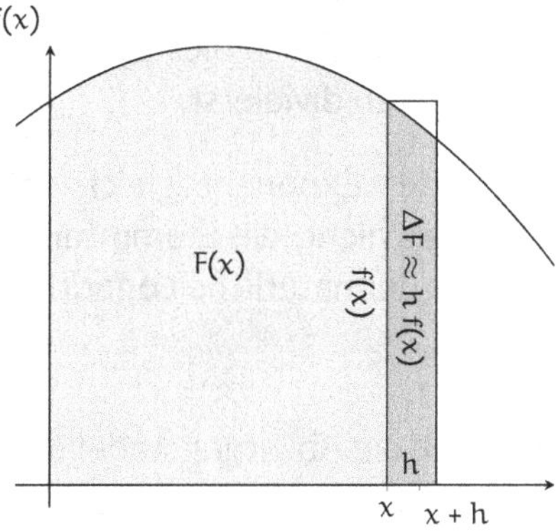

Die Änderung der Fläche ist also (in erster Ordnung in h) die Fläche des schmalen Rechtecks $h\,f(x)$.

$$F(x + h) = F(x) + h\,f(x) + o(h)$$

Die Änderung einer Funktion in erster Ordnung von h ist aber gerade die Ableitung der Funktion.

$$F(x + h) = F(x) + h\,F'(x) + o(h)$$

Aus den letzten beiden Gleichungen folgt, dass die Ableitung der Flächenfunktion die Funktion ist. Dies ist die Aussage des Hauptsatzes der Differenzial- und Integralrechnung.

$$F'(x) = f(x)$$

Wie berechnest du Stammfunktionen?

Integrieren heißt Stammfunktionen bestimmen.

Wenn du die Ableitungen von Funktionen rückwärts liest, hast du Stammfunktionen bestimmt.

$$x^2 \xrightarrow{\text{Ableit.}} 2x, \quad x^2 \xleftarrow{\text{Stammf.}} 2x$$
$$x^3 \xrightarrow{\text{Ableit.}} 3x^2, \quad x^3 \xleftarrow{\text{Stammf.}} 3x^2$$

Oft musst du dann noch mit einer Zahl multiplizieren oder durch sie dividieren, um die Stammfunktion zu bestimmen.

$$\tfrac{1}{2}x^2 \xrightarrow{\text{Ableit.}} x, \quad \tfrac{1}{2}x^2 \xleftarrow{\text{Stammf.}} x$$
$$\tfrac{1}{3}x^3 \xrightarrow{\text{Ableit.}} x^2, \quad \tfrac{1}{3}x^3 \xleftarrow{\text{Stammf.}} x^2$$

Eine Potenzfunktion integrierst du, indem du den Exponenten um 1 erhöhst und durch diesen erhöhten Exponenten dividierst.

$$\int x^n \, dx = \frac{1}{n+1} x^{n+1} + C$$

Wenn der Exponent gleich -1 ist, geht dies nicht, die Stammfunktion ist dann der natürliche Logarithmus.

$$\int \frac{1}{x} \, dx = \ln(x) + C$$

Man kann beides in Verbindung bringen, wenn man $x^\alpha = \exp(\alpha \ln(x)) \approx 1 + \alpha \ln(x)$ für kleine α und $x \neq 0$ beachtet.

Wenn du die Ableitungstabellen von Funktionen rückwärts liest, erhältst du Integrationstabellen.

$$\int \cos(x) \, dx = \sin(x) + C$$

Wenn du die Ableitungsregeln von Funktionen rückwärts liest, erhältst du Integrationsregeln.

Du kannst etwa Stammfunktionen summandenweise bilden und konstante Faktoren vorziehen.

$$\int (af(x) + bg(x)) \, dx =$$
$$= a \int f(x) \, dx + b \int g(x) \, dx$$

Wie kannst du Flächen mit Stammfunktionen berechnen?

$F(x)$ bezeichne im Folgenden die Stammfunktion von $f(x)$.

Wenn die Funktion im gesamten Intervall stets positiv ist, nimmst du einfach das Integral, das ist die Stammfunktion der oberen Grenze minus die Stammfunktion der unteren Grenze.

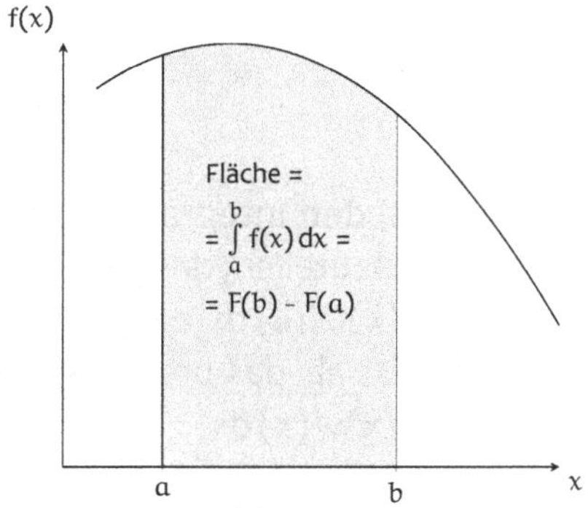

Wenn die Funktion im gesamten Intervall stets negativ ist, nimmst du das Negative des Integrals (oder den Betrag), um einen positiven Flächeninhalt zu erhalten.

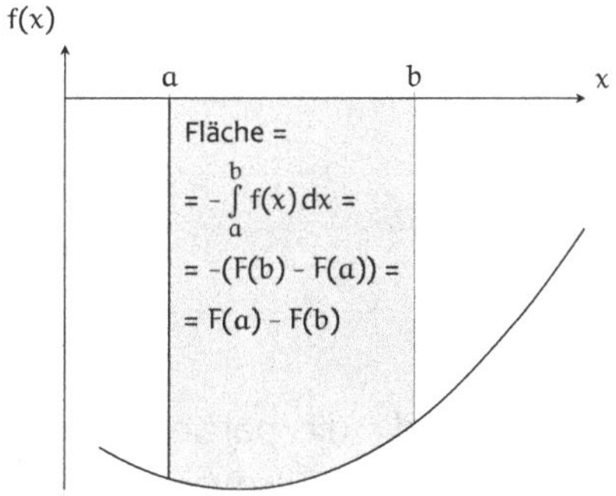

Wenn die Funktion das Vorzeichen wechselt, integrierst du von Nullstelle zu Nullstelle und nimmst am einfachsten jeweils den Betrag.

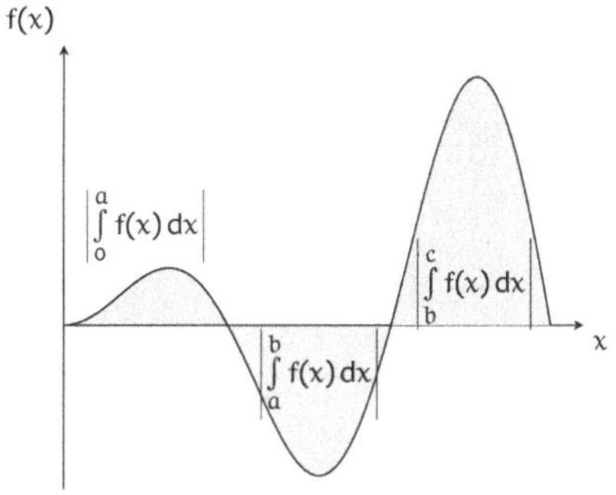

Wie bestimmst du Integrale mit partieller Integration? (I)

Aus der Produktregel erhältst du die partielle Integration. Wir lassen die Integrationskonstante im Folgenden jeweils weg.

$$(uv)' = u'v + uv'$$

$$uv = \int u'v\,dx + \int vu'\,dx$$

$$\int uv'\,dx = uv - \int vu'\,dx$$

Der Trick ist, den Integranden so in $u(x)v'(x)$ aufzuteilen, dass das neue Integral $\int v(x)u'(x)\,dx$ einfacher zu berechnen ist als das ursprüngliche Integral $\int u(x)v'(x)\,dx$.

Zerlege den Integranden so in zwei Faktoren, dass einer einfach zu integrieren und einer einfach zu differenzieren ist.

Man wählt also den ersten Faktor $u(x)$ so, dass er bei der Ableitung einfacher wird.

$$I = \int xe^x dx$$

$$u = x \Rightarrow u' = 1$$

$$v' = e^x \Rightarrow v = e^x$$

$$I = uv - \int vu'dx = xe^x - \int e^x dx$$

$$\int xe^x dx = xe^x - e^x$$

Du kannst dir die partielle Integration auch als $\int udv = uv - \int vdu$ merken.

$$\int udv = uv - \int vdu$$

$$I = \int xe^x dx$$

$$u = x \Rightarrow du = dx$$

$$dv = e^x dx \Rightarrow v = e^x$$

$$I = uv - \int vu'dx = xe^x - \int e^x dx$$

$$\int xe^x dx = xe^x - e^x$$

Wie bestimmst du Integrale mit partieller Integration? (II)

Es kann auch hilfreich sein, den zweiten Faktor als 1 zu wählen, wenn der erste Faktor durch Ableiten viel einfacher wird, was insbesondere beim Logarithmus der Fall ist.

$$I = \int \ln(x)\,dx$$

$$u = \ln(x) \Rightarrow u' = \tfrac{1}{x}$$
$$v' = 1 \Rightarrow v = x$$

$$I = uv - \int vu'dx = x\ln(x) - \int x\frac{1}{x}\,dx$$
$$= x\ln(x) - \int dx$$
$$= x\ln(x) - x$$

Es gibt auch die Möglichkeit, dass sich das ursprüngliche Integral nochmal ergibt, was aber auch hilft, wenn man danach auflösen kann.

$$I = \int \cos^2(x)\,dx = \int \cos(x)\cos(x)\,dx$$

$$u = \cos(x) \Rightarrow u' = -\sin(x)$$
$$v' = \cos(x) \Rightarrow v = \sin(x)$$

$$I = \cos(x)\sin(x) + \int \sin(x)\sin(x)\,dx$$

$$I = \sin(x)\cos(x) + \int (1 - \cos^2(x))\,dx$$

$$I = \sin(x)\cos(x) + \int dx - I$$

$$2I = \sin(x)\cos(x) + x$$

$$I = \frac{1}{2}\left(\sin(x)\cos(x) + x\right)$$

Wie bestimmst du Integrale mit Substitution? (I)

Aus der Kettenregel erhältst du durch Rückwärtslesen die Substitutionsregel.

$$(f(g(x)))' = f'(g(x))g'(x)$$

$$\int f'(g(x))\, g'(x)\, dx \overset{g(x)=z}{=} \int f'(z)\, dz$$

$$= \quad f(z)$$

Der einfachste Fall ist, wenn die innere Funktion eine lineare Funktion $g(x) = ax + b$ ist.

$$\int f'(ax+b)a dx = \int f'(z)\, dz = f(z)$$

$$\Rightarrow \int f'(ax+b)\, dx = \frac{1}{a} f(ax+b)$$

Auch wenn die innere Funktion komplizierter ist (z. B. x^2), muss ihre Ableitung als Faktor vor der äußeren Funktion stehen, ggfs. musst du dazu umformen.

$$\int x\cos(x^2)\, dx = \int \frac{1}{2} 2x\cos(x^2)\, dx =$$

$$= \frac{1}{2} \int (\cos(x^2))'\, dx = \frac{1}{2}\cos(x^2)$$

Du kannst auch einfach den Term, der dich stört (z. B. ein komplizierter Term unter einer Wurzel), durch z ersetzen und alle anderen x in z umrechnen. Die Umrechnung zwischen dx und dz erhältst du aus $z' = \frac{dz}{dx} = g'(x)$. Am Schluss ersetzt du das z wieder durch den Ausdruck in x.

$$I = \int \frac{x}{\sqrt{1+x^2}} dx$$

$$1 + x^2 = z \Rightarrow \frac{dz}{dx} = 2x \Rightarrow 2x dx = dz$$

$$I = \int \frac{x}{\sqrt{z}} \frac{dz}{2x} =$$

$$= \frac{1}{2} \int \frac{1}{\sqrt{z}} dz = \frac{1}{2} \int z^{-1/2} dz =$$

$$= \frac{1}{2} \frac{1}{1/2} z^{1/2} = z^{1/2} = \sqrt{z} = \sqrt{1+x^2}$$

Du kannst dir die Substitutionsregel einfach merken, wenn du bedenkst, dass sich aus $z = g(x)$ und $g'(x) = \frac{dg}{dx}$ die Umrechnung der Differenziale ergibt: $dz = dg = g'(x)dx$.

$$\int f(g(x))\, g'(x)\, dx = \int f(z)\, dz$$

Wie bestimmst du Integrale mit Substitution? (II)

Die Substitutionsregel (siehe vorne) kannst du auch von rechts lesen.

$$\int f(x)\,dx \overset{x=g(t)}{=} \int f'(g(t))\,g'(t)\,dt$$

Wähle die Substitution so, dass das, was dich am meisten stört, verschwindet. Auch trigonometrische Funktionen können dabei hilfreich sein.

$$I = \int \sqrt{1-x^2}\,dx$$

Mit $x = \sin(t)$, $dx = \cos(t)\,dt$ fällt wegen $\sqrt{1-\sin^2 t} = \cos t$ die Wurzel weg:

$$I = \int \cos^2(t)\,dt \overset{(*)}{=} \frac{1}{2}(t + \sin(t)\cos(t))$$

$(*)$ mit part. Integration, siehe vorne

$$I = \frac{1}{2}(\arcsin(x) + x\sqrt{1-x^2})$$

Wenn der Zähler die Ableitung des Nenners ist, ist das Integral einfach der Logarithmus des Nenners, das ist ein Spezialfall der Substitutionsregel.

$$\int \frac{f'(x)}{f(x)}\,dx = \int \frac{dz}{z} = \ln|z| = \ln|f(x)|$$

$$\int \frac{e^x}{e^x+1}\,dx = \ln(e^x + 1)$$

$$\int \tan(x)\,dx = -\ln|\cos(x)|$$

Bei bestimmten Integralen ist wichtig, dass du rücksubstituierst, also die neue Variable wieder durch den Ausdruck in x ersetzt, bevor du die Grenzen einsetzt.

$$I = \int_0^1 \sqrt{1-x^2}\,dx \quad \text{mit } x = \sin(t)$$

$$I = \frac{1}{2}(t + \sin(t)\cos(t))$$

$$I = \frac{1}{2}\left(\arcsin(x) + x\sqrt{1-x^2}\right)\Big|_0^1 = \frac{\pi}{4}$$

Alternativ kannst du auch die Grenzen in die neue Variable umrechnen. Damit hast du die Fläche des Viertelkreis mit Radius 1 zu $\pi/4$ bestimmt, also die Fläche des Einheitskreises zu π.

$$I = \int_{x=0}^{x=1} \sqrt{1-x^2}\,dx \quad \text{mit } t = \arcsin(x)$$

$$I = \frac{1}{2}\left(t + \sin(t)\cos(t)\right)\Big|_{t=0}^{t=\pi/2} = \frac{\pi}{4}$$

Wie berechnest du die Fläche eines Kreises durch Integrieren über den Radius?

Wir bezeichnen die Kreisfläche in Abhängigkeit des Radius als $F(x)$.

Radius: x
Kreisfläche: $F(x)$

Wir suchen eine Gleichung für $F(x)$. Dazu betrachten wir, wie sich $F(x)$ ändert, wenn x sich ein wenig ändert, von x zu $x + h$, wobei h klein sein soll.

$F(x + h) = F(x) +$ Fläche Kreisring

Die Fläche ändert sich dann um die Fläche eines Kreisrings, dessen Umfang innen $2\pi x$ ist und der die Dicke h hat.

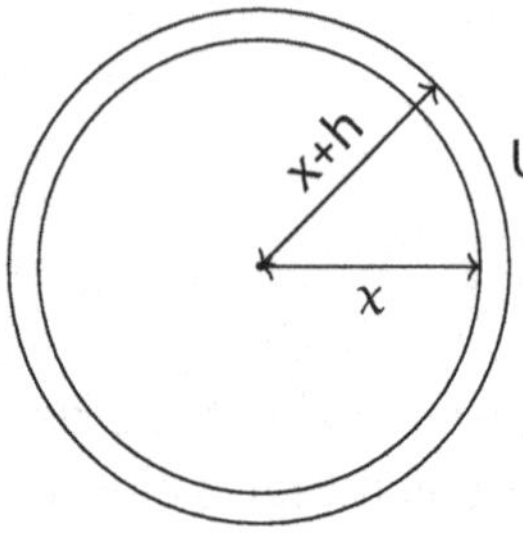

Umfang $2\pi x$
Dicke h

Fläche Kreisring $\approx 2\pi x\, h$

Damit ändert sich die Fläche in erster Näherung um $2\pi x h$.

$$F(x + h) = F(x) + \underbrace{2\pi x}_{F'(x)}\, h + o(h^2)$$

Daher ist die Ableitung von $F(x)$ gleich $2\pi x$.

$$F'(x) = 2\pi x$$

Somit erhältst du die Fläche aus dem Umfang durch Integrieren.

$$F(r) = \int_{x=0}^{r} 2\pi x \, dx = \pi r^2$$

Analog kannst du auch das Volumen einer Kugel durch Integrieren der Oberfläche über den Radius bestimmen.

$$V(r) = \int_{x=0}^{r} O(x)\, dx =$$

$$= \int_{x=0}^{r} 4\pi x^2 \, dx = \frac{4}{3}\pi r^3$$

Wann ist eine Funktion integrierbar?

Eine Funktion heißt integrierbar, wenn man der Fläche unter ihrem Graphen einen Flächeninhalt zuordnen kann.

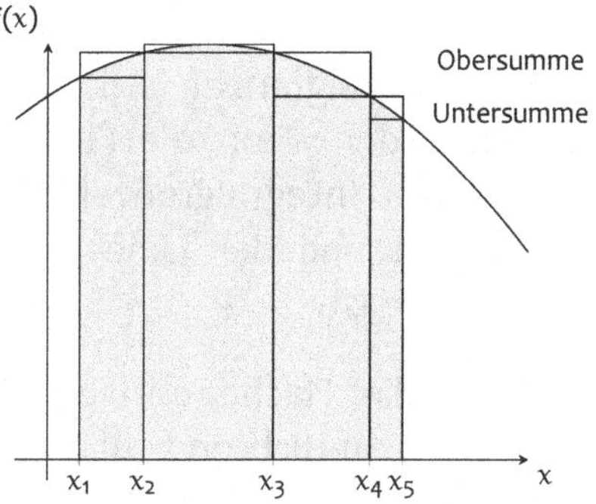

Dazu kann man auf der x-Achse den entsprechenden Bereich in Intervalle unterteilen und in jedem Intervall eine kleinste obere Grenze und eine größte untere Grenze wählen und die Fläche so durch eine Obersumme und eine Untersumme annähern.

Ein Flächeninhalt existiert, wenn bei jeder Folge von beliebig fein werdenden Unterteilungen (gemessen an der maximalen Intervallbreite Δ) die Untersumme konvergiert und die Obersumme konvergiert und die beiden Grenzwerte gleich sind.

Flächeninhalt („Riemann-Integral") existiert, wenn

$\lim_{\Delta \to 0}$ Obersumme = O existiert,

$\lim_{\Delta \to 0}$ Untersumme = U existiert

und $O = U$ gilt.

Beachte, dass eine Funktion nicht differenzierbar sein muss, um integrierbar zu sein.

$f(x) = |x|$ ist auf $[-1, 1]$ integrierbar, aber nicht differenzierbar. Integrierbarkeit ist eine schwächere Forderung.

Man kann zeigen, dass alle stückweise stetigen Funktionen integrierbar sind. Rechts eine Funktion, die nicht Riemann-integrierbar ist.

Gegenbeispiel: $f : [0, 1] \to \mathbb{R}$ mit

$$f(x)= \begin{cases} 0 & \text{für} \quad x \in \mathbb{Q} \\ 1 & \text{für} \quad x \in \mathbb{R} \setminus \mathbb{Q} \end{cases}$$

ist nicht Riemann-integrierbar.

Es ist sehr viel schwieriger, eine Funktion zu integrieren, also eine Stammfunktion explizit anzugeben, als eine Funktion zu differenzieren. Es gibt einfache Funktionen ohne elementare Stammfunktionen.

Z. B. kann man für die Funktionen $\frac{e^x}{x}$ und e^{-x^2} beweisen, dass sie keine mit elementaren Funktionen angebbare Stammfunktion haben. Man sagt, sie sind nicht geschlossen integrierbar.

Wann ist eine Funktion uneigentlich integrierbar?

Man nennt ein Integral uneigentlich, wenn entweder eine oder auch beide Integralgrenzen $+\infty$ oder $-\infty$ sind oder wenn die Funktion für eine der Integralgrenzen nicht definiert ist und der Limes gleich $+\infty$ oder $-\infty$ ist.

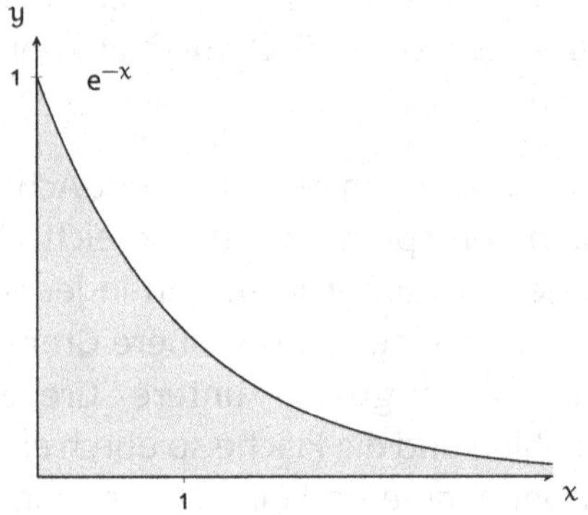

Dann ist die Fläche entweder in x- oder in y-Richtung unendlich ausgedehnt. Dennoch kann der Flächeninhalt endlich sein. In diesem Fall nennt man die Funktion uneigentlich integrierbar.

Man berechnet den Grenzwert, indem man die eine Intervallgrenze gegen unendlich gehen lässt oder gegen den Wert, bei dem die Funktion gegen unendlich geht.

$$\int_0^\infty e^{-x}\,dx = \lim_{a\to\infty}\int_0^a e^{-x}\,dx = \lim_{a\to\infty} -e^{-x}\Big|_0^a = \lim_{a\to\infty}(1 - e^{-a}) = 1$$

Ein wichtiger Fall sind abfallende Potenzfunktionen $x^\alpha, \alpha < 0$. Für $\alpha > -1$ ist der Inhalt der Fläche hin zur x-Achse endlich und der Inhalt der Fläche zur y-Achse unendlich.

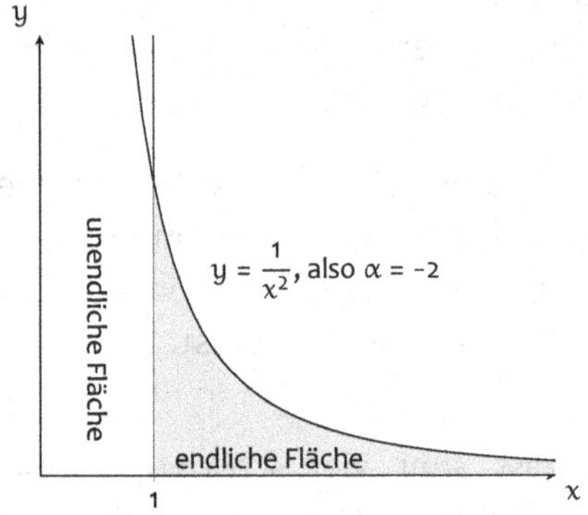

Für $\alpha < -1$ ist es umgekehrt.

Für $\alpha = 1$, also $f(x) = 1/x$, sind beide Flächen unendlich groß.

Übersicht: Funktionen und ihre Stammfunktionen

Wenn du die Tabelle mit den Ableitungen von einfachen Funktionen und Differenziationsregeln rückwärts liest, bekommst du die folgende Tabelle von Stammfunktionen und Integrationsregeln.

$f(x)$	$\int f(x)\,dx$
x^n	$\frac{1}{n+1}x^{n+1}, n \neq -1$
$\frac{1}{x}$	$\ln\|x\|$
e^x	e^x
$a^x = e^{x\ln(a)}$	$\frac{1}{\ln(a)}a^x$
$\sin(x)$	$-\cos(x)$
$\cos(x)$	$\sin(x)$
$\tan(x)$	$\ln\|\cos(x)\|$
$af(x) + bg(x)$	$a\int f(x)\,dx + b\int g(x)\,dx$
$f(x)g'(x)$	$f(x)g(x) - \int g(x)f'(x)\,dx$
$f(g(x))g'(x)$	$f(g(x))$

Vektorrechnung und elementare analytische Geometrie

Ich erkläre dir in diesem Kapitel, was Vektoren im 2- und 3-dimensionalen Anschauungsraum sind, wie man mit ihnen rechnet (Vektoralgebra) und wie man sie benutzen kann, um Gleichungen von Geraden und Ebenen im 2- und 3-Dimensionalen aufzustellen (sogenannte analytische Geometrie).

Wichtige Konzepte sind die lineare Unabhängigkeit bzw. lineare Abhängigkeit von Mengen von Vektoren und das Skalarprodukt, das zwei Vektoren eine Zahl zuordnet.

Im nächsten Kapitel geht es dann um allgemeine Vektorräume, lineare Abbildungen, Matrizen, Determinanten, das Vektorprodukt und wie du lineare Gleichungssysteme lösen kannst. Damit kannst du dann auch Schnittpunkte von affinen Unterräumen (wie Geraden und Ebenen) bestimmen.

A. Gründers, *Mathe übersichtlich: Von den Basics bis zur Analysis*,
https://doi.org/10.1007/978-3-662-70883-5_11

Was ist lineare Algebra und analytische Geometrie?

Ein zentraler Gegenstand der Linearen Algebra sind Vektorräume und ihre Struktur sowie lineare Abbildungen.

$$\underset{\text{Vektor}}{\underset{\uparrow}{\mathbf{v}}} \in \underset{\text{Vektorraum}}{\underset{\uparrow}{\mathbb{R}^2}}$$

Man schreibt Vektoren oft fett (**v**), so mache ich es hier auch. Handschriftlich ist ein Pfeil darüber ($\vec{v}$) am einfachsten.

Manche machen einen Strich darunter; manchmal sind Vektoren auch gar nicht gekennzeichnet. Schaue am besten immer nach dem Definitionsbereich der Objekte.

Man kann Vektoren addieren und mit Zahlen (als Skalare bezeichnet) multiplizieren (S-Multiplikation).

$$\begin{pmatrix} u_1 \\ u_2 \end{pmatrix} + \begin{pmatrix} v_1 \\ v_2 \end{pmatrix} = \begin{pmatrix} u_1 + v_1 \\ u_2 + v_2 \end{pmatrix}$$

$$s \begin{pmatrix} v_1 \\ v_2 \end{pmatrix} = \begin{pmatrix} sv_1 \\ sv_2 \end{pmatrix}$$

Strukturerhaltende Abbildungen zwischen Vektorräumen, sogenannte lineare Abbildungen, und ihre Darstellungen spielen in der Linearen Algebra eine wichtige Rolle.

$$f : \mathbb{R}^2 \to \mathbb{R}^2$$

$$\begin{pmatrix} v_1 \\ v_2 \end{pmatrix} \mapsto \begin{pmatrix} a_{11}v_1 + a_{12}v_2 \\ a_{21}v_1 + a_{22}v_2 \end{pmatrix}, a_{ij} \in \mathbb{R}$$

Vektoren können im Anschauungsraum „leben", es können aber z. B. auch Funktionen als Vektoren aufgefasst werden, so bilden etwa die Menge aller quadratischen Funktionen von $\mathbb{R}$ nach $\mathbb{R}$ einen 3-dimensionalen Vektorraum.

Die Summe zweier quadratischen Funktionen ist wieder eine quadratische Funktion.
Ebenso bleibt ein quadratische Funktion eine quadratische Funktion, wenn man sie mit einer Zahl multipliziert.

Man kann zwei Vektoren auch miteinander multiplizieren.

Die Skalarmultiplikation ergibt eine Zahl; die Vektormultiplikation einen Vektor.

Die analytische Geometrie stellt geometrische Objekte wie Geraden, Ebenen, Kreise und Kugeln mit Vektoren dar.

Gerade g durch A mit Richtung **u**:
g: $\mathbf{x} = \mathbf{x}_A + s\mathbf{u}$, $s \in \mathbb{R}$

Kugel(oberfläche) mit Mittelpunkt M und Radius r:
K: $|\mathbf{x} - \mathbf{x}_M| = r$

Was ist ein Vektor anschaulich? (I)

Ein Ortsvektor ist ein Pfeil (gerichtete Strecke) vom Koordinatenursprung zu einem Punkt der Ebene (oder des Raums). Man schreibt für $\overrightarrow{OA}$ abkürzend auch $\mathbf{x}_A$ oder auch $\mathbf{a}$.

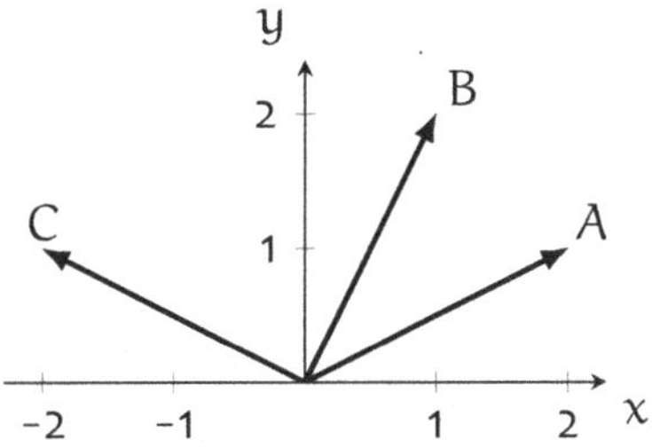

Die Komponenten des Ortsvektors sind die Koordinaten des Endpunkts.

$$\overrightarrow{OA} = \begin{pmatrix} 2 \\ 1 \end{pmatrix}, \overrightarrow{OB} = \begin{pmatrix} 1 \\ 2 \end{pmatrix}, \overrightarrow{OC} = \begin{pmatrix} -2 \\ 1 \end{pmatrix}$$

Ein Vektor ist durch Länge und Richtung bestimmt, er kann auch an einem anderen Punkt als dem Ursprung beginnen. Man kann ihn also beliebig parallel verschieben.

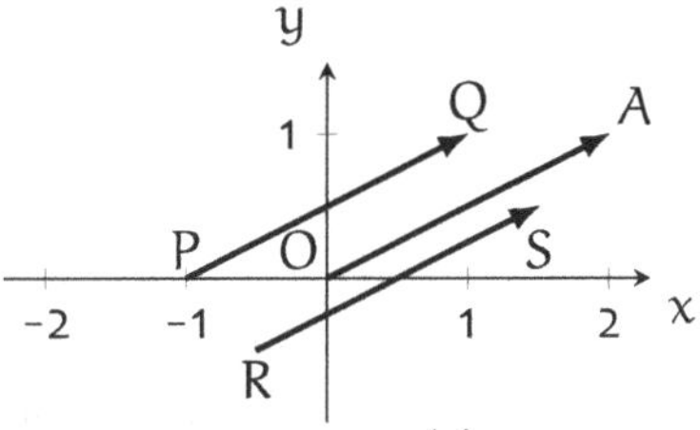

$$\overrightarrow{OA} = \overrightarrow{PQ} = \overrightarrow{RS} = \begin{pmatrix} 2 \\ 1 \end{pmatrix}$$

Seine Komponenten sind die Koordinaten des Endpunkts minus den Koordinaten des Anfangspunkts.

$$\overrightarrow{AB} = \begin{pmatrix} x_B - x_A \\ y_B - y_A \end{pmatrix}$$

Im 3-Dimensionalen geht dies ganz analog.

$$\overrightarrow{AB} = \begin{pmatrix} x_B - x_A \\ y_B - y_A \\ z_B - z_A \end{pmatrix}$$

Wir schreiben die Vektoren als Spaltenvektoren. Wenn wir einen Spaltenvektor platzsparend in einer Zeile schreiben, fügen wir das Transponiertzeichen hinzu. Es verwandelt Zeilen in Spalten und Spalten in Zeilen.

$$(a_1, a_2, a_3)^\top = \begin{pmatrix} a_1 \\ a_2 \\ a_3 \end{pmatrix}$$

$$\begin{pmatrix} a_1 \\ a_2 \\ a_3 \end{pmatrix}^\top = (a_1, a_2, a_3)$$

Was ist ein Vektor anschaulich? (II)

Die Komponenten eines Vektors sind die Koordinaten des Endpunkts minus den Koordinaten des Anfangspunkts.

$$\overrightarrow{AB} = \begin{pmatrix} x_B - x_A \\ y_B - y_A \end{pmatrix}$$

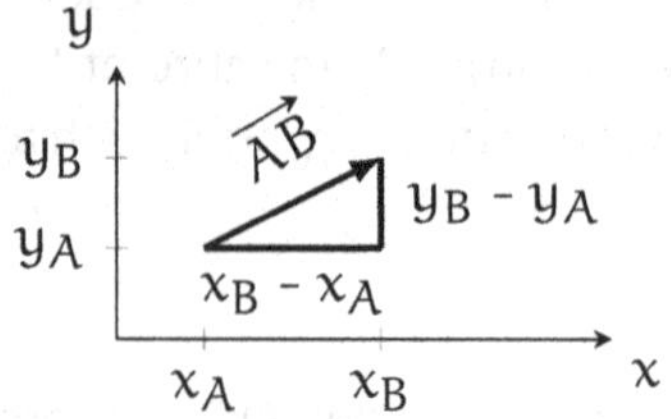

Wenn der Anfangspunkt O = (0, 0) bzw. O = (0, 0, 0) ist, ergibt sich die obige Definition eines Ortsvektors.

$$\overrightarrow{OP} = \begin{pmatrix} x_P - 0 \\ y_P - 0 \end{pmatrix} = \begin{pmatrix} x_P \\ y_P \end{pmatrix}$$

Die Menge aller Vektoren der Ebene bezeichnet man als 2-dimensionalen Vektorraum $\mathbb{R}^2$.

$\mathbf{v} \in \mathbb{R}^2$

Die 2 im Exponenten gibt an, dass man zwei reelle Zahlen, die beiden Komponenten v_1 und v_2, unabhängig voneinander wählen kann.

$$\begin{pmatrix} v_1 \\ v_2 \end{pmatrix} \in \mathbb{R}^2$$

Im 3-dimensionalen Raum geht dies ganz analog zur 2-dimensionalen Ebene.

$$\begin{pmatrix} v_1 \\ v_2 \\ v_3 \end{pmatrix} \in \mathbb{R}^3$$

Die Länge eines Vektors wird oft mit demselben Symbol, aber ohne Fettschreibung, notiert, oder mit einfachen oder doppelten Betragsstrichen.

$|\mathbf{a}| = \|\mathbf{a}\| = a$ ist die Länge des Vektors **a**.

Man bezeichnet die Länge eines Vektors auch als Norm des Vektors.
Wenn er die Länge 1 hat, heißt er normiert.

Die Länge berechnet sich über den Satz des Pythagoras, im 3-Dimensionalen zweimal angewandt.

$|\mathbf{a}| = \sqrt{a_1^2 + a_2^2}$ im 2-Dimens.

$|\mathbf{a}| = \sqrt{a_1^2 + a_2^2 + a_3^2}$ im 3-Dimens.

Im 1-Dimensionalen hat ein Vektor nur eine Komponente, die Länge ist dann $\sqrt{a^2} = |a|$, also der Betrag dieser Komponente.

Wie multiplizierst du Vektoren mit einer reellen Zahl?

Wenn du einen Vektor mit einer reellen Zahl $r > 0$ multiplizierst, bleibt die Richtung des Vektors erhalten und die Länge wird mit r multipliziert.

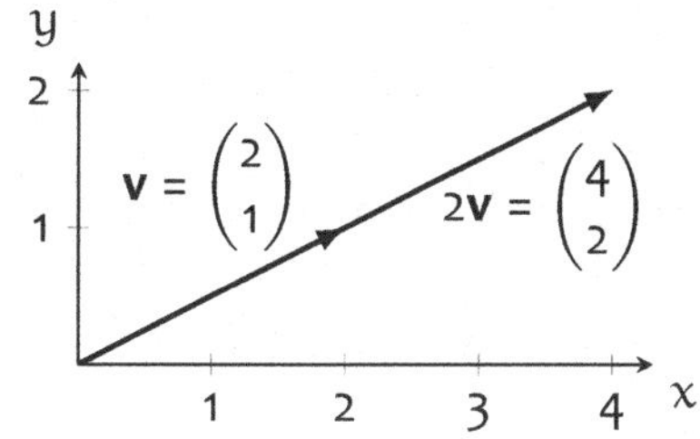

Du multiplizierst also jede Komponente des Vektors mit der Zahl.

$$r\mathbf{v} = r\begin{pmatrix} v_1 \\ v_2 \end{pmatrix} = \begin{pmatrix} rv_1 \\ rv_2 \end{pmatrix} = \begin{pmatrix} r \cdot 2 \\ r \cdot 1 \end{pmatrix} = \begin{pmatrix} 4 \\ 2 \end{pmatrix}$$

Wenn die reelle Zahl kleiner als eins ist, ist der entstehende Vektor kürzer.

$$\tfrac{1}{2}\mathbf{v} = \begin{pmatrix} 1 \\ \frac{1}{2} \end{pmatrix}$$

Wenn die reelle Zahl null ist, ist der entstehende Vektor der Nullvektor.

$$0\mathbf{v} = \begin{pmatrix} 0 \\ 0 \end{pmatrix} = \mathbf{0}$$

Bei der Multiplikation eines Vektors **v** mit −1 erhältst du −**v**.

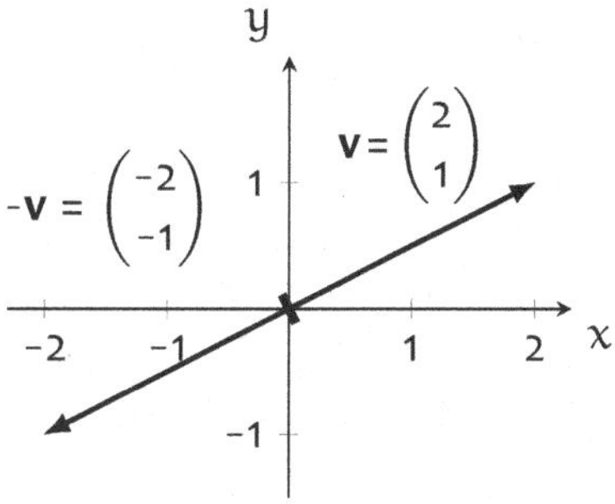

Wenn du einen Vektor mit einer reellen Zahl $r < 0$ multiplizierst, kehrt sich die Richtung des Vektors um und die Länge multipliziert sich.

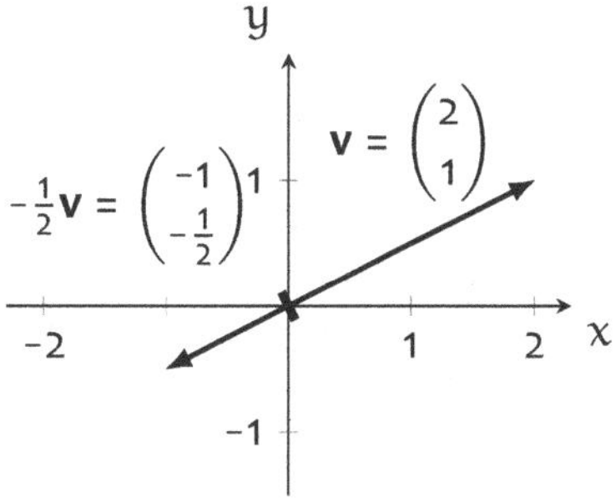

Wie addierst und subtrahierst du Vektoren?

Zwei Vektoren, von denen der Endpunkt des ersten Vektors gleich dem Anfangspunkt des zweiten Vektors ist, haben als Summe den Vektor, der den Anfangspunkt des ersten Vektors und den Endpunkt des zweiten Vektors hat.

$$\overrightarrow{AB} + \overrightarrow{BC} = \overrightarrow{AC}$$

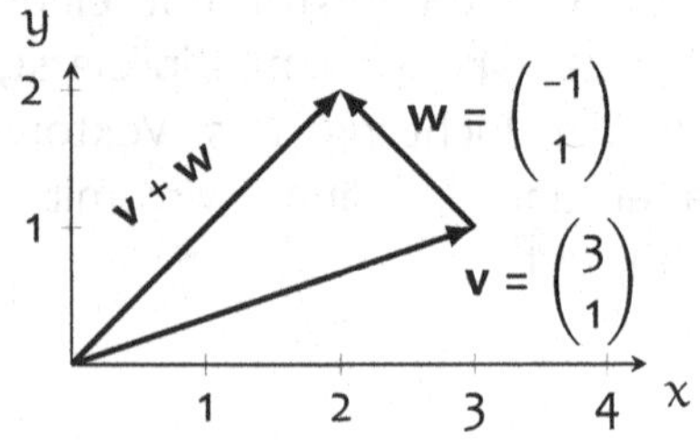

$$\mathbf{v} + \mathbf{w} = \begin{pmatrix} 3 \\ 1 \end{pmatrix} + \begin{pmatrix} -1 \\ 1 \end{pmatrix} = \begin{pmatrix} 2 \\ 2 \end{pmatrix}$$

Wenn du zwei beliebige Vektoren addierst, verschiebst du den einen Vektor so, dass sein Anfangspunkt auf den Endpunkt des anderen Vektors fällt. Dann ist die Summe wieder der Vektor vom Anfangspunkt des ersten zum Endpunkt des zweiten Vektors.

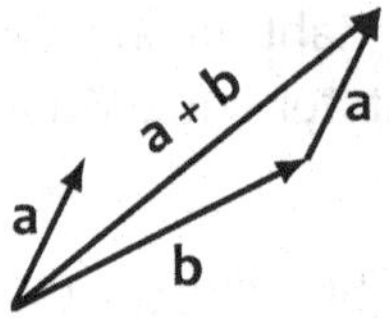

Indem du ein Parallelogramm betrachtest, erkennst du, dass die Reihenfolge bei der Vektoraddition egal ist: Der Endpunkt ist derselbe, egal, ob du erst den Vektor **a** entlang gehst und dann den Vektor **b** oder umgekehrt.

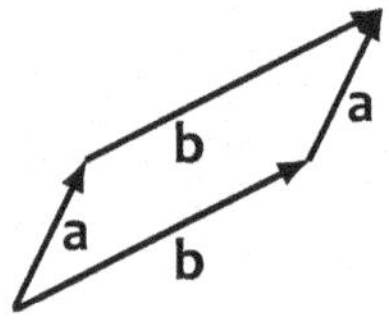

Der Differenzvektor **w** - **v** geht von der Spitze von **v** zur Spitze von **w**.

Äquivalent ist, das Negative von **v** zu **w** zu addieren: **w** - **v** = **w** + (-**v**).

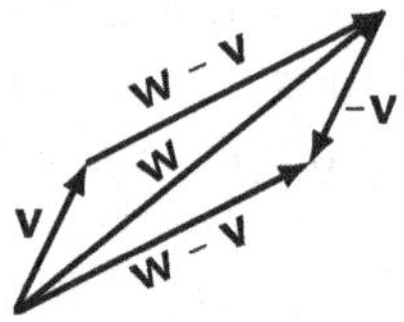

Was ist eine Linearkombination von Vektoren?

Eine Linearkombination von Vektoren ist eine (endliche) Summe von Vielfachen dieser Vektoren, wobei (natürlich) auch negative Vielfachen erlaubt sind, also auch Differenzen.

$2\mathbf{a} + 3\mathbf{b}$ ist eine Linearkombination von **a** und + **b**.
$5{,}6\mathbf{a} - 17{,}3\mathbf{b} - \mathbf{c}$ ist eine Linearkombination von **a**, **b** und **c**.

Die Menge aller Linearkombinationen einer Menge von Vektoren nennt man auch den von ihnen aufgespannten Raum.

$\{r_1\mathbf{a}_1 + r_2\mathbf{a}_2 + \ldots + r_n\mathbf{a}_n, r_i \in \mathbb{R}\}$ ist der von $\mathbf{a}_1, \mathbf{a}_2, \ldots, \mathbf{a}_n$ aufgespannte Raum. Man sagt auch Erzeugnis, Spann oder lineare Hülle.

Für zwei Vektoren kann das Erzeugnis in Abhängigkeit von den aufspannenden Vektoren ganz unterschiedlich aussehen.

Die beiden Vektoren $(0,0,1)^\top$ und $(0,1,0)^\top$ spannen die 2-dimens. Ebene $\left\{(0,r,s)^\top, r,s \in \mathbb{R}\right\}$ auf.

Die beiden Vektoren $(0,0,1)^\top$ und $(0,0,-1)^\top$ spannen die 1-dimens. Gerade $\left\{(0,0,r)^\top, r \in \mathbb{R}\right\}$ auf.

Die beiden Vektoren $(0,0,0)^\top$ und $(0,0,0)^\top$ spannen den 0-dimens. Vektorraum $\left\{(0,0,0)^\top\right\}$ auf.

Dies gilt allgemein: Die Dimension des Erzeugnisses von n Vektoren kann je nachdem, wie die n Vektoren zueinander liegen, 0-, 1-, ..., n-dimensional sein.

Die n Vektoren

$$\begin{pmatrix}1\\0\\\vdots\\0\end{pmatrix}, \begin{pmatrix}0\\1\\\vdots\\0\end{pmatrix}, \ldots \begin{pmatrix}0\\0\\\vdots\\1\end{pmatrix}$$

erzeugen den n-dimensionalen Raum.

Die Dimension des Erzeugnisses von n Vektoren ist genau dann n-dimensional, wenn die Menge der n Vektoren linear unabhängig ist.

Die Menge dieser Vektoren ist linear unabhängig, sie bilden eine Basis des $\mathbb{R}^n$.

Wann ist eine Menge Vektoren linear abhängig?

Eine Menge von Vektoren sind linear abhängig, wenn du eine nichttriviale Linearkombination bilden kannst, die den Nullvektor ergibt.

$r_1\mathbf{a}_1 + r_2\mathbf{a}_2 + \ldots + r_n\mathbf{a}_n = \mathbf{o}$
und nicht alle $a_i = 0$

Nichttrivial heißt, dass nicht alle Koeffizienten null sein dürfen.

Zwei gleiche Vektoren sind linear abhängig.

$1 \cdot \mathbf{a} + (-1) \cdot \mathbf{a} = \mathbf{o}$
$\Rightarrow$ **a** und **a** sind linear abhängig.
Wir schreiben hier und im Folgenden zur Klarheit einen Multiplikationspunkt.

Zwei parallele oder antiparallele Vektoren sind linear abhängig.

$r \cdot \mathbf{a} + (-1) \cdot (r\mathbf{a}) = \mathbf{o}$
$\Rightarrow$ **a** und $r\mathbf{a}$ sind linear abhängig.
r und -1 sind die Koeffizienten.

Eine Menge von Vektoren, die den Nullvektor **o** enthält, ist immer linear abhängig.

$0 \cdot \mathbf{a} + 0 \cdot \mathbf{b} + 1 \cdot \mathbf{o} = \mathbf{o}$
$\Rightarrow$ **a**, **b** und **o** sind linear abhängig.

Drei Vektoren in der Ebene sind immer linear abhängig.

Das ergibt sich daraus, dass zwei Vektoren **u** und **v**, wenn sie nicht schon voneinander linear abhängig sind, die gesamte Ebene aufspannen, d.h. jeder Punkt der Ebene **x** lässt sich als Linearkombination von **u** und **v** schreiben: $\mathbf{x} = r\mathbf{u} + s\mathbf{v}$.
Also ist $r\mathbf{u} + s\mathbf{v} - 1\mathbf{x} = 0$

n Vektoren sind linear unabhängig, wenn die Dimension des von ihnen aufgespannten Raums n ist.

Die zwei Vektoren $\begin{pmatrix} 0 \\ 1 \end{pmatrix}, \begin{pmatrix} 1 \\ 1 \end{pmatrix}$ spannen den 2-dimensionalen Raum $\left\{ \begin{pmatrix} r \\ s \end{pmatrix}, r, s \in \mathbb{R} \right\}$ auf und sind daher linear unabhängig.

Wenn die Dimension des von ihnen aufgespannten Raums kleiner als n ist, sind die Vektoren linear abhängig.

Die zwei Vektoren $\begin{pmatrix} 0 \\ 1 \end{pmatrix}, \begin{pmatrix} 0 \\ 2 \end{pmatrix}$ spannen den 1-dimensionalen Raum $\left\{ \begin{pmatrix} 0 \\ r \end{pmatrix}, r \in \mathbb{R} \right\}$ auf und sind daher linear abhängig

Wann ist eine Menge Vektoren linear unabhängig und wie prüfst du das?

Eine Menge von Vektoren ist linear unabhängig, wenn du den Nullvektor nur durch eine triviale Linearkombination erzeugen kannst.

Wenn gilt:

$$r_1\mathbf{a}_1 + r_2\mathbf{a}_2 + \ldots + r_n\mathbf{a}_n = \mathbf{0}$$
$$\Rightarrow a_i = 0 \text{ für alle } i,$$

dann sind die Vektoren $\mathbf{a}_1, \mathbf{a}_2 \ldots \mathbf{a}_n$ linear unabhängig.

Anschaulich kann man sagen, die Abbildung von den Koeffizienten auf die Linearkombination ist dann injektiv. Für einen gegebenen Vektor als Linearkombination gibt es ein eindeutiges Koeffiziententupel; für den Nullvektor als Linearkombination sind alle Koeffizienten null.

Um zu prüfen, dass eine Menge von Vektoren linear unabhängig ist, setzt du eine allgemeine Linearkombination von ihnen gleich null. Wenn du zeigen kannst, dass daraus folgt, dass alle Koeffizienten der Linearkombination null sein müssen, hast du gezeigt, dass die Vektoren linear unabhängig sind.

Ist $\{(2,3)^\top, (3,5)^\top\}$ lin. unabh.?

Aus $r\begin{pmatrix}2\\3\end{pmatrix} + s\begin{pmatrix}3\\5\end{pmatrix} = \begin{pmatrix}0\\0\end{pmatrix}$ folgt

$2r + 3s = 0$
$3r + 5s = 0.$

Auflösung des LGS gibt $r = s = 0$.

$\Rightarrow$ Die Vektoren $\begin{pmatrix}2\\3\end{pmatrix}$ und $\begin{pmatrix}3\\5\end{pmatrix}$ sind linear unabhängig.

Wenn sich eine nichttriviale Lösung für die Koeffizienten ergibt, sind die Vektoren linear abhängig.

Ist $\{(2,3)^\top, (4,6)^\top\}$ lin. unabh.?

Aus $r\begin{pmatrix}2\\3\end{pmatrix} + s\begin{pmatrix}4\\6\end{pmatrix} = \begin{pmatrix}0\\0\end{pmatrix}$ folgt

$2r + 4s = 0$
$3r + 6s = 0.$

Eine Lösung ist z. B. $r = 2, s = -1$.

$\Rightarrow$ Die Vektoren $\begin{pmatrix}2\\3\end{pmatrix}$ und $\begin{pmatrix}4\\6\end{pmatrix}$ sind linear abhängig.

Was ist das Skalarprodukt?

Das Skalarprodukt ordnet zwei Vektoren eine Zahl zu.

$\mathbf{a}, \mathbf{b} \in \mathbb{R}^2, \quad \mathbf{a} \cdot \mathbf{b} \in \mathbb{R}$

Eine Zahl wird auch Skalar genannt.

Du berechnest es, indem du die jeweiligen Komponenten miteinander multiplizierst und diese Produkte addierst.

$\mathbf{a} \cdot \mathbf{b} = a_1 b_1 + a_2 b_2$

$$\begin{pmatrix} 1 \\ 2 \end{pmatrix} \cdot \begin{pmatrix} 2 \\ 3 \end{pmatrix} = 1 \cdot 2 + 2 \cdot 3 = 8$$

Wenn das Skalarprodukt null ist, ohne dass einer der beiden Vektoren der Nullvektor ist, zeigt es an, dass die beiden Vektoren senkrecht aufeinander stehen.

$\mathbf{a} \cdot \mathbf{b} = 0 \Rightarrow \mathbf{a} \perp \mathbf{b}$

Die beiden Vektoren $\mathbf{a} = (1, 2)^\top$ und $\mathbf{b} = (-2, 1)^\top$ stehen senkrecht aufeinander. Du kannst dir das überlegen, wenn du die Parallelen zur y-Achse einzeichnest und siehst, dass die beiden Dreiecke kongruent zueinander sind.

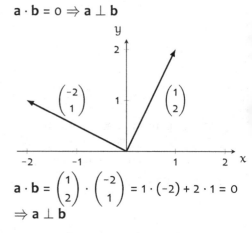

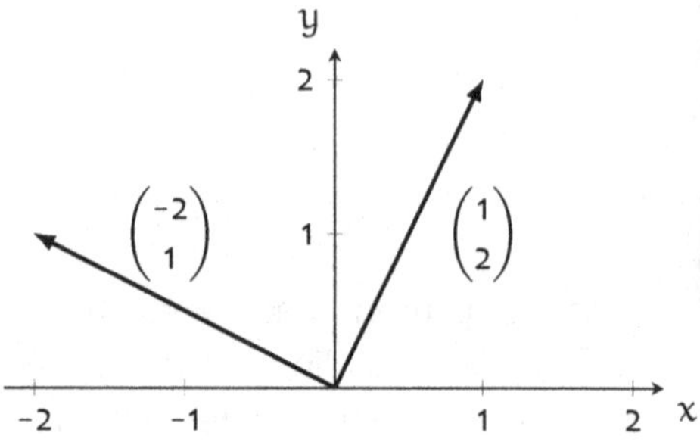

$$\mathbf{a} \cdot \mathbf{b} = \begin{pmatrix} 1 \\ 2 \end{pmatrix} \cdot \begin{pmatrix} -2 \\ 1 \end{pmatrix} = 1 \cdot (-2) + 2 \cdot 1 = 0$$

$\Rightarrow \mathbf{a} \perp \mathbf{b}$

Im 3-Dimensionalen geht es ganz analog.

$\mathbf{a}, \mathbf{b} \in \mathbb{R}^3, \quad \mathbf{a} \cdot \mathbf{b} \in \mathbb{R}$

$\mathbf{a} \cdot \mathbf{b} = a_1 b_1 + a_2 b_2 + a_3 b_3$

Die drei Vektoren $\mathbf{a} = (1, 1, 2)^\top$, $\mathbf{b} = (1, 1, -1)^\top$ und $\mathbf{c} = (-1, 1, 0)^\top$ stehen paarweise aufeinander senkrecht.

Es gilt z.B. $\mathbf{a} \cdot \mathbf{b} = 1 \cdot 1 + 1 \cdot 1 + 2 \cdot (-1) = 0$

$\Rightarrow \mathbf{a} \perp \mathbf{b}$

Man kann die Skalarprodukt-Gleichung $\mathbf{a} \cdot \mathbf{b} = c$ nicht nach dem Vektor $\mathbf{a}$ auflösen, da jeder Vektor $\mathbf{b}_\perp$, der auf $\mathbf{b}$ senkrecht steht, mit $\mathbf{b}$ skalar multipliziert null ergibt. Damit ist mit jeder Lösung $\mathbf{a}$ auch $\mathbf{a} + \mathbf{b}_\perp$ eine Lösung. Die Lösung ist nicht eindeutig.

Die Menge der Endpunkte aller Vektoren $\mathbf{x}$ mit $\mathbf{x} \cdot \mathbf{b} = c$ ist im 2-Dimensionalen eine Gerade senkrecht zu $\mathbf{b}$ und im 3-Dimensionalen eine ebensolche Ebene.

Wie bestimmst du den Winkel zwischen zwei Vektoren?

Das Skalarprodukt ist gleich der Länge des ersten Vektors mal der Länge des zweiten Vektors mal dem Kosinus des eingeschlossenen Winkels.

Das kannst du durch Vergleich des Kosinussatzes mit $(\mathbf{a}-\mathbf{b})^2$ verstehen:

$$c^2 = a^2 + b^2 - 2ab\cos\varphi$$

$$c^2 = (\mathbf{a}-\mathbf{b})^2 = \underbrace{\mathbf{a}^2}_{a^2} + \underbrace{\mathbf{b}^2}_{b^2} - 2\,\mathbf{a}\cdot\mathbf{b}$$

$$\Rightarrow \mathbf{a}\cdot\mathbf{b} = ab\cos\varphi, \quad \varphi = \angle(\mathbf{a},\mathbf{b})$$

Somit kannst du mit dem Skalarprodukt einfach den Winkel zwischen zwei Vektoren bestimmen.

$$\Rightarrow \cos\varphi = \frac{\mathbf{a}\cdot\mathbf{b}}{ab}$$

Du kannst die Länge als Wurzel des Skalarprodukts des Vektors mit sich selbst berechnen.

$$|\mathbf{a}| = a = \sqrt{\mathbf{a}\cdot\mathbf{a}} = \sqrt{a_1^2 + a_2^2}$$

bzw. $\sqrt{a_1^2 + a_2^2 + a_3^2}$ im 3-Dimens.

Damit kannst du das Skalarprodukt nach dem Kosinus des Winkels auflösen.

$$\cos\varphi = \frac{\mathbf{a}\cdot\mathbf{b}}{ab} = \frac{a_1b_1 + a_2b_2}{\sqrt{a_1^2 + a_2^2}\sqrt{b_1^2 + b_2^2}}$$

Wenn das Skalarprodukt null ist, ist der Kosinus null und der Winkel ist $\pm 90^\circ$.

$$\cos\varphi = 0 \Rightarrow \varphi = \pm 90^\circ$$

Du kannst so z.B. den Winkel zwischen der Diagonale eines Quadrats und einer Kante berechnen.

$$\begin{pmatrix}1\\1\end{pmatrix}\cdot\begin{pmatrix}1\\0\end{pmatrix} = 1 = \left|\begin{pmatrix}1\\1\end{pmatrix}\right|\left|\begin{pmatrix}1\\0\end{pmatrix}\right|\cos\varphi$$

$$\Rightarrow 1 = \sqrt{2}\cos\varphi \Rightarrow \cos\varphi = \frac{\sqrt{2}}{2}$$

$$\Rightarrow \varphi = 45^\circ$$

Du kannst analog den Winkel zwischen der Raumdiagonale eines Würfels und einer Kante berechnen.

$$\begin{pmatrix}1\\1\\1\end{pmatrix}\cdot\begin{pmatrix}1\\0\\0\end{pmatrix} = 1\cdot 1 + 1\cdot 0 + 1\cdot 0 = 1$$

$$= \left|\begin{pmatrix}1\\1\\1\end{pmatrix}\right|\left|\begin{pmatrix}1\\0\\0\end{pmatrix}\right|\cos\varphi$$

$$\Rightarrow 1 = \sqrt{3}\cos\varphi \Rightarrow \cos\varphi = \frac{\sqrt{3}}{3}$$

$$\Rightarrow \varphi = \arccos\frac{\sqrt{3}}{3} \approx 54{,}7^\circ$$

Was hat das Skalarprodukt mit Projektion zu tun?

Wenn der Vektor, mit dem du skalarmultiplizierst, ein Einheitsvektor ist, ist das Skalarprodukt die Projektion auf die Richtung dieses Vektors.

$$\mathbf{e} \cdot \mathbf{a} = |\mathbf{e}|\,|\mathbf{a}| \cos \varphi$$
$$|\mathbf{e}| = 1 \Rightarrow \mathbf{e} \cdot \mathbf{a} = |\mathbf{a}| \cos \varphi = a_{\|\mathbf{e}}$$

Somit ist $\mathbf{e} \cdot \mathbf{a} = a_{\|\mathbf{e}}$,
wobei $a_{\|\mathbf{e}}$ die Länge der Projektion des Vektors **a** auf die Richtung **e** ist.

Wenn du auf drei aufeinander senkrecht stehende Einheitsvektoren projizierst, bekommst du die drei Projektionen und durch Multiplikation mit $\mathbf{e}_i$ die entsprechenden Anteile des Vektors längs der Einheitsvektoren und durch Summenbildung wieder den ursprünglichen Vektor.

$$\mathbf{e}_1 \cdot \mathbf{a} = a_{\|\mathbf{e}_1}$$
$$\mathbf{e}_2 \cdot \mathbf{a} = a_{\|\mathbf{e}_2}$$
$$\mathbf{e}_3 \cdot \mathbf{a} = a_{\|\mathbf{e}_3}$$

$$\mathbf{a} = \sum_{i=1}^{3} \mathbf{e}_i a_{\|\mathbf{e}_i}$$

Für das Folgende benötigst du die Matrizenmultiplikation.

Dies lässt sich mit der Matrixschreibweise des Skalarprodukts elegant wie rechts schreiben, wobei **1** die 3-dimensionale Einheitsmatrix bezeichnet.

$$\begin{aligned} \mathbf{a} &= \sum_{i=1}^{3} \mathbf{e}_i a_{\|\mathbf{e}_i} \\ &= \sum_{i=1}^{3} \mathbf{e}_i (\mathbf{e}_i \cdot \mathbf{a}) \\ &= \sum_{i=1}^{3} \mathbf{e}_i \mathbf{e}_i^\top \mathbf{a}, \text{ also} \\ \mathbf{1} &= \sum_{i=1}^{3} \mathbf{e}_i \mathbf{e}_i^\top . \end{aligned}$$

Wenn die $\mathbf{e}_i$ die kanonischen Basisvektoren sind, ergibt sich einfach die Gleichung rechts.

$$\begin{pmatrix} 1&0&0\\0&1&0\\0&0&1 \end{pmatrix} = \begin{pmatrix} 1&0&0\\0&0&0\\0&0&0 \end{pmatrix} + \begin{pmatrix} 0&0&0\\0&1&0\\0&0&0 \end{pmatrix} + \begin{pmatrix} 0&0&0\\0&0&0\\0&0&1 \end{pmatrix}$$

Diese Darstellung der Eins mithilfe einer Basis (ganz rechts in der sogenannten Bra-ket-Schreibweise, auf die wir nicht genauer eingehen) lässt sich in vielerlei Weise verallgemeinern.

$$\mathbf{1} = \sum_i \mathbf{e}_i \mathbf{e}_i^\top \qquad \mathbf{1} = \sum_i |i\rangle\langle i|$$

Wenn der Vektorraum ein Funktionenraum ist, und das Skalarprodukt das Integral über dem Produkt zweier Funktionen, kann man mit einem vollständigen Orthonormalsystem so die Fourierzerlegung erhalten.

Wie kannst du eine Gerade in der Parameterform darstellen?

Eine Gerade kannst du durch einen Punkt und ihre Richtung angeben.

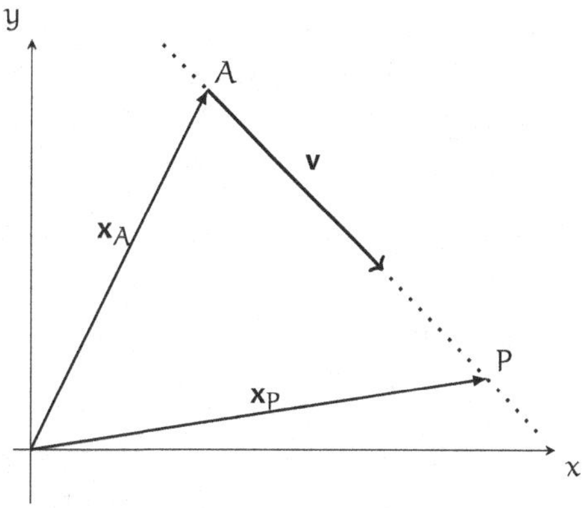

Der Ortsvektor zu einem beliebigen Punkt P auf der Gerade minus dem Ortsvektor zu dem gegebenen Punkt A ist ein Vielfaches des Richtungsvektors: $\mathbf{x}_P - \mathbf{x}_A = r\mathbf{v}$.

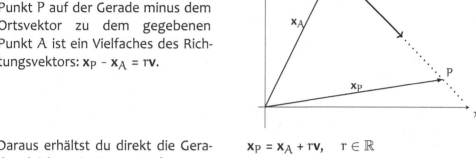

Daraus erhältst du direkt die Geradengleichung in Parameterform.

$$\mathbf{x}_P = \mathbf{x}_A + r\mathbf{v}, \quad r \in \mathbb{R}$$

Für jeden Wert des Parameters $r \in \mathbb{R}$ erhältst du einen Punkt; wenn r alle reellen Zahlen durchläuft, durchläuft der entsprechende Punkt die ganze Gerade.

$r = 0$ ergibt den Ortsvektor $\mathbf{x}_A$, also den Punkt A,
$r = \frac{1}{2}$ ergibt $\mathbf{x}_A + \frac{1}{2}\mathbf{v}$
$r = 1$ ergibt $\mathbf{x}_A + \mathbf{v}$
$r = -1$ ergibt $\mathbf{x}_A - \mathbf{v}$

Wenn du die Parameterform der Geraden durch die Punkte A und B angeben willst, kannst du als Richtungsvektor einfach die Differenz der beiden Ortsvektoren wählen.

Richtungsvektor:
$\mathbf{v} = \mathbf{x}_B - \mathbf{x}_A$

Geradengleichung:
$\mathbf{x}_P = \mathbf{x}_A + r(\mathbf{x}_B - \mathbf{x}_A), \quad r \in \mathbb{R}$

Der Parameterwert $r = 0$ ergibt den Punkt A, $r = 1$ den Punkt B.

$r = 0 \Rightarrow \mathbf{x}_P = \mathbf{x}_A$
$r = 1 \Rightarrow \mathbf{x}_P = \mathbf{x}_A + (\mathbf{x}_B - \mathbf{x}_A) = \mathbf{x}_B$

Dies gilt alles genau gleich im 2- wie im 3-Dimensionalen bzw. in allen Dimensionen.

Im 1-Dimensionalen ist es nur eine Verschiebung und Skalierung des Zahlenstrahls.

Du kannst die Vektoren natürlich auch in Komponenten ausschreiben, rechts die Gerade oben.

$$\begin{pmatrix} x \\ y \end{pmatrix} = \begin{pmatrix} 1 \\ 2 \end{pmatrix} + r\begin{pmatrix} 1 \\ -1 \end{pmatrix}, \quad r \in \mathbb{R}$$

$$\begin{aligned} x &= 1 + r \\ y &= 2 - r \end{aligned} \quad r \in \mathbb{R}$$

Wie kannst du eine Ebene in der Parameterform darstellen?

Die Parametergleichung einer Ebene im 3-Dimensionalen ist ganz analog zu der einer Geraden, du brauchst nun nur zwei Parameter.

Eine Ebene kannst du durch einen Punkt und zwei Richtungsvektoren angeben.

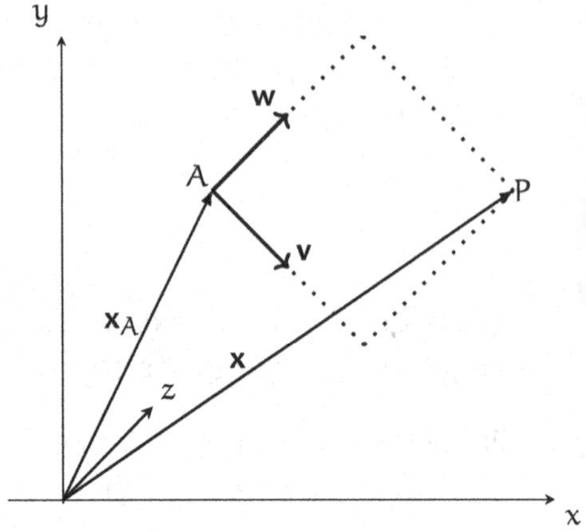

Der Ortsvektor zu einem beliebigen Punkt P auf der Ebene minus dem Ortsvektor zu dem gegebenen Punkt A ist eine Linearkombination der beiden Richtungsvektoren.

Daraus erhältst du direkt die Ebenengleichung in Parameterform.

$$\mathbf{x}_P - \mathbf{x}_A = r\mathbf{v} + s\mathbf{w}, \quad r, s \in \mathbb{R}$$

$$\mathbf{x}_P = \mathbf{x}_A + r\mathbf{v} + s\mathbf{w}, \quad r, s \in \mathbb{R}$$

r und s sind die beiden Parameter, für jedes Paar $(r, s) \in \mathbb{R}^2$ erhältst du einen Punkt; wenn r und s alle reelle Zahlen durchlaufen, durchläuft der entsprechende Punkt die ganze Ebene.

Wenn du die Parameterform der Ebenen durch drei Punkte A, B und C angeben willst, kannst du als Richtungsvektoren einfach die beiden Differenzen der Ortsvektoren von B und C zu dem Ortsvektor von A wählen.

1. Richtungsvektor: $\mathbf{v} = \mathbf{x}_B - \mathbf{x}_A$
2. Richtungsvektor: $\mathbf{w} = \mathbf{x}_C - \mathbf{x}_A$

$$\mathbf{x}_P = \mathbf{x}_A + r(\mathbf{x}_B - \mathbf{x}_A) + s(\mathbf{x}_C - \mathbf{x}_A), r, s \in$$

Die Parameter $r = 0, s = 0$ ergeben A, die Parameter $r = 1, s = 0$ den Punkt B und die Parameter $r = 0, s = 1$ den Punkt C.

Dies gilt im 3-Dimensionalen; im 2-Dimensionalen ist die Parametergleichung der Ebene nur eine Koordinatentransformation.

(und analog auch in höheren Dimensionen)

Im 1-Dimensionalen gibt es keine zwei linear unabhängigen Richtungsvektoren und folglich keine Ebenen.

Wie kannst du eine Gerade in der Hesse-Normal-Form darstellen? (I)

Wenn du dir einen beliebigen Vektor **n** in der Ebene vorgibst und überlegst, wo die Spitzen aller Vektoren **x** liegen, die mit ihm ein Skalarprodukt gleich null bilden, dann ist das die senkrecht zu ihm stehende Ursprungsgerade.

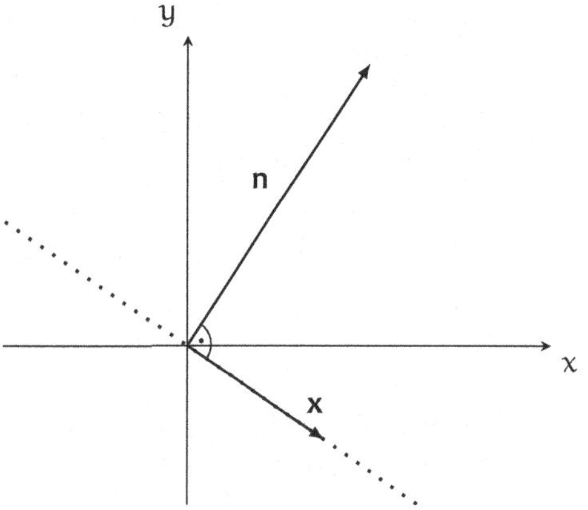

Daher ist $\mathbf{x}\cdot\mathbf{n} = 0$ im 2-Dimensionalen die Gleichung der Ursprungsgeraden, die senkrecht auf **n** steht.

$\mathbf{x} \cdot \mathbf{n} = 0$: Gleichung der Geraden, die auf **n** senkrecht steht.

n: Normalenvektor der Geraden
„normal" bedeutet senkrecht.

Wenn die Gerade weiterhin senkrecht auf **n** stehen soll, aber durch den Punkt A gehen soll, dann muss $\overrightarrow{AP} = \mathbf{x} - \mathbf{x}_A$ senkrecht auf **n** stehen.

Alle Punkte auf der Geraden haben mit dem Normalenvektor also ein konstantes Skalarprodukt: $\mathbf{x}\cdot\mathbf{n} = \mathbf{x}_A\cdot\mathbf{n} = \text{const}$. Dies stimmt damit überein, dass das Skalarprodukt $\mathbf{x}\cdot\mathbf{n}$ das Produkt aus Projektion von **x** auf **n** und der Länge von **n** ist.

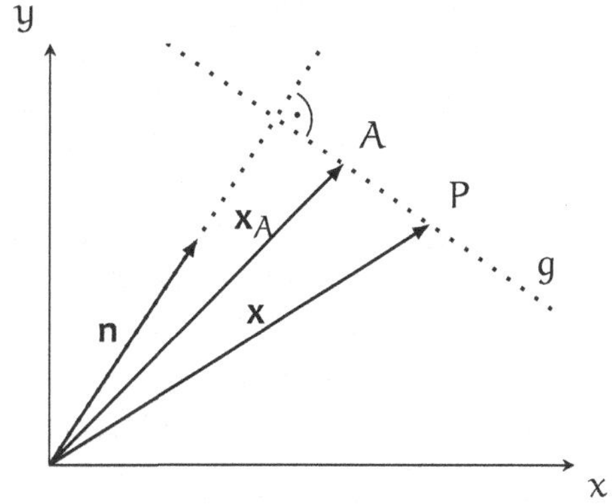

$$(\mathbf{x} - \mathbf{x}_A)\cdot\mathbf{n} = 0$$
$$\mathbf{x}\cdot\mathbf{n} - \mathbf{x}_A\cdot\mathbf{n} = 0$$
$$\mathbf{x}\cdot\mathbf{n} - \text{const.} = 0$$

Wenn **n** normiert ist, also ein Normaleneinheitsvektor, dann ist die Konstante der Abstand der Geraden zum Ursprung.

Das erkläre ich noch genauer auf der nächste Seite.

Wie kannst du eine Gerade in der Hesse-Normal-Form darstellen? (II)

Wenn du nun den Vektor $\mathbf{n}$ normierst (also so skalierst, dass er die Länge 1 hat), dann ist $\mathbf{x} \cdot \mathbf{n}_0$ die Länge der Projektion von $\mathbf{x}$ auf die Richtung von $\mathbf{n}_0$, also der Abstand von $\mathbf{x}$ zu der Ursprungsgeraden senkrecht zu $\mathbf{n}$.

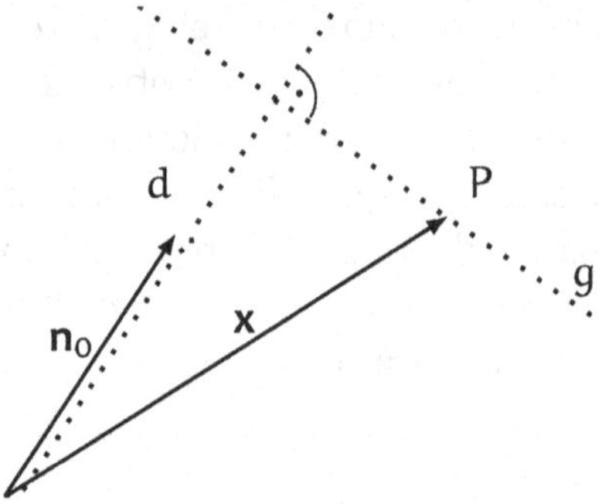

$$\mathbf{x} \cdot \mathbf{n}_0 = \mathbf{x}_{\|\mathbf{n}_0} \underbrace{|\mathbf{n}_0|}_{=1} = \mathbf{x}_{\|\mathbf{n}_0}$$

Somit haben alle Punkte auf einer Geraden senkrecht zu $\mathbf{n}$ mit dem Abstand d den Wert $\mathbf{x} \cdot \mathbf{n}_0 = d$.

Gerade g mit Normaleneinheitsvektor $\mathbf{n}_0$ und Abstand $d \geq 0$ vom Ursprung:

g: $\mathbf{x} \cdot \mathbf{n}_0 = d$

g: $\mathbf{x} \cdot \mathbf{n}_0 - d = 0$

Der Ausdruck $d(\mathbf{x}, g) = \mathbf{x} \cdot \mathbf{n}_0 - d$ gibt also den (vorzeichenbehafteten) Abstand eines Punktes $\mathbf{x}$ von der Geraden g an.

Wenn der Wert von $d(\mathbf{x}, g)$ gleich null ist, liegt der Punkt auf der Geraden. Wenn der Abstand negativ ist, liegt der Punkt auf der gleichen Seite der Geraden wie der Ursprung. Wenn der Wert positiv ist, liegt er auf der anderen Seite der Geraden wie der Ursprung.

$$d(\mathbf{x}, g) = \mathbf{x} \cdot \mathbf{n}_0 - d \begin{cases} < 0 & \mathbf{x} \text{ auf gleicher Seite wie Ursprung} \\ = 0 & \mathbf{x} \text{ auf der Geraden} \\ > 0 & \mathbf{x} \text{ auf anderer Seite wie Ursprung} \end{cases}$$

Für den Ursprung ergibt sich $d(\mathbf{o}, g) = -d \leq 0$.

Die Trennung des $\mathbb{R}^2$ bzw. des $\mathbb{R}^n$ in zwei Bereiche ist auch grundlegend für Data Science.

Ein Perzeptron als einfacher Baustein eines neuronalen Netzes kann die trennende Hyperebene, also $\mathbf{n}_0$ und d, durch klassifizierte Beispieldatenpunkte „erlernen".

Diese Darstellung einer Geraden in der Ebene über den Normalenvektor nennt man die Hesse-Normal-Form.

Die Hesse-Normal-Form ist eine implizite Gleichung für die Gerade.

Wie kannst du eine Ebene in der Hesse-Normal-Form darstellen?

Die Hesse-Normal-Form einer Ebene im 3-Dimensionalen geht ganz analog zu der einer Geraden im 2-Dimensionalen.

Die Ortsvektoren aller Punkte, die auf einer Ebene liegen, die senkrecht zu dem Einheitsvektor $\mathbf{n}_0$ steht und vom Ursprung den Abstand d hat (in Richtung von $\mathbf{n}_0$ gemessen), haben als Skalarprodukt mit $\mathbf{n}_0$ den Wert d.

Ebene E mit Normaleneinheitsvektor $\mathbf{n}_0$ und Abstand $d \geq 0$ vom Ursprung:

E: $\mathbf{x} \cdot \mathbf{n}_0 = d$

E: $\mathbf{x} \cdot \mathbf{n}_0 - d = 0$

Wenn der Wert von $d(\mathbf{x}, g)$ gleich null ist, liegt der Punkt auf der Ebene. Wenn der Abstand negativ ist, liegt der Punkt auf der gleichen Seite der Ebene wie der Ursprung. Wenn der Wert positiv ist, liegt er auf der anderen Seite der Ebene wie der Ursprung.

$$d(\mathbf{x}, E) = \mathbf{x} \cdot \mathbf{n}_0 - d$$

$$\begin{cases} < 0 & \mathbf{x} \text{ auf gleicher Seite wie Ursprung} \\ = 0 & \mathbf{x} \text{ auf der Ebene} \\ > 0 & \mathbf{x} \text{ auf anderer Seite wie Ursprung} \end{cases}$$

Wenn du das Skalarprodukt als Summe der Produkte der Komponenten ausrechnest und die Konstante noch auf die andere Seite bringst und auf 1 normierst, erhältst du die Ebene in Achsenabschnittsform.

Die HNF-Form der Ebene mit Normalenvektor $(1, 2, 2)^\top$ und Abstand 2 vom Ursprung:

$$E: \begin{pmatrix} 1/3 \\ 2/3 \\ 2/3 \end{pmatrix} \cdot \mathbf{x} - 2 = 0$$

ergibt $x_1 + 2x_2 + 2x_3 = 6$ und somit die Achsenabschnittsform

$$\frac{x_1}{6} + \frac{x_2}{3} + \frac{x_3}{3} = 1.$$

Die Ebene hat also die Achsenabschnitte 6, 3 und 3.

Wie kannst du verschiedene Formen der Geraden- oder Ebenen-Gleichung ineinander umrechnen? (I)

Es gibt für Geraden in der Ebene und für Ebenen im Raum die explizite Form, also die aufgelöste Form nach einer Variablen.

$$g: y = x + 1$$

$$E: z = x + y + 1$$

Diese Form ist sehr ähnlich der Hesse-Normal-Form. Du kannst die beiden Formen leicht ineinander umrechnen. Dazu schreibst du die Linearkombination von x und y (und z bei Ebenen) als Skalarprodukt. Die Koeffizienten der Linearkombination werden zu den Komponenten des Normalenvektors. Dann normierst du den Normalenvektor noch und bringst alle Terme auf eine Seite und erhältst somit die HNF.

$$g: -x + y = 1$$

$$g: \begin{pmatrix} -1 \\ 1 \end{pmatrix} \cdot \begin{pmatrix} x \\ y \end{pmatrix} = 1$$

$$g: \begin{pmatrix} -\sqrt{2}/2 \\ \sqrt{2}/2 \end{pmatrix} \cdot \begin{pmatrix} x \\ y \end{pmatrix} - \frac{\sqrt{2}}{2} = 0$$

$$E: -x - y + z = 1$$

$$E: \begin{pmatrix} -1 \\ -1 \\ 1 \end{pmatrix} \cdot \begin{pmatrix} x \\ y \\ z \end{pmatrix} = 1$$

$$E: \begin{pmatrix} -\sqrt{3}/3 \\ -\sqrt{3}/3 \\ \sqrt{3}/3 \end{pmatrix} \cdot \begin{pmatrix} x \\ y \\ z \end{pmatrix} - \frac{\sqrt{3}}{3} = 0$$

Die Parameterform von Geraden in der Ebene kannst du in die HNF-Form umrechnen, indem du mit einem Vektor multiplizierst, der senkrecht auf dem Richtungsvektor steht, sodass der Parameter herausfällt.

$$g: \begin{pmatrix} x \\ y \end{pmatrix} = \begin{pmatrix} 1 \\ 2 \end{pmatrix} + r \begin{pmatrix} 1 \\ -1 \end{pmatrix} \quad \Big| \cdot \begin{pmatrix} 1 \\ 1 \end{pmatrix}$$

$$g: \begin{pmatrix} 1 \\ 1 \end{pmatrix} \cdot \begin{pmatrix} x \\ y \end{pmatrix} = \begin{pmatrix} 1 \\ 1 \end{pmatrix} \cdot \begin{pmatrix} 1 \\ 2 \end{pmatrix} + r \underbrace{\begin{pmatrix} 1 \\ 1 \end{pmatrix} \cdot \begin{pmatrix} 1 \\ -1 \end{pmatrix}}_{=0}$$

$$g: \begin{pmatrix} 1 \\ 1 \end{pmatrix} \cdot \begin{pmatrix} x \\ y \end{pmatrix} = 3$$

$$g: \begin{pmatrix} \sqrt{2}/2 \\ \sqrt{2}/2 \end{pmatrix} \cdot \begin{pmatrix} x \\ y \end{pmatrix} - \frac{3\sqrt{2}}{2} = 0$$

Im letzten Schritt habe ich den Normalenvektor normiert und alles auf eine Seite gebracht.

Bei Ebenen brauchst du einen Vektor, der senkrecht zu beiden Richtungsvektoren der Ebene steht. Diesen kannst du auf einfache Weise mit dem Vektorprodukt finden, das ich später erkläre.

Wie kannst du verschiedene Formen der Geraden- oder Ebenen-Gleichung ineinander umrechnen? (II)

Wenn du die HNF einer Geraden im 2-Dimensionalen vorliegen hast und die Parameterform möchtest, löst du die lineare Gleichung, die dir die HNF direkt liefert, so, wie du ein lineares Gleichungssystem mit einer Gleichung und zwei Variablen löst.

$$g: \begin{pmatrix} \sqrt{2}/2 \\ \sqrt{2}/2 \end{pmatrix} \cdot \begin{pmatrix} x \\ y \end{pmatrix} - \frac{3\sqrt{2}}{2} = 0$$

$g: x + y = 3$

Du kannst z.B. y als Parameter wählen:

$y = t, \quad t \in \mathbb{R}.$

Daraus folgt:

$x = 3 - t.$

Somit erhältst du :

$$\begin{pmatrix} x \\ y \end{pmatrix} = \begin{pmatrix} 3 \\ 0 \end{pmatrix} + t \begin{pmatrix} -1 \\ 1 \end{pmatrix}, \quad t \in \mathbb{R}.$$

Da die Parameterform nicht eindeutig ist, kannst du verschiedene Parameterformen erhalten.

Für die Umrechnung der HNF einer Ebene im 3-Dimensionalen in die Parameterform gehst du ganz analog vor, nur, dass du nun ein lineares Gleichungssystem mit einer Gleichung und drei Variablen löst.

$$E: \begin{pmatrix} \sqrt{3}/3 \\ \sqrt{3}/3 \\ \sqrt{3}/3 \end{pmatrix} \cdot \begin{pmatrix} x \\ y \\ z \end{pmatrix} - \frac{\sqrt{3}}{3} = 0$$

$E: x + y + z = 1$

Du kannst z.B. y und z als Parameter wählen:

$y = r, \quad r \in \mathbb{R}$

$z = s, \quad s \in \mathbb{R}.$

Daraus folgt:

$x = 1 - r - s.$

Somit erhältst du:

$$\begin{pmatrix} x \\ y \\ z \end{pmatrix} = \begin{pmatrix} 1 \\ 0 \\ 0 \end{pmatrix} + r \begin{pmatrix} -1 \\ 1 \\ 0 \end{pmatrix} + s \begin{pmatrix} -1 \\ 0 \\ 1 \end{pmatrix}$$

$r, s \in \mathbb{R}.$

Übersicht: Parametrische und implizite Gleichungen

	parametrisch	implizit
Gerade in 2d	$\mathbf{x} = \mathbf{x}_A + r\mathbf{u}, \quad r \in \mathbb{R}$	$(\mathbf{x} - \mathbf{x}_A) \cdot \mathbf{n} = d$ (HNF)
Gerade in 3d	$\mathbf{x} = \mathbf{x}_A + r\mathbf{u}, \quad r \in \mathbb{R}$	unüblich (würde zwei Gleichungen benötigen)
Ebene in 3d	$\mathbf{x} = \mathbf{x}_A + r\mathbf{u} + s\mathbf{v}, \quad r, s \in \mathbb{R}$	$(\mathbf{x} - \mathbf{x}_A) \cdot \mathbf{n} = d$ (HNF)
	Die Anzahl der Parameter ist i. A. die Dimension des Objekts.	Die Anzahl der Gleichungen ist i. A. die Kodimension des Objekts (Dim. des Raums minus Dim. des Objekts).
Parametrische Form und implizite Gleichung sind komplementär:		
	Einfach zu zeichnen (Schleife über Parameter)	Schwierig zu zeichnen (implizite Gleichung zu lösen)
	Schwierig zu prüfen, ob ein Punkt darauf liegt (Gleichungssystem zu lösen)	Einfach zu prüfen, ob ein Punkt darauf liegt (durch Einsetzen)
Ein Beispiel für nichtlineare algebraische Objekte, die durch polynomiale Gleichungen beschrieben werden können und Varietäten genannt werden:		
Kreislinie in 2d	rationale (algebraische) Parametrisierung: $x = \frac{1 - t^2}{1 + t^2}$, $y = \frac{2t}{1 + t^2}$, $t \in \mathbb{R} \cup \{\infty\}$ trigonometrische (transzendente) Parametrisierung: $x = \cos(\varphi)$, $y = \sin(\varphi)$, $\varphi \in [0, 2\pi)$	$x^2 + y^2 = 1$

Explizite Gleichungen wie $z = 2x+y$ sind nur möglich, wenn „über jedem Punkt" des Raum der unabhängigen Variablen (gewissermaßen die Parameter, hier x und y) maximal ein Punkt des Objekts liegt, da das Objekt bei einer expliziten Gleichung als Graph einer Funktion dargestellt wird.

Vektoren, Matrizen und lineare Gleichungssysteme

Vektoren sind nicht nur im 2- und 3-dimensionalen Anschauungsraum relevant, sondern ein ganz mächtiges Konzept in vielen Gebieten der Mathematik.

Ich erkläre dir, was allgemeine Vektorräume sind und was man unter einer Basis eines Vektorraums versteht.

Man kann auf Vektorräumen lineare Abbildungen definieren, das hängt eng mit linearen Gleichungssystemen zusammen, deren Lösungsmenge einen Vektorraum oder einen affinen Raum bilden.

Lineare Abbildungen lassen sich als Matrizen, das sind rechteckige Zahlenschema, darstellen. Für quadratische Matrizen kann man die Determinante berechnen, eine wichtige Kenngröße der Matrix.

Mithilfe der Determinante können wir im 3-Dimensionalen ein weiteres Produkt zweier Vektoren, das sogenannte Vektorprodukt definieren.

Dann bringe ich die beiden Kapitel zur analytischen Geometrie und linearen Algebra zusammen und zeige dir, wie man mit linearen Gleichungssystemen Schnittpunkte von affinen Unterräumen (wie Geraden und Ebenen) bestimmt.

A. Gründers, *Mathe übersichtlich: Von den Basics bis zur Analysis*,
https://doi.org/10.1007/978-3-662-70883-5_12

Was ist ein (abstrakter) Vektorraum?

Ein Vektorraum über den reellen Zahlen ist zunächst eine Menge V, in der man genauso addieren und subtrahieren kann wie etwa in den ganzen Zahlen, man spricht von einer Gruppe.

$(V, +)$ bildet eine abelsche Gruppe:

(i) Für alle $\mathbf{v}, \mathbf{w} \in V$ gilt: $\mathbf{v} + \mathbf{w} = \mathbf{w} + \mathbf{v} \in V$

(ii) Es gibt $\mathbf{o} \in V$ (Nullvektor), sodass $\mathbf{v} + \mathbf{o} = \mathbf{v}$.

(iii) Zu jedem $\mathbf{v} \in V$ gibt es $-\mathbf{v} \in V$ sodass $\mathbf{v} + (-\mathbf{v}) = 0$.

Beispiele für abelsche Gruppen sind $(\mathbb{Z}, +), (\mathbb{Q}, +), (\mathbb{R}, +), (\mathbb{R}_{>0}, \cdot)$. Keine abelsche Gruppe ist $(\mathbb{N}, +)$, da die 0 nicht enthalten ist, und es zudem kein Element gibt, das zur 1 hinzuaddiert 0 ergibt.

Zudem kann man die Vektoren mit einer reellen Zahl multiplizieren und erhält wieder einen Vektor. Man nennt die Zahlen in diesem Zusammenhang auch Skalare und die Multiplikation S-Multiplikation.

Zusätzlich gilt für alle $\mathbf{v} \in V$ und $r \in \mathbb{R}$: $r \cdot \mathbf{v} \in V$. Man schreibt oft $r\mathbf{v}$.

Dann ist $(V, +, \cdot)$ ein reeller Vektorraum, man sagt auch Vektorraum über den reellen Zahlen.

Bei einem Vektorraum über den komplexen Zahlen gilt analog: Für alle $v \in V$ und $r \in \mathbb{C}$ ist $rv \in V$. Man kann auch andere Zahlenbereiche zugrunde legen, etwa die rationalen Zahlen $\mathbb{Q}$; wichtig ist aber, dass man in ihnen subtrahieren und dividieren kann wie in den reellen Zahlen, dass sie also einen Körper bilden, wie man sagt.

Die S-Multiplikation muss mit der Addition verträglich sein, das gewährleisten u.a. die Distributivgesetze.

$r(\mathbf{v} + \mathbf{w}) = r\mathbf{v} + r\mathbf{w}$
$(r + s)\mathbf{v} = r\mathbf{v} + s\mathbf{v}$
$(rs)\mathbf{v} = r(s\mathbf{v})$
$1\mathbf{v} = \mathbf{v}$

Beispiele für reelle Vektorräume sind die Menge der 2-dimensionalen reellen Vektoren und die Menge der reellen Folgen jeweils mit der komponentenweisen Addition und der Multiplikation mit einer reellen Zahl.

$\mathbf{v} + \mathbf{w} \in \mathbb{R}^2$ für $\mathbf{v}, \mathbf{w} \in \mathbb{R}^2$, auch $r\mathbf{v} \in \mathbb{R}^2$ für $r \in \mathbb{R}$.

Die Summe zweier reeller Folgen ist wieder eine reelle Folge, auch das Produkt einer reellen Folge mit einer reellen Zahl bleibt eine reelle Folge.

Was sind Basis und Dimension eines Vektorraums?

Wenn du alle möglichen Linearkombinationen aus einer Menge von Vektoren bildest, erhältst du den sogenannten Spann dieser Vektoren; es spannen z.B. zwei lineare unabhängige Vektoren eine Ebene auf.

$\text{Spann}(\mathbf{a}_1, \mathbf{a}_2, \ldots \mathbf{a}_n)$
$= \{r_1\mathbf{a}_1 + r_2\mathbf{a}_2 + \ldots + r_n\mathbf{a}_n, r_i \in \mathbb{R}\}$

Beachte, dass eine Linearkombination per Definition immer nur aus endlich vielen Summanden besteht, selbst wenn der Vektorraum unendlich-dimensional ist.

Wenn für eine Menge von Vektoren des Vektorraums der Spann gleich dem gesamten Vektorraum ist, dann sagt man, dass diese Vektoren den Vektorraum erzeugen.

$\text{Spann}((0,1)^\top, (1,0)^\top) = \mathbb{R}^2$
$\Rightarrow \{(0,1)^\top, (1,0)^\top\}$ erzeugt $\mathbb{R}^2$.

$\text{Spann}((0,1)^\top, (0,2)^\top) \neq \mathbb{R}^2$
$\Rightarrow \{(0,1)^\top, (0,2)^\top\}$ erzeugt nicht $\mathbb{R}^2$.

Eine linear unabhängige Menge von Vektoren aus V, die den ganzen Vektorraum V erzeugen, nennt man eine Basis von V.

$\text{Spann}((0,1)^\top, (1,0)^\top) = \mathbb{R}^2$
$\{(0,1)^\top, (1,0)^\top\}$ ist eine Basis.

$\text{Spann}((0,1)^\top, (1,0)^\top, (1,1)^\top) = \mathbb{R}^2$
$\{(0,1)^\top, (1,0)^\top, (1,1)^\top\}$ ist keine Basis.

Man kann zeigen, dass alle Basen eines Vektorraums dieselbe Mächtigkeit haben. Die Mächtigkeit der Basis nennt man die Dimension des Vektorraums.

Zudem kann man zeigen, dass jeder endlich-dimensionale Vektorraum über $\mathbb{R}$ isomorph (d.h. bis auf die Benennung der Elemente gleich) zu einem $\mathbb{R}^n$, $n \in \mathbb{N}$, ist.

Bei einem endlichdimensionalen Vektorraum V der Dimension n bilden n linear unabhängige Vektoren eine Basis, und n Vektoren, die V erzeugen, ebenfalls eine Basis.

n linear unabhängige Vektoren erzeugen also „automatisch" V.

n Vektoren, die V erzeugen, sind also „automatisch" linear unabhängig.

Man kann also jeden Vektor in eindeutiger Weise als endliche Linearkombination (gewichtete Summe) von Basisvektoren schreiben.

Wir betrachten im Folgenden nur endlich-dimensionale Vektorräume. Ein unendlich-dimensionaler Vektorraum ist z.B. der Vektorraum der reellen Folgen.

Was ist eine lineare Abbildung?

Eine Abbildung zwischen Vektorräumen ist eine lineare Abbildung, wenn es egal ist, ob man erst eine Linearkombination bildet und dann die Abbildung oder erst die Abbildung und dann die Linearkombination.

$f : V \to W$ ist linear, wenn

$$\underbrace{f(r\mathbf{v} + s\mathbf{w})}_{\text{erst Linearkomb.}} = \underbrace{rf(\mathbf{v}) + sf(\mathbf{w})}_{\text{erst Abbildung}}$$

für alle $r, s \in \mathbb{R}$; $\mathbf{v}, \mathbf{w} \in V$.

Man sagt, die Abbildung ist verträglich mit Linearkombinationen.
Dies ist äquivalent zu:

$f(\mathbf{v}+\mathbf{w}) = f(\mathbf{v})+f(\mathbf{w})$ für alle $u, v \in V$
$f(r\mathbf{v}) = rf(\mathbf{v})$ für alle $r \in \mathbb{R}, u \in V$

Eine Rotation um den Ursprung ist eine lineare Abbildung der Ebene in sich.

$$f : \mathbb{R}^2 \to \mathbb{R}^2$$
$$\begin{pmatrix} x \\ y \end{pmatrix} \mapsto \begin{pmatrix} -y \\ x \end{pmatrix}$$

beschreibt eine Drehung um 90° gegen den Uhrzeigersinn und ist verträglich mit Linearkombinationen, ist also eine lineare Abbildung.

Die Addition eines konstanten Vektors ist keine lineare Abbildung.

$$f : \mathbb{R}^2 \to \mathbb{R}^2$$
$$\begin{pmatrix} x \\ y \end{pmatrix} \mapsto \begin{pmatrix} x \\ y \end{pmatrix} + \begin{pmatrix} 1 \\ 0 \end{pmatrix} = \begin{pmatrix} x+1 \\ y \end{pmatrix}$$

ist nicht linear, denn

$$f(2v) = f\begin{pmatrix} 2x \\ 2y \end{pmatrix} = \begin{pmatrix} 2x+1 \\ 2y \end{pmatrix}$$
$$\neq \begin{pmatrix} 2x+2 \\ 2y \end{pmatrix} = 2\begin{pmatrix} x+1 \\ y \end{pmatrix} = 2f(v)$$

Die Ableitung auf dem Vektorraum der differenzierbaren Funktionen ist eine lineare Abbildung.

$$\frac{d}{dx}(af(x) + bg(x)) = a\frac{df(x)}{dx} + b\frac{dg(x)}{dx}$$

Wozu brauchst du Matrizen?

Mit Matrizen kannst du lineare Abbildungen $f : V \to W$ beschreiben.

$$\mathbf{v} \xrightarrow{f} f(\mathbf{v})$$
$$\in V \qquad \in W$$

Da jeder Vektorraum eine Basis hat, kannst du in V eine Basis wählen. Du kannst jeden Vektor aus V in dieser Basis darstellen.

$$V = \langle \mathbf{e}_1, \mathbf{e}_2, \ldots \mathbf{e}_n \rangle, \; n = \dim(V)$$

$$\mathbf{v} = v_1 \mathbf{e}_1 + \cdots + v_n \mathbf{e}_n, \; \mathbf{v} \in V$$

Da eine lineare Abbildung verträglich mit Linearkombinationen ist, genügt es, die lineare Abbildung f für diese Basisvektoren anzugeben.

$$f(\mathbf{v}) = v_1 f(\mathbf{e}_1) + \cdots + v_n f(\mathbf{e}_n)$$
$$= \sum_{i=1}^{n} v_i f(\mathbf{e}_i) \quad (*)$$

Du kannst auch in W eine Basis wählen. Wenn du $f(\mathbf{e}_i)$ in dieser Basis entwickelst, hängen die Koeffizienten von zwei Indizes ab.

$$W = \langle \mathbf{b}_1, \mathbf{b}_2, \ldots, \mathbf{b}_m \rangle, \; m = \dim(W)$$
$$f(\mathbf{e}_i) = a_{1i} \mathbf{b}_1 + a_{2i} \mathbf{b}_2 + \cdots + a_{mi} \mathbf{b}_m$$

Du kannst die $m \cdot n$ Koeffizienten a_{ji} mit $j = 1, \ldots, m, i = 1, \ldots, n$ übersichtlich in einer Matrix anordnen. Die i-te Spalte zeigt dir die Komponenten des Bilds des Vektors $\mathbf{e}_i, i = 1, \ldots, n$, in der Basis $\mathbf{b}_j, j = 1, \ldots, m$.

$$\begin{pmatrix} a_{11} & \cdots & a_{1i} & \cdots & a_{1n} \\ a_{21} & \cdots & a_{2i} & \cdots & a_{2n} \\ \vdots & & \vdots & & \vdots \\ a_{m1} & \cdots & a_{mi} & \cdots & a_{mn} \end{pmatrix}$$

$$\uparrow$$

$$f(\mathbf{e}_i) = \sum_{j=1}^{m} a_{ji} \mathbf{b}_j \quad (**)$$

Wenn du $(**)$ in $(*)$ einsetzt, findest du die Darstellung von $f(\mathbf{v})$ mit Hilfe der Matrixelemente.

$$f(\mathbf{v}) = \sum_{i=1}^{n} \sum_{j=1}^{m} a_{ji} v_i \mathbf{b}_i = \sum_{j=1}^{n} f(\mathbf{v})_j \mathbf{b}_j$$
$$\text{mit } f(\mathbf{v})_j = \sum_{i=1}^{n} a_{ji} v_i$$

Diese $m \times n$-Matrix $M \in \mathbb{R}^{m \times n}$ beschreibt die lineare Abbildung $f : V \cong \mathbb{R}^n \to W \cong \mathbb{R}^m$. Die Anzahl der Spalten n ist die Dimension des Vektorraums V, die Anzahl der Zeilen m die Dimension des Vektorraums W.

Die j-te Komponente $f(\mathbf{v})_j$ des Bildvektors von $\mathbf{v}$ ist das Skalarprodukt des j-ten Zeilenvektors $(a_{ji})_{i=1,\ldots,n}$ mit dem Spaltenvektor $\mathbf{v} = (v_i)_{i=1,\ldots,n}$.

Wie addierst du Matrizen und multiplizierst sie mit einem Skalar?

Zwei Matrizen addierst du genau wie zwei Vektoren, also komponentenweise. Daher müssen die beiden Matrizen vom gleichen Typ sein, also übereinstimmende Zeilen- und Spaltenzahlen haben.

$$\begin{pmatrix} 1 & 2 \\ 2 & 3 \\ 3 & 4 \end{pmatrix} + \begin{pmatrix} 1 & 0 \\ 0 & -1 \\ 1 & 1 \end{pmatrix} = \begin{pmatrix} 2 & 2 \\ 2 & 2 \\ 4 & 5 \end{pmatrix}$$

Du multiplizierst eine Matrix mit einer Zahl (Skalar), indem du wie bei einem Vektor jede Komponente mit der Zahl multiplizierst.

$$2\begin{pmatrix} 1 & 2 \\ 2 & 3 \\ 3 & 4 \end{pmatrix} = \begin{pmatrix} 2 & 4 \\ 4 & 6 \\ 6 & 8 \end{pmatrix}$$

Matrizen lassen sich auch transponieren, dabei werden Spalten und Zeilen vertauscht. Anschaulich spiegelst du die Einträge an der von links oben nach rechts unten verlaufenden Diagonalen.

$$\begin{pmatrix} 1 & 2 & 3 \\ 4 & 5 & 6 \end{pmatrix}^{\top} = \begin{pmatrix} 1 & 4 \\ 2 & 5 \\ 3 & 6 \end{pmatrix}$$

Wenn du eine Matrix zweimal transponierst, erhältst du wieder die ursprüngliche Matrix.

$$\left(\mathbf{A}^{\top}\right)^{\top} = \mathbf{A}$$

Diese Operationen sind miteinander kompatibel: Es kommt nicht darauf an, in welcher Reihenfolge du sie ausführst, z. B. kommt das gleiche heraus, egal ob du erst Matrizen addierst, dann mit einer Zahl multiplizierst, oder du erst jede Matrix mit der Zahl multiplizierst und dann die Ergebnisse addierst.

$$r(\mathbf{A} + \mathbf{B}) = r\mathbf{A} + r\mathbf{B}$$

$$(\mathbf{A} + \mathbf{B})^{\top} = \mathbf{A}^{\top} + \mathbf{B}^{\top}$$

$$(r\mathbf{A})^{\top} = r\mathbf{A}^{\top}$$

Bei der Multiplikation zweier Matrizen miteinander ist allerdings die Reihenfolge entscheidend.

Die Matrizenmultiplikation erkläre ich dir auf der nächsten Seite.

Wie multiplizierst du Matrizen?

Eine Matrix stellt eine lineare Abbildung dar. Wenn man zwei lineare Abbildungen hintereinander ausführt, entspricht dies der Multiplikation der entsprechenden beiden Matrizen.

$$\mathbf{x} \xrightarrow{f_B} B\mathbf{x} \xrightarrow{f_A} A(B\mathbf{x})$$

$$\mathbf{x} \xrightarrow{f_{AB}=f_A \circ f_B} (AB)\mathbf{x}$$

Im einfachen Fall zweier 2×2-Matrizen ergibt sich die Rechnung rechts.

$$B = \begin{pmatrix} b_{11} & b_{12} \\ b_{21} & b_{22} \end{pmatrix}, \ \mathbf{x} = \begin{pmatrix} x_1 \\ x_2 \end{pmatrix}$$

$$B\mathbf{x} = \begin{pmatrix} b_{11}x_1 + b_{12}x_2 \\ b_{21}x_1 + b_{22}x_2 \end{pmatrix} = \begin{pmatrix} (B\mathbf{x})_1 \\ (B\mathbf{x})_2 \end{pmatrix}$$

$$A(B\mathbf{x}) = \begin{pmatrix} a_{11}(B\mathbf{x})_1 + a_{12}(B\mathbf{x})_2 \\ a_{21}(B\mathbf{x})_1 + a_{22}(B\mathbf{x})_2 \end{pmatrix}$$

$$= \begin{pmatrix} a_{11}(b_{11}x_1 + b_{12}x_2) + a_{12}(b_{21}x_1 + b_{22}x_2) \\ a_{21}(b_{11}x_1 + b_{12}x_2) + a_{22}(b_{21}x_1 + b_{22}x_2) \end{pmatrix}$$

$$= \begin{pmatrix} (a_{11}b_{11}+a_{12}b_{21})x_1+(a_{11}b_{12}+a_{12}b_{22})x_2 \\ (a_{21}b_{11}+a_{22}b_{21})x_1+(a_{21}b_{12}+a_{22}b_{22})x_2 \end{pmatrix}$$

Wegen $A(B\mathbf{x}) = (AB)\,\mathbf{x}$ ist

$$AB = \begin{pmatrix} a_{11}b_{11} + a_{12}b_{21} & a_{11}b_{12} + a_{12}b_{22} \\ a_{21}b_{11} + a_{22}b_{21} & a_{21}b_{12} + a_{22}b_{22} \end{pmatrix}.$$

Somit ist das Matrixprodukt so definiert, dass man z. B. für das $(1, 1)$-Element die Summe der Produkte $a_{1i}b_{i1}$ für alle i bildet. Dies gilt ganz allgemein.

$$(AB)_{11} = a_{11}b_{11} + a_{12}b_{21} = \sum_{i=1}^{2} a_{1i}b_{i1}$$

$$(AB)_{rs} = \sum_{i=1}^{n} a_{ri}b_{is}$$

Das (r, s)-Element ist die Summe der Produkte $a_{ri}b_{is}, i = 1, \ldots, n$, also das Skalarprodukt der r-ten Zeile von A mit der s-ten Spalte von B.

$$\begin{array}{cc} & \begin{pmatrix} \cdots & b_{1s} & \cdots \\ & \vdots & \\ \cdots & b_{ns} & \cdots \end{pmatrix} \\ \begin{pmatrix} \vdots & & \vdots \\ a_{r1} & \cdots & a_{rn} \\ \vdots & & \vdots \end{pmatrix} & \begin{pmatrix} & \vdots & \\ \cdots & (AB)_{rs} & \cdots \\ & \vdots & \end{pmatrix} \end{array}$$

$$(AB)_{rs} = a_{r1}b_{1s} + \cdots + a_{rn}b_{ns}$$

Wie multiplizierst du Matrizen konkret?

Zunächst prüfst du, ob du die beiden Matrizen multiplizieren kannst. Dazu muss die Anzahl der Spalten der links stehenden Matrix gleich der Anzahl der Zeilen der rechts stehenden Matrix sein.

Wenn du von links eine $(z_1 \times s_1)$-Matrix mit einer $(z_2 \times s_2)$-Matrix multiplizierst, muss $s_1 = z_2$ sein, sonst geht die Matrixmultiplikation nicht:
$(1 \times 3)(3 \times 2)$ ist möglich.
$(1 \times 3)(2 \times 3)$ ist nicht möglich.

Am einfachsten ist, du schreibst die Matrizen wie rechts.

$$\begin{array}{cc} & \begin{pmatrix} 4 & 5 & 6 \\ 7 & 8 & 9 \end{pmatrix} \\ \begin{pmatrix} 1 & 2 \\ 3 & 4 \end{pmatrix} & \begin{pmatrix} 18 & 21 & 24 \\ 40 & 47 & 54 \end{pmatrix} \end{array}$$

Jedes Element der Produktmatrix ergibt sich als Skalarprodukt des entsprechenden Zeilenvektors der ersten Matrix mit dem entsprechenden Spaltenvektor der zweiten Matrix, d.h., du bildest die Produkte der entsprechenden Elemente und summierst sie auf.

Es ist z.B. das Element links unten $3 \cdot 4 + 4 \cdot 7 = 12 + 28 = 40$.

Die Matrizenmultiplikation ist im Allgemeinen nicht-kommutativ; es kommt also auf die Reihenfolge an.

$$\begin{pmatrix} 1 & 1 \\ 0 & 0 \end{pmatrix} \begin{pmatrix} 1 & 0 \\ 1 & 0 \end{pmatrix} = \begin{pmatrix} 2 & 0 \\ 0 & 0 \end{pmatrix}$$
$$\begin{pmatrix} 1 & 0 \\ 1 & 0 \end{pmatrix} \begin{pmatrix} 1 & 1 \\ 0 & 0 \end{pmatrix} = \begin{pmatrix} 1 & 1 \\ 1 & 1 \end{pmatrix}$$

Wenn du mit der Einsmatrix multiplizierst, ändert sich die Matrix nicht.

$$\begin{pmatrix} 1 & 0 \\ 0 & 1 \end{pmatrix} \begin{pmatrix} a & b \\ c & d \end{pmatrix} = \begin{pmatrix} a & b \\ c & d \end{pmatrix}$$

Wenn du mit der sogenannten inversen Matrix multiplizierst, erhältst du die Einsmatrix.

$$\begin{pmatrix} 1 & 2 \\ 3 & 4 \end{pmatrix} \begin{pmatrix} -2 & 1 \\ 3/2 & -1/2 \end{pmatrix} = \begin{pmatrix} 1 & 0 \\ 0 & 1 \end{pmatrix}$$

Dies gilt hier unabhängig von der Reihenfolge.

$$\begin{pmatrix} -2 & 1 \\ 3/2 & -1/2 \end{pmatrix} \begin{pmatrix} 1 & 2 \\ 3 & 4 \end{pmatrix} = \begin{pmatrix} 1 & 0 \\ 0 & 1 \end{pmatrix}$$

Was sind wichtige Spezialfälle der Matrixmultiplikation?

Bei der Multiplikation einer $n \times k$- mit einer $k \times m$-Matrix entsteht eine $n \times m$-Matrix:

$(n \times k)(k \times m) = (n \times m)$.

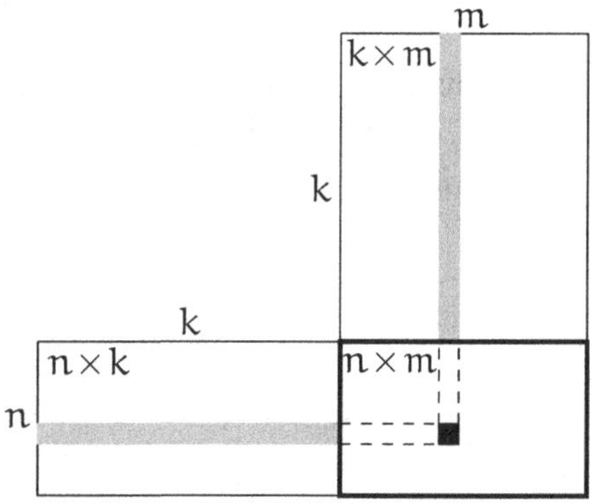

Jedes Element (schwarz) der Produktmatrix (schwarz umrahmt) ist das Skalarprodukt des entsprechenden Zeilenvektors der $n \times k$-Matrix (grau) mit dem entsprechenden Spaltenvektor der $k \times m$-Matrix (grau). Wichtige Spezialfälle sind:

$(n \times n)(n \times 1) = (n \times 1)$:
Multiplikation einer quadratischen Matrix mit einem Vektor ergibt einen Vektor derselben Dimension, z.B. den gedrehten Vektor bei Multiplikation mit einer Drehmatrix.

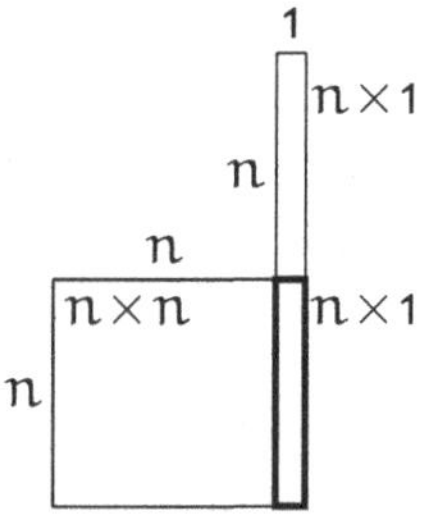

$\mathbf{A} \in \mathbb{R}^{n \times n}$
$\mathbf{b} \in \mathbb{R}^{n} \cong \mathbb{R}^{n \times 1}$
$\mathbf{A}\mathbf{b} \in \mathbb{R}^{n}$
$(\mathbf{A}\mathbf{b})_i = \sum_{j=1}^{n} A_{ij} b_j$

$(1 \times n)(n \times 1) = (1 \times 1)$:
Skalarprodukt: Die Matrixmultiplikation eines Zeilenvektors mit einem Spaltenvektor ergibt eine Matrix mit nur einer Zeile und nur einer Spalte, also eine Zahl (=Skalar).

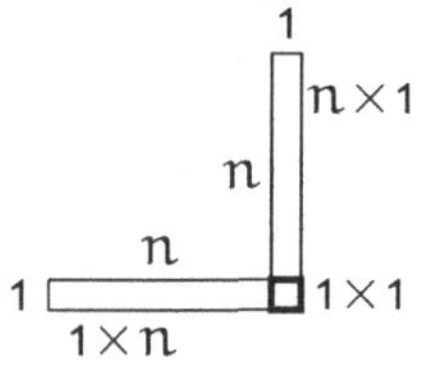

$\mathbf{a}, \mathbf{b} \in \mathbb{R}^{n} \cong \mathbb{R}^{n \times 1}$
$\mathbf{a}^\top \in \mathbb{R}^{1 \times n}$
$\mathbf{a}^\top \mathbf{b} = \mathbf{a} \cdot \mathbf{b} \in \mathbb{R}$
$\mathbf{a}^\top \mathbf{b} = \sum_{i=1}^{n} a_i b_i$

$(n \times 1)(1 \times n) = (n \times n)$:
dyadisches Produkt: Die Matrixmultiplikation eines Spaltenvektors mit einem Zeilenvektor ergibt eine quadratische Matrix der Dimension der Vektoren.

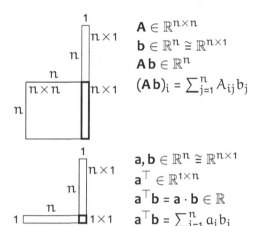

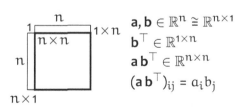

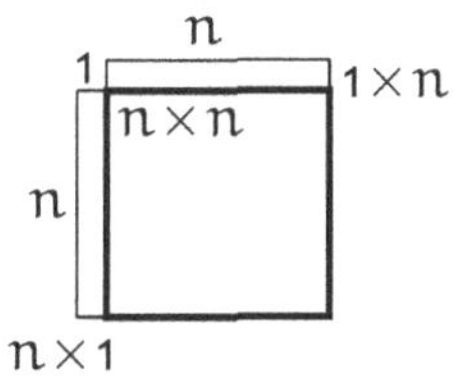

$\mathbf{a}, \mathbf{b} \in \mathbb{R}^{n} \cong \mathbb{R}^{n \times 1}$
$\mathbf{b}^\top \in \mathbb{R}^{1 \times n}$
$\mathbf{a}\mathbf{b}^\top \in \mathbb{R}^{n \times n}$
$(\mathbf{a}\mathbf{b}^\top)_{ij} = a_i b_j$

Was ist die inverse Matrix?

Wir betrachten hier nur quadratische Matrizen.

Die inverse Matrix ist diejenige Matrix, die mit einer gegebenen Matrix multipliziert die Einheitsmatrix ergibt.

$$\begin{pmatrix} 1 & 2 \\ 3 & 4 \end{pmatrix}^{-1} = \begin{pmatrix} -2 & 1 \\ 3/2 & -1/2 \end{pmatrix}, \text{ denn}$$

$$\begin{pmatrix} -2 & 1 \\ 3/2 & -1/2 \end{pmatrix} \begin{pmatrix} 1 & 2 \\ 3 & 4 \end{pmatrix} = \begin{pmatrix} 1 & 0 \\ 0 & 1 \end{pmatrix}.$$

Man kann zeigen, dass, wenn eine Matrix bezüglich der Multiplikation von links die inverse Matrix einer Matrix ist, sie dies auch bezüglich der Multiplikation von rechts ist.

$$\begin{pmatrix} 1 & 2 \\ 3 & 4 \end{pmatrix} \begin{pmatrix} -2 & 1 \\ 3/2 & -1/2 \end{pmatrix} = \begin{pmatrix} 1 & 0 \\ 0 & 1 \end{pmatrix}$$

Nicht jede Matrix hat eine inverse Matrix, sondern nur diejenigen Matrizen, die vollen Rang haben oder – äquivalent dazu – eine Determinante ungleich null. Man nennt diese Matrizen invertierbar.

$\begin{pmatrix} 1 & 2 \\ 2 & 4 \end{pmatrix}$ hat keine Inverse.

Ihre Determinante ist 0, ihr Rang 1.

Voller Rang bedeutet, dass der Rang maximal ist, also bei einer quadratischen Matrix gleich der Anzahl der Zeilen = Anzahl der Spalten.

Die Bildung der inversen Matrix ist äquivalent zur Lösung eines linearen Gleichungssystems.

Ich zeige dir das bei der Lösung von linearen Gleichungssystemen.

Für invertierbare 2×2-Matrizen kann man die Inverse direkt angeben.

$$\begin{pmatrix} a & b \\ c & d \end{pmatrix}^{-1} = \frac{1}{ad - bc} \begin{pmatrix} d & -b \\ -c & a \end{pmatrix}$$

Es gibt auch eine analoge Formel für $n \times n$-Matrizen. Schaue bei Interesse im Internet unter dem Stichwort „Adjunkte“.

Mit der Inversen kannst du ein lineares Gleichungssystem lösen.

$A\mathbf{x} = \mathbf{b} \Rightarrow \mathbf{x} = A^{-1}\mathbf{b}$

Es geht aber mit dem Gauß-Algorithmus effizienter.

Wenn du weißt, dass die Inverse existiert, dann weißt du direkt, dass die eindeutige Lösung des homogenen LGS gleich 0 ist, es also nur die triviale Lösung gibt.

$A\mathbf{x} = \mathbf{0} \Rightarrow \mathbf{x} = A^{-1}\mathbf{0} = \mathbf{0}$

Was gilt für die Matrixmultiplikation?

Für die Matrixmultiplikation gilt das Assoziativgesetz, aber nicht das Kommutativgesetz.

$A(BC) = (AB)C$

$AB \neq BA$ im Allgemeinen

Die Matrixmultiplikation ist verträglich mit der Multiplikation mit einem Skalar und mit der Addition.

$A(rB) = (rA)B = r(AB)$

$A(B + C) = AB + AC$
$(A + B)C = AC + BC$

Sie ist also eine lineare Operation.

$A(rB + sC) = rAB + sAC$

Beim Bilden der Inversen eines Matrixprodukts drehst du die Reihenfolge um.

$(AB)^{-1} = B^{-1}A^{-1}$

Dass die Umkehrung notwendig ist, ergibt sich direkt durch Nachrechnen und daraus, dass die Matrixmultiplikation im Allgemeinen nichtkommutativ ist.

$$(B^{-1}A^{-1})(AB) = B^{-1}\underbrace{A^{-1}A}_{=1}B = B^{-1}B = 1$$

$B^{-1}A^{-1} \neq A^{-1}B^{-1}$ im Allgemeinen.

Die Umkehrung der Reihenfolge beim Invertieren gilt im Allgemeinen bei Operationen, die nicht vertauschen.

Es gilt auch bei Umkehrfunktionen:

$(f(g(x))^{-1} = g^{-1}(f^{-1}(x))$

oder kurz $(f \circ g)^{-1} = g^{-1} \circ f^{-1}$

Es gilt auch im täglichen Leben: Du ziehst erst die Socken an und dann die Schuhe. Beim Invertieren = Rückgängigmachen = Ausziehen ist es umgekehrt: Du ziehst erst die Schuhe aus, dann die Socken.

Die Umkehrung der Reihenfolge gilt auch für das Transponieren.

$(AB)^\top = B^\top A^\top$

Es ist z.B.

$$\begin{aligned}\mathbf{x}^\top A^\top A\mathbf{x} &= (A\mathbf{x})^\top A\mathbf{x}\\ &= (A\mathbf{x}) \cdot (A\mathbf{x})\\ &= \|A\mathbf{x}\|^2 \geq 0 \text{ für alle } A, \mathbf{x}.\end{aligned}$$

Was ist eine Determinante?

Determinanten sind Kenngrößen von quadratischen Matrizen. Wie man sie berechnet und wofür sie gut sind, erkläre ich dir auf den folgenden Seiten.

$$\det(A) = \det \begin{pmatrix} a_{11} & \cdots & a_{1n} \\ \vdots & \ddots & \vdots \\ a_{n1} & \cdots & a_{nn} \end{pmatrix} \in \mathbb{R}$$

Man schreibt sie als $\det(M)$ oder auch wie eine Matrix nur mit geraden Strichen statt Klammern.

$$\det(A) = \begin{vmatrix} a_{11} & \cdots & a_{1n} \\ \vdots & \ddots & \vdots \\ a_{n1} & \cdots & a_{nn} \end{vmatrix}$$

Oft ist zweckmäßig, den Fokus auf die Abhängigkeit von den Spaltenvektoren zu legen, man schreibt die Determinante dann als eine Funktion der n Spaltenvektoren, rechts am Beispiel $n = 3$.

$$\det(\mathbf{a}, \mathbf{b}, \mathbf{c}) = \begin{vmatrix} a_1 & b_1 & c_1 \\ a_2 & b_2 & c_2 \\ a_3 & b_3 & c_3 \end{vmatrix}$$

Die Determinante gibt die orientierte Fläche bzw. das orientierte Volumen des von den Spaltenvektoren aufgespannten Parallelogramms bzw. Parallelepipeds an.

Dabei bedeutet „orientiertes" Volumen, dass es positiv ist, wenn die Reihenfolge der Spaltenvektoren im 2-Dimens. gegen den Uhrzeigersinn ist, bzw. im 3-Dimens. so, wie Daumen, Zeigefinger und Mittelfinger der rechten Hand zueinander stehen, und andernfalls negativ.

Die Determinante ist multiplikativ, sie ist aber nicht additiv. Wenn man Zeilen und Spalten vertauscht, bleibt sie gleich.

$$\det(AB) = \det(A)\det(B)$$
$$\det(A + B) \neq \det(A) + \det(B)$$
$$\det(A^\top) = \det(A)$$

Bei der Multiplikation einer $n \times n$-Matrix mit a multipliziert sich die Determinante mit a^n.

$$\det(rA) = r^n \det(A)$$

Bei der Skalierung der Vektoren mit dem Faktor r ändert sich das n-dimensionale Volumen mit dem Faktor r^n.

Die Determinante ist genau dann null, wenn die Spalten linear abhängig voneinander sind. Dies gilt analog auch für die Zeilen.

In diesem Sinn misst die Determinante die Abweichung der Menge der Spaltenvektoren von der linearen Abhängigkeit.
Wenn die Determinante einer Matrix ungleich null ist, ist die zugrunde liegende Matrix invertierbar.

Wie kannst du die 2 × 2-Determinanten verstehen?

Die 2×2-Determinante ist eine Kenngröße für eine 2 × 2-Matrix und berechnet sich aus den Elementen.

$$\begin{vmatrix} a & c \\ b & d \end{vmatrix} = ad - bc$$

Sie misst die Abweichung von der linearen Unabhängigkeit der beiden Spaltenvektoren: Die Determinante ist genau dann null, wenn die beiden Spalten linear abhängig sind. Rechts ist nur eine Richtung gezeigt und zudem nicht in voller Allgemeinheit.

$$\begin{pmatrix} a \\ b \end{pmatrix} = r \begin{pmatrix} c \\ d \end{pmatrix}, \quad r \in \mathbb{R}$$

$$\Rightarrow r = \frac{a}{c} = \frac{b}{d} \quad (\text{wenn } c, d \neq 0)$$

$$\Rightarrow ad - bc = 0$$

Die Determinante misst den (orientierten) Flächeninhalt des von den beiden Spaltenvektoren aufgespannten Parallelogramms.

$\begin{vmatrix} a & c \\ b & d \end{vmatrix}$ misst die Fläche des Parallelogramms mit Seiten $\begin{pmatrix} a \\ b \end{pmatrix}$ und $\begin{pmatrix} c \\ d \end{pmatrix}$

Rechts siehst du, dass die beiden grauen Flächen in der oberen Abbildung in der Summe gleich groß sind wie das graue Rechteck in der unteren Abbildung. Dies ist so, weil das Gesamtrechteck jeweils gleich groß ist und du die weißen Flächen in beiden Abbildungen durch Verschieben als gleich erkennst. Daher sind auch die grauen Flächen jeweils gleich.

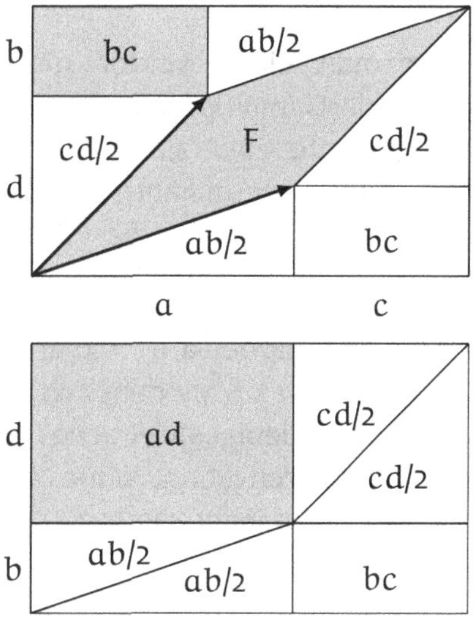

Die Fläche des von den beiden Vektoren $\begin{pmatrix} a \\ b \end{pmatrix}$ und $\begin{pmatrix} c \\ d \end{pmatrix}$ aufgespannten Parallelogramms in der oberen Abbildung ist also die Differenz der Fläche des Rechtecks in der unteren Abbildung und dem in der oberen Abbildung.

graue Flächen oben
= graue Fläche unten:

$$\Rightarrow bc + F = ad$$

$$\Rightarrow F = ad - bc = \begin{vmatrix} a & c \\ b & d \end{vmatrix}$$

Welche Eigenschaften hat eine Determinante aufgrund ihrer geometrischen Bedeutung?

Eine Determinante bildet n Vektoren aus dem $\mathbb{R}^n$ auf eine reelle Zahl ab, die das n-dimensionale Volumen des von den n Vektoren aufgespannten Körpers angibt.

$$\det : \mathbb{R}^n \times \mathbb{R}^n \times \ldots \times \mathbb{R}^n \to \mathbb{R}$$
$$(\mathbf{v}_1, \mathbf{v}_2, \ldots, \mathbf{v}_n) \mapsto \det(\mathbf{v}_1, \mathbf{v}_2, \ldots, \mathbf{v}_n)$$

In Dimension 2: Parallelogramm, ab Dimension 3 spricht man von einem Spat oder Parallelepiped.

Wenn alle Vektoren Einheitsvektoren sind, ist der Wert betragsmäßig eins. Wir betrachten hier $n = 2$, aber die Eigenschaften gelten analog auch für $n > 2$.

$$\det(\mathbf{e}_1, \mathbf{e}_2) = 1$$
$$\begin{vmatrix} 1 & 0 \\ 0 & 1 \end{vmatrix} = 1 \cdot 1 - 0 \cdot 0 = 1$$

Das Einheitsquadrat hat die Fläche 1.

Eine Determinante ändert ihr Vorzeichen, wenn du zwei Vektoren vertauschst.

$$\det(\mathbf{b}, \mathbf{a}) = -\det(\mathbf{a}, \mathbf{b})$$
$$\begin{vmatrix} c & a \\ d & b \end{vmatrix} = bc - ad = -\begin{vmatrix} a & c \\ b & d \end{vmatrix}$$

Damit ist die Determinante aus zwei gleichen Vektoren Null.

$$\det(\mathbf{a}, \mathbf{a}) = -\det(\mathbf{a}, \mathbf{a}) \Rightarrow \det(\mathbf{a}, \mathbf{a}) = 0.$$

Zwei gleiche Vektoren bilden keine Fläche.

Wenn man einen Vektor mit a multipliziert, multipliziert sich die Determinante ebenfalls mit a. Zudem ist die Determinante in jedem Argument additiv, da die Flächen sich addieren.

Daraus ergibt sich die Linearität, z.B. im ersten Argument:
$$\det(r\mathbf{a} + s\mathbf{b}, \mathbf{c}) = r\det(\mathbf{a}, \mathbf{c}) + s\det(\mathbf{b}, \mathbf{c}).$$

Daraus und mit $\det(\mathbf{a}, \mathbf{a}) = 0$ ergibt sich, dass man z.B. zu dem zweiten Vektor ein beliebiges Vielfaches des ersten addieren kann, ohne dass sich die Determinante ändert.

$$\det(\mathbf{e}_1, \mathbf{e}_2 + 2\mathbf{e}_1) = \det(\mathbf{e}_1, \mathbf{e}_2)$$

Bei einer Scherung bleibt die Fläche gleich: Das Pararellogramm, das von $\mathbf{e}_1$ und $\mathbf{e}_2 + 2\mathbf{e}_1$ aufgespannt wird, hat die gleiche Fläche wie das Einheitsquadrat, das von $\mathbf{e}_1$ und $\mathbf{e}_2$ aufgespannt wird.

Man sagt, die Determinante ist eine alternierende Multilinearform. Alternierend bedeutet, dass sich das Vorzeichen ändert, wenn man zwei Vektoren vertauscht.

Eine Linearform ist eine lineare Abbildung, die einen Vektor auf eine Zahl abbildet. Eine Multilinearform ist eine Verallgemeinerung, die mehrere Vektoren auf eine Zahl abbildet.

Wie kannst du die Formel für 3×3-Determinanten verstehen?

Durch die Eigenschaften einer alternierenden Multilinearform und der Normierung ist die Determinante (hier mit A abgekürzt) eindeutig festgelegt.

Hier für 2×2:

(I) $A(a\mathbf{u}, \mathbf{v}) = aA(\mathbf{u}, \mathbf{v})$
(II) $A(\mathbf{u}_1 + \mathbf{u}_2, \mathbf{v}) = A(\mathbf{u}_1, \mathbf{v}) + A(\mathbf{u}_2, \mathbf{v})$
(III) $A(\mathbf{v}, \mathbf{u}) = -A(\mathbf{u}, \mathbf{v})$

(I) und (II) für alle Argumente: multilinear, (III): alternierend.

Dies gilt analog auch für 3×3-Determinanten für alle drei Argumente.

z.B. (III) für das zweite und dritte Argument:
$A(\mathbf{u}, \mathbf{v}, \mathbf{w}) = -A(\mathbf{u}, \mathbf{w}, \mathbf{v})$

Damit können wir eine beliebige 3×3-Determinante berechnen.

$A(\mathbf{a}, \mathbf{b}, \mathbf{c}) = A(a_1\mathbf{e}_1 + a_2\mathbf{e}_2 + a_3\mathbf{e}_3, b_1\mathbf{e}_1 + b_2\mathbf{e}_2 + b_3\mathbf{e}_3, c_1\mathbf{e}_1 + c_2\mathbf{e}_2 + c_3\mathbf{e}_3)$

Mit der Multilinearität ergeben sich zunächst 27 Terme (alle Kombinationen von $A(\mathbf{e}_i, \mathbf{e}_j, \mathbf{e}_k) i, j, k \in \{1, 2, 3\}$, von denen wegen (III) nur 6 ungleich null sind, nämlich die, bei denen die Indizes alle verschieden sind, also eine Permutation von $\{1, 2, 3\}$.

Wenn zwei Indizes gleich sind, ist der Wert gleich null, zum Beispiel: Aus (III) für das zweite und dritte Argument folgt für den Term mit $\mathbf{e}_1, \mathbf{e}_3, \mathbf{e}_3$:

$A(\mathbf{e}_1, \mathbf{e}_3, \mathbf{e}_3) = -A(\mathbf{e}_1, \mathbf{e}_1, \mathbf{e}_3)$
$\Leftrightarrow A(\mathbf{e}_1, \mathbf{e}_3, \mathbf{e}_3) = 0.$

Somit ergibt sich mit (I) eine Summe von 6 Termen.

$A(\mathbf{a}, \mathbf{b}, \mathbf{c}) =$
$a_1b_2c_3A(\mathbf{e}_1, \mathbf{e}_2, \mathbf{e}_3) + a_1b_3c_2A(\mathbf{e}_1, \mathbf{e}_3, \mathbf{e}_2)+$
$a_2b_1c_3A(\mathbf{e}_2, \mathbf{e}_1, \mathbf{e}_3) + a_2b_3c_1A(\mathbf{e}_2, \mathbf{e}_3, \mathbf{e}_1)+$
$a_3b_1c_2A(\mathbf{e}_3, \mathbf{e}_1, \mathbf{e}_2) + a_3b_2c_1A(\mathbf{e}_3, \mathbf{e}_2, \mathbf{e}_1)$

Mit $A(\mathbf{e}_1, \mathbf{e}_2, \mathbf{e}_3) = 1$ (Normierung) und (III) ergibt sich bei 3 der 6 Termen (die eine geradzahlige Anzahl von Vertauschungen benötigen) ein positives Vorzeichen, bei den anderen 3 ein negatives.

$A(\mathbf{a}, \mathbf{b}, \mathbf{c}) = a_1b_2c_3 - a_1b_3c_2 + a_2b_1c_3 - a_2b_3c_1 + a_3b_1c_2 - a_3b_2c_1$

$$\begin{vmatrix} 1 & 2 & 3 \\ 2 & 3 & 4 \\ 3 & 4 & 6 \end{vmatrix} = 1 \cdot 3 \cdot 6 - 1 \cdot 4 \cdot 4 + 2 \cdot 2 \cdot 6$$
$$- 2 \cdot 4 \cdot 3 + 3 \cdot 2 \cdot 4 - 3 \cdot 3 \cdot 3 = -1$$

Ich zeige dir auf der nächsten Seite eine Merkhilfe und weitere Methoden zur Berechnung von Determinanten.

Wie kannst du eine 3×3-Determinante berechnen?

Zum Merken der Terme der 3×3-Determinante ist die Regel von Sarrus hilfreich:

$$\det(A) = \begin{vmatrix} a_{11} & a_{12} & a_{13} \\ a_{21} & a_{22} & a_{23} \\ a_{31} & a_{32} & a_{33} \end{vmatrix} =$$

$$a_{11}a_{22}a_{33} + a_{12}a_{23}a_{31} + a_{13}a_{21}a_{32}$$
$$-a_{31}a_{22}a_{13} - a_{32}a_{33}a_{11} - a_{33}a_{21}a_{12}$$

Du schreibst die Matrix hin und die erste und die zweite Spalte nochmals rechts daneben. Dann addierst du die drei Produkte der Diagonalen von links oben nach rechts unten (durchgezogen) und subtrahierst die drei Produkte der Diagonalen von links unten nach rechts oben (gestrichelt).

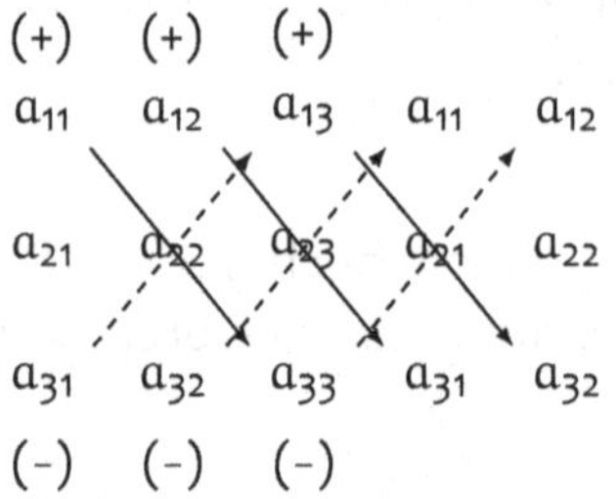

Achtung: Diese Regel gilt nur für 3×3-Determinanten, es gibt keine analoge Regel für 4×4-Determinanten.

Durch Ausklammern ergibt sich der sogenannte Laplace'sche Entwicklungsatz dieser Determinante. Man entwickelt die Determinante nach der ersten Spalte: Du nimmst a_{11} mal der Unterdeterminante, die entsteht, wenn du Zeile und Spalte von a_{11} streichst, minus a_{12} mal der Unterdeterminante, die entsteht, wenn du Zeile und Spalte von a_{12} streichst, etc. Dies geht analog für eine beliebige Spalte oder Zeile und auch für beliebige Größen. Dabei sind die Vorzeichen schachbrettartig verteilt.

$$\begin{aligned}\det(A) = &+a_{11}(a_{22}a_{33} - a_{32}a_{23}) \\ &- a_{12}(a_{21}a_{33} - a_{31}a_{33}) \\ &+ a_{13}(a_{21}a_{32} - a_{31}a_{22})\end{aligned}$$

$$\begin{vmatrix} + & - & + & \cdots \\ - & + & - & \cdots \\ \vdots & \vdots & \vdots & \ddots \end{vmatrix}$$

Auf diese Weise kannst du eine $n \times n$-Determinante auf n Determinanten der Größe $(n-1)\times(n-1)$- zurückführen.

Auch die 2×2-Determinante folgt diesem Schema und kannst du dir so merken.

Oft kannst du die Berechnung vereinfachen, indem du ein beliebiges Vielfaches einer Zeile (Spalte) zu einer anderen Zeile (Spalte) hinzuaddierst oder subtrahierst.

$$\begin{vmatrix} 1 & 2 & 3 \\ 2 & 3 & 4 \\ 3 & 4 & 6 \end{vmatrix} = \xrightarrow[(3')=(3)-2\cdot(1)]{(2')=(2)-(1)} = \begin{vmatrix} 1 & 2 & 3 \\ 1 & 1 & 1 \\ 1 & 0 & 0 \end{vmatrix}$$

$$\xrightarrow[\text{nach 3. Zeile}]{\text{Entwickeln}} = 1 \cdot \begin{vmatrix} 2 & 3 \\ 1 & 1 \end{vmatrix} = -1$$

Wie kannst du mit Determinanten Flächen und Volumina berechnen?

Die Fläche des von zwei Vektoren aufgespannten Parallelogramms ist die Determinante der beiden Vektoren.

$$A_{\square} = \det(\mathbf{a}, \mathbf{b}) = \begin{vmatrix} a_1 & b_1 \\ a_2 & b_2 \end{vmatrix}$$

Daraus ergibt sich, dass die Fläche des Dreiecks mit den Ecken $(0, 0)$, (a_1, a_2) und (b_1, b_2) die Hälfte davon ist.

$$A_{\triangle OAB} = \frac{1}{2} \det(\mathbf{a}, \mathbf{b}) = \frac{1}{2} \begin{vmatrix} a_1 & b_1 \\ a_2 & b_2 \end{vmatrix}$$

Wenn du die Fläche eines beliebigen Dreiecks ABC mit $A(a_1, a_2)$, $B(b_1, b_2)$, $C(c_1, c_2)$ als Summe bzw. Differenz der Flächen der Dreiecke OBC, OBA und OAC darstellst, addieren sich die drei 2×2-Matrizen entsprechend dem Laplace'schen Entwicklungssatz zu einer 3×3-Matrix.

$$A_{\triangle ABC} = \frac{1}{2} \begin{vmatrix} a_1 & b_1 & c_1 \\ a_2 & b_2 & c_2 \\ 1 & 1 & 1 \end{vmatrix}$$

Dies folgt aus

$$A_{\triangle ABC} = A_{\triangle OBC} - A_{\triangle OAC} + A_{\triangle OAB}$$
$$= \tfrac{1}{2} \det(\mathbf{b}, \mathbf{c}) - \tfrac{1}{2} \det(\mathbf{a}, \mathbf{c})$$
$$+ \tfrac{1}{2} \det(\mathbf{a}, \mathbf{b}).$$

Die beiden oben genannten Formeln gelten analog auch im 3-Dimensionalen, also für ein Tetraeder. Alle Determinanten haben eine Dimension mehr und der Vorfaktor ist 1/6 statt 1/2.

Man kann die Fläche eines beliebigen Dreiecks und das Volumen eines beliebigen Tetraeders auch aus den 3 bzw. 6 Kantenlängen bestimmen. Wenn du dich dafür interessierst, schaue im Internet unter den Stichworten „Heron'sche Formel“ bzw. „Cayley-Menger-Determinante“.

Analog wie du die Determinante $\det(\mathbf{a}, \mathbf{b})$ nutzen kannst, um zu prüfen, ob die Vektoren linear abhängig sind, kannst du die oben genannte Formel für die Fläche des allgemeinen Dreiecks nutzen, um festzustellen, ob 3 Punkte auf einer Geraden liegen.

$\det(\mathbf{a}, \mathbf{b}) = 0 \Leftrightarrow$ Die Vektoren $\mathbf{a}, \mathbf{b}$ sind linear abhängig.

$$\begin{vmatrix} a_1 & b_1 & c_1 \\ a_2 & b_2 & c_2 \\ 1 & 1 & 1 \end{vmatrix} = 0 \Leftrightarrow$$

Die Punkte (a_1, a_2), (b_1, b_2), (c_1, c_2) liegen auf einer Geraden.

Es geht analog für die lineare Abhängigkeit von 3 Vektoren mit einer 3×3-Determinante und dafür, ob vier Punkte auf einer Ebene liegen, mit einer 4×4-Determinante.

Was ist das Vektorprodukt? (I)

Das Vektorprodukt ist nur im 3-Dimensionalen definiert und ordnet zwei Vektoren einen dritten zu, der auf beiden Vektoren senkrecht steht und somit Normalenvektor der von den beiden Vektoren aufgespannten Ebene ist.

$\mathbf{a} \times \mathbf{b} \in \mathbb{R}^3$
$\mathbf{a}, \mathbf{b} \in \mathbb{R}^3$
$\mathbf{a} \times \mathbf{b} \perp \mathbf{a} \Rightarrow (\mathbf{a} \times \mathbf{b}) \cdot \mathbf{a} = 0$
$\mathbf{a} \times \mathbf{b} \perp \mathbf{b} \Rightarrow (\mathbf{a} \times \mathbf{b}) \cdot \mathbf{b} = 0$
$\Rightarrow (\mathbf{a} \times \mathbf{b}) \cdot (r\mathbf{a} + s\mathbf{b}) = 0$ für alle $r, s \in \mathbb{R}$
$\Rightarrow \mathbf{a} \times \mathbf{b}$ steht senkrecht auf der von $\mathbf{a}$ und $\mathbf{b}$ aufgespannten Ebene.

Die beiden Bedingungen für das Senkrechtstehen ergeben ein LGS für die Komponenten des Vektorprodukts $\mathbf{x} = \mathbf{a} \times \mathbf{b}$.

$$\mathbf{a} \cdot \mathbf{x} = 0 \Rightarrow a_1x_1 + a_2x_2 + a_3x_3 = 0 \quad (1)$$
$$\mathbf{b} \cdot \mathbf{x} = 0 \Rightarrow b_1x_1 + b_2x_2 + b_3x_3 = 0 \quad (2)$$

Wir lösen das LGS und verwenden eine Lösung, die Brüche vermeidet. Jeder Vielfache des Vektors erfüllt das LGS. Wir verwenden direkt den Vektor rechts als Definition des Vektorprodukts, da seine Länge eine einfache Interpretation hat:

$b_3 \cdot (2) - a_3 \cdot (1)$ eliminiert x_3:
$(a_1b_3 - a_3b_1)x_1 + (a_2b_3 - a_3b_2)x_2 = 0.$

Die Lösung ergibt sich durch die „umgekehrten" Koeffizienten mit einem Vorzeichenwechsel:
$x_1 = a_2b_3 - a_3b_2$
$x_2 = a_3b_1 - a_1b_3$, und es folgt
$x_3 = a_1b_2 - a_2b_1$.

Wenn du das Quadrat des Vektorprodukts bildest und das Quadrat des Skalarprodukts addierst, erhältst du das Produkt der Quadrate der Längen der beiden Vektoren.

$$(a_2b_3 - a_3b_2)^2 + (a_3b_1 - a_1b_3)^2 + (a_1b_2 - a_2b_1)^2 + (a_1b_1 + a_2b_2 + a_3b_3)^2 = (a_1^2 + a_2^2 + a_3^2)(b_1^2 + b_2^2 + b_3^3)$$

Diese Identität kannst du durch Ausmultiplizieren der Klammern leicht nachrechnen.

Also gilt $|\mathbf{a} \times \mathbf{b}|^2 + (\mathbf{a} \cdot \mathbf{b})^2 = |\mathbf{a}|^2|\mathbf{b}|^2$
$\Rightarrow |\mathbf{a} \times \mathbf{b}|^2 = |\mathbf{a}|^2|\mathbf{b}|^2 - (\mathbf{a} \cdot \mathbf{b})^2$

Daraus und mit dem trigonometrischen Pythagoras $\sin^2(\alpha)+\cos^2(\alpha) = 1$ siehst du, dass die Länge des Vektorprodukts gleich der Länge des ersten Vektors mal der Länge des zweiten Vektors mal dem Sinus des eingeschlossenen Winkels ist.

Mit $\varphi = \angle(\mathbf{a}, \mathbf{b})$ ergibt sich:

$$\begin{aligned} |\mathbf{a} \times \mathbf{b}|^2 &= |\mathbf{a}|^2|\mathbf{b}|^2 - |\mathbf{a}|^2|\mathbf{b}|^2 \cos^2(\varphi) \\ &= |\mathbf{a}|^2|\mathbf{b}|^2(1 - \cos^2(\varphi)) \\ &= |\mathbf{a}|^2|\mathbf{b}|^2 \sin^2(\varphi) \end{aligned}$$

$$\Rightarrow |\mathbf{a} \times \mathbf{b}| = |\mathbf{a}|\,|\mathbf{b}|\,|\sin(\varphi)|$$

Der Betrag des Vektorprodukts ist die Fläche des von **a** und **b** aufgespannten Parallelogramms.

Was ist das Vektorprodukt? (II)

Du kannst dir die Komponenten des Vektorprodukts als eine formale Determinante merken, wobei die $\mathbf{e}_i$ die drei Einheitsvektoren sind.

$$\mathbf{a} \times \mathbf{b} = \begin{pmatrix} a_2b_3 - a_3b_2 \\ a_3b_1 - a_1b_3 \\ a_1b_2 - a_2b_1 \end{pmatrix}$$

$$\mathbf{a} \times \mathbf{b} = \begin{vmatrix} \mathbf{e}_1 & a_1 & b_1 \\ \mathbf{e}_2 & a_2 & b_2 \\ \mathbf{e}_3 & a_3 & b_3 \end{vmatrix}$$

Oder du merkst dir die erste Komponente $(\mathbf{a} \times \mathbf{b})_1 = a_2b_3 - a_3b_2$. Die zweite und dritte Komponente erhältst du durch zyklisches Vertauschen.

Durch zyklisches Vertauschen
$1 \longrightarrow 2 \longrightarrow 3 \longrightarrow 1 \longrightarrow \ldots$
wird die 1. Komponente $a_2b_3 - a_3b_2$ zu $a_3b_1 - a_1b_3$, dann zu $a_1b_2 - a_1b_1$.

Die Richtung des Vektorprodukts ist so festgelegt, dass **a**, **b** und $\mathbf{a} \times \mathbf{b}$ in dieser Reihenfolge dem Daumen, Zeigefinger und Mittelfinger der rechten Hand entsprechen.

Man sagt: **a**, **b** und $\mathbf{a} \times \mathbf{b}$ bilden ein Rechtssystem. Das Vektorprodukt ist antikommutativ:
$\mathbf{a} \times \mathbf{b} = -\mathbf{b} \times \mathbf{a}$ und nicht-assoziativ:
$\mathbf{a} \times (\mathbf{b} \times \mathbf{c}) \neq (\mathbf{a} \times \mathbf{b}) \times \mathbf{c}$.

Das Skalarprodukt des Vektorprodukts mit einem dritten Vektor bezeichnet man als das Spatprodukt. Mit der Determinantendarstellung des Vektorprodukts erhältst du direkt, dass das Spatprodukt die Determinante der Matrix ist, die als Spalten die drei Vektoren hat. Daher schreibt man es auch als $[\mathbf{abc}] = (\mathbf{a} \times \mathbf{b}) \cdot \mathbf{c}$.

$$(\mathbf{a} \times \mathbf{b}) \cdot \mathbf{c} = \begin{vmatrix} c_1 & a_1 & b_1 \\ c_2 & a_2 & b_2 \\ c_3 & a_3 & b_3 \end{vmatrix} = \begin{vmatrix} a_1 & b_1 & c_1 \\ a_2 & b_2 & c_2 \\ a_3 & b_3 & c_3 \end{vmatrix} = [\mathbf{abc}]$$

$[\mathbf{abc}]$ ist das Volumen des von den Vektoren **a**, **b** und **c** aufgespannten Spats. Auch Parallelepiped genannt, die 3-dimensionale Version des Parallelogramms.

Daraus siehst du, dass das Spatprodukt unter zyklischem Vertauschen invariant ist.

$$(\mathbf{a} \times \mathbf{b}) \cdot \mathbf{c} = (\mathbf{b} \times \mathbf{c}) \cdot \mathbf{a} = (\mathbf{c} \times \mathbf{a}) \cdot \mathbf{b} = [\mathbf{abc}]$$

Es gibt einige nützliche Identitäten, die man auf verschiedene Weisen nachrechnen kann.

$$\mathbf{a} \times (\mathbf{b} \times \mathbf{c}) = \mathbf{b}(\mathbf{a} \cdot \mathbf{c}) - \mathbf{c}(\mathbf{a} \cdot \mathbf{b})$$

$$(\mathbf{a} \times \mathbf{b}) \cdot (\mathbf{c} \times \mathbf{d}) = (\mathbf{a} \cdot \mathbf{c})(\mathbf{b} \cdot \mathbf{d}) - (\mathbf{a} \cdot \mathbf{d})(\mathbf{b} \cdot \mathbf{c})$$

Was sind Kern und Bild einer linearen Abbildung?

Der Kern einer linearen Abbildung $L: V \to W$ besteht aus allen Vektoren $\mathbf{v} \in V$ mit $L(\mathbf{v}) = \mathbf{o}$.

$\text{Kern } L = \{\mathbf{v} \in V \mid L(\mathbf{v}) = \mathbf{o}\}$

Für $L: \mathbb{R}^3 \to \mathbb{R}^3$
$(v_1, v_2, v_3)^\top \mapsto (v_1, v_2, 0)^\top$:
$L(\mathbf{v}) = \mathbf{o} \Leftrightarrow v_1 = 0 \wedge v_2 = 0$

Diese Vektoren bilden einen Untervektorraum von V.

$\text{Kern} L = \{(0, 0, v_3)^\top \mid v_3 \in \mathbb{R}\} \cong \mathbb{R} \subseteq \mathbb{R}^3$

Ein Untervektorraum $U \subseteq V$ ist eine nichtleere Teilmenge von V, die unter Addition und S-Multiplikation abgeschlossen ist.

Das Bild einer linearen Abbildung $L: V \to W$ besteht aus allen Vektoren $w \in W$, für die es ein $\mathbf{v} \in V$ gibt mit $\mathbf{w} = L(\mathbf{v})$.

$\text{Bild } L = \{\mathbf{w} \in W \mid \mathbf{w} = L(\mathbf{v}), \mathbf{v} \in V\}$

Für $L: \mathbb{R}^3 \to \mathbb{R}^2$:
$(v_1, v_2, v_3)^\top \mapsto (v_1, v_2)^\top$

Diese Vektoren bilden einen Untervektorraum von W.

$\text{Bild } L = \{(v_1, v_2)^\top \mid v_{1,2} \in \mathbb{R}\} \cong \mathbb{R}^2 \subseteq \mathbb{R}^3$

Wenn eine lineare Abbildung $L: V \to W$ injektiv ist, hat nach Definition jedes Element aus W maximal ein Urbild, also besteht der Kern als Urbild des Nullvektors in W nur aus dem Nullvektor in V.

L injektiv $\Rightarrow |\{\mathbf{v} \in V \mid L(\mathbf{v}) = \mathbf{w}\}| \leq 1$
$\Rightarrow |\text{Kern } L| = |\{\mathbf{v} \in V \mid L(\mathbf{v}) = \mathbf{o}\}| \leq 1$
Da $L(\mathbf{o}) = \mathbf{o}$ ist, ist $\mathbf{o} \in$ Kern L, und da $|\text{Kern } L| \leq 1$, kann es kein weiteres Element im Kern geben, also gilt Kern $L = \{\mathbf{o}\}$.

Wenn umgekehrt der Kern nur aus dem Nullvektor besteht, dann ist die lineare Abbildung injektiv.

Damit L injektiv ist, muss gelten $L(\mathbf{v}) = L(\mathbf{w}) \Rightarrow \mathbf{v} = \mathbf{w}$.

Dies gilt für L mit Kern $L = \{\mathbf{o}\}$ wegen

$$L(\mathbf{v}) = L(\mathbf{w}) \Rightarrow L(\mathbf{v} - \mathbf{w}) = \mathbf{o} \Rightarrow \mathbf{v} - \mathbf{w} = \mathbf{o},$$

da Kern $L = \{\mathbf{o}\}$, und somit ist $\mathbf{v} = \mathbf{w}$.

Bei einer allgemeinen Abbildung muss man für den Nachweis der Injektivität für jedes Element des Bildbereichs überprüfen, dass es nur ein Urbild gibt.

Somit besteht der Kern einer linearen Abbildung L genau dann nur aus dem Nullvektor, wenn L injektiv ist.

Kern $L = \{\mathbf{o}\} \Leftrightarrow L$ ist injektiv.

Was bedeutet der Rang einer linearen Abbildung bzw. einer Matrix?

Der Rang einer linearen Abbildung $L : \mathbb{R}^n \to \mathbb{R}^k$ ist die Dimension des Bildes der linearen Abbildung.

$\operatorname{Rang} L = \dim(\operatorname{Bild} L)$
Man schreibt auch Rg L.

Stellt man die lineare Abbildung als Matrix $L \in \mathbb{R}^{k \times n}$ dar, so ist der Rang gleich der Dimension des Spanns der Spalten, also die Anzahl der linear unabhängigen Spalten.

Wir bezeichnen die Matrix auch mit L und ihre Spalten mit $\mathbf{s}_i, i = 1, \dots, n$.

$\operatorname{Rang} L = \dim(\operatorname{Spann}(\mathbf{s}_1, \mathbf{s}_2, \dots, \mathbf{s}_n))$, da die Spaltenvektoren die Bilder der Einheitsvektoren sind und folglich das Bild aufspannen.

Man kann für Matrizen über einem Körper zeigen, dass diese Anzahl gleich der Anzahl der linear unabhängigen Zeilen ist.

Daraus und aus dem letzten Abschnitt folgt:

$\operatorname{Rang} L \leq \min(n, k) \quad$ für $L \in \mathbb{R}^{k \times n}$.

Du bestimmst den Rang, indem du mit dem Gauß-Verfahren die Zeilen-Stufen-Form berechnest. Die Anzahl der nichtverschwindenden Zeilen ist dann der Rang.

Mit dem Gaußverfahren ergibt sich eine Zeilen-Stufen-Form von

$\begin{pmatrix} 1 & 2 & 3 \\ 2 & 3 & 4 \\ 3 & 4 & 5 \end{pmatrix}$ über $\begin{pmatrix} 1 & 2 & 3 \\ 0 & -1 & -1 \\ 0 & -1 & -1 \end{pmatrix}$ zu $\begin{pmatrix} 1 & 2 & 3 \\ 0 & -1 & -1 \\ 0 & 0 & 0 \end{pmatrix}$.

Damit ist der Rang gleich 2.

Genau dann, wenn bei quadratischen Matrizen der Rang kleiner als die Dimension ist, ist die Matrix nicht invertierbar und die Determinante ist null.

Für $M \in \mathbb{R}^{n \times n}$ gilt:
$\operatorname{Rang} M < n$
$\Leftrightarrow \det(M) = 0$
$\Leftrightarrow$ M ist nicht invertierbar.

Der Rang ist gewissermaßen eine Verfeinerung von $\det(M) = 0$. Wenn die Determinante null ist, sind die Spaltenvektoren linear abhängig; der Rang ist dann kleiner als die Anzahl der Spalten und gibt an, wie viele der Spalten linear unabhängig sind.

$$\det \begin{pmatrix} 1 & 2 & 3 \\ 2 & 3 & 4 \\ 3 & 4 & 5 \end{pmatrix} = 0, \operatorname{Rang} \begin{pmatrix} 1 & 2 & 3 \\ 2 & 3 & 4 \\ 3 & 4 & 5 \end{pmatrix} = 2$$

$$\det \begin{pmatrix} 1 & 2 & 3 \\ 1 & 2 & 3 \\ 1 & 2 & 3 \end{pmatrix} = 0, \operatorname{Rang} \begin{pmatrix} 1 & 2 & 3 \\ 1 & 2 & 3 \\ 1 & 2 & 3 \end{pmatrix} = 1$$

$$\det \begin{pmatrix} 0 & 0 & 0 \\ 0 & 0 & 0 \\ 0 & 0 & 0 \end{pmatrix} = 0, \operatorname{Rang} \begin{pmatrix} 0 & 0 & 0 \\ 0 & 0 & 0 \\ 0 & 0 & 0 \end{pmatrix} = 0$$

Was sagt der Dimensionssatz?

Der Dimensionssatz sagt, dass bei einer linearen Abbildung $L : V \to W$ die Dimension des Kerns plus die Dimension des Bildes gleich der Dimension von V ist.

Du kannst ihn wie folgt verstehen: Wenn der Kern die Dimension $m \leq n = \dim V$ hat, kann man eine Basis $\{b_1, b_2, \ldots, b_m\}$ des Kerns wählen. Es gibt dann noch $m - n$ weitere Basisvektoren $\{b_{m-n+1}, b_2, \ldots, b_n\}$, und das Bild wird von $\{L(b_{m-n+1}), \ldots, L(b_n)\}$ aufgespannt und hat, da diese Vektoren linear unabhängig sind, die Dimension $\dim \text{Bild } L = n - m = \dim V - \dim \text{Kern } L$.

Wenn eine lineare Abbildung injektiv ist, also $\dim \text{Kern } L = 0$, dann ist $\dim \text{Bild } L = \dim V$.

Wenn eine lineare Abbildung surjektiv ist, also $\dim \text{Bild } L = \dim W$, dann ist $\dim \text{Bild } L = 0$ und $\dim \text{Kern } L = \dim V - \dim W$.

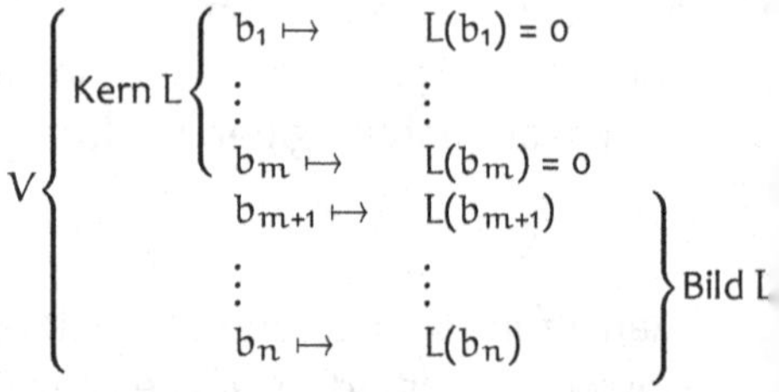

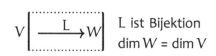

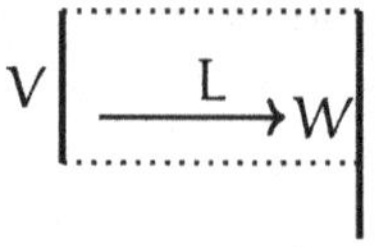

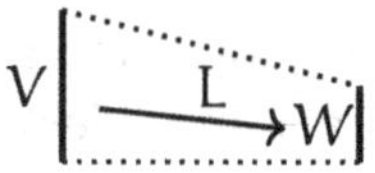

Wenn eine lineare Abbildung bijektiv ist, dann ist $\dim \text{Kern } L = 0$ und $\dim \text{Bild } L = \dim V = \dim W$.

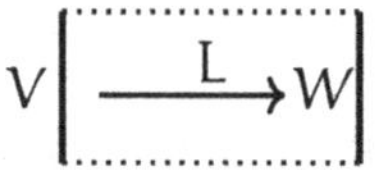

Wenn eine lineare Abbildung einen maximalen Kern hat, also $\dim \text{Kern } L = \dim V$, dann ist $\dim \text{Bild } L = 0$.

$$\dim \text{Kern } L + \dim \text{Bild } L = \dim V$$

für $L : \mathbb{R}^3 \to \mathbb{R}^2$
$$(v_1, v_2, v_3)^\top \mapsto (v_1, v_2)^\top$$

$$\underbrace{\dim \text{Kern } L}_{\dim \mathbb{R}^1 = 1} + \underbrace{\dim \text{Bild } L}_{\dim \mathbb{R}^2 = 2} = \underbrace{\dim V}_{\dim \mathbb{R}^3 = 3}$$

$$V \begin{cases} \text{Kern } L \begin{cases} b_1 \mapsto & L(b_1) = 0 \\ \vdots & \vdots \\ b_m \mapsto & L(b_m) = 0 \end{cases} \\ \left. \begin{array}{ll} b_{m+1} \mapsto & L(b_{m+1}) \\ \vdots & \vdots \\ b_n \mapsto & L(b_n) \end{array} \right\} \text{Bild } L \end{cases}$$

Da die Dimension des Bildes von L gleich dem Rang von L ist, spricht man auch von dem Rangsatz: $\dim \text{Bild } L = \text{Rang } L$, also

$$\dim \text{Kern } L + \dim \text{Rang } L = \dim V.$$

$V \xrightarrow{ L } W$ L ist Injektion $\dim W \geq \dim V$

$V \xrightarrow{ L } W$ L ist Surjektion $\dim V \geq \dim W$

$V \xrightarrow{ L } W$ L ist Bijektion $\dim W = \dim V$

$V \xrightarrow{ L } 0$ L ist Nullabbildung $\dim \text{Kern } L = \dim V$

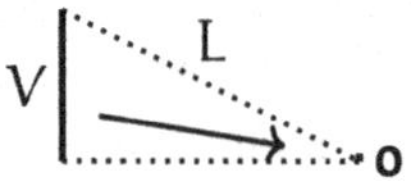

Was sagt der Dimensionssatz bei Endomorphismen?

Ein Endomorphismus ist eine lineare Abbildung eines Vektorraums V in sich selbst.

Beispiele für Endomorphismen des $\mathbb{R}^2$ sind Rotationen und Projektionen.

Bei Endomorphismen endlich-dimensionaler Vektorräume ist daher die Dimension des Kerns gleich der Dimension des Vektorraums minus der Dimension des Bildes.

$\dim \text{Kern } L = \dim V - \dim \text{Bild } L$

Bei der Projektion $P : \mathbb{R}^2 \to \mathbb{R}^2, (x, y)^\top \mapsto (x, 0)^\top$ ist $\dim \text{Bild } P = 1$ und somit $\dim \text{Kern } L = \dim \mathbb{R}^2 - \dim \text{Bild } P = 2 - 1 = 1$, der Kern ist die 1-dimensionale y-Achse.

Wenn der Kern der Nullraum ist, ist also das Bild der volle Vektorraum. Daher ist für lineare Abbildungen $V \to V$ ($\dim V < \infty$) injektiv und surjektiv gleichbedeutend.

Für $L : V \to V$, $\dim V < \infty$:
injektiv $\Leftrightarrow$ surjektiv

Eine Rotation $\mathbb{R}^2 \to \mathbb{R}^2$ hat einen trivialen Kern, ist also injektiv und somit auch surjektiv, also bijektiv.

Eine injektive Abbildung zwischen endlich-dimensionalen Vektorräumen ist also automatisch auch surjektiv und somit bijektiv. Analog ist eine surjektive Abbildung auch injektiv und somit bijektiv.

Dies ist ganz analog dazu, dass für Abbildungen zwischen endlichen Mengen $f : A \to A$ aus der Injektivität die Surjektivität folgt und umgekehrt. Für unendliche Mengen gilt dies nicht.

Für unendlich-dimensionale Vektorräume gilt dies nicht.

Der Rechts-Shift auf dem Vektorraum der reellen Folgen $S_r : V \to V$
$S_r : (a_1, a_2, a_3, \ldots) \mapsto (0, a_1, a_2, \ldots)$
ist injektiv, aber nicht surjektiv.

Der Links-Shift
$S_l : (a_1, a_2, a_3, \ldots) \mapsto (a_2, a_3, a_4, \ldots)$
ist surjektiv, aber nicht injektiv.

Wie berechnest du die Lösung eines 3×3-LGS? (I): Beispiel mit eindeutiger Lösung

Zur Lösung eines LGS mit drei Gleichungen und drei Variablen lässt du die erste Gleichung stehen.

$$
\begin{aligned}
x_1 + 2x_2 + 3x_3 &= 6 \quad (1)\\
2x_1 + 3x_2 + 4x_3 &= 7 \quad (2)\\
3x_1 + 4x_2 + 6x_3 &= 8 \quad (3)
\end{aligned}
$$

Von der zweiten Gleichung ziehst du ein Vielfaches der ersten Gleichung ab (hier das Doppelte), sodass der erste Koeffizient verschwindet, und du erhältst die Gleichung $(2')$.

$$
\begin{aligned}
x_1 + 2x_2 + 3x_3 &= 6\\
-x_2 - 2x_3 &= -5 \quad (2) - 2 \cdot (1)\\
3x_1 + 4x_2 + 6x_3 &= 8
\end{aligned}
$$

Analog machst du es mit der dritten Gleichung und erhältst die Gleichung $(3')$. Nun hast du erreicht, dass ab der zweiten Zeile nur noch zwei Variablen auftauchen.

$$
\begin{aligned}
x_1 + 2x_2 + 3x_3 &= 6\\
-x_2 - 2x_3 &= -5 \quad (2')\\
-2x_2 - 3x_3 &= -10 \quad (3) - 3 \cdot (1)
\end{aligned}
$$

Schließlich ziehst du noch das Doppelte der neuen zweiten Gleichung von der dritten Gleichung ab, sodass in der dritten Gleichung nur noch eine Variable steht.

$$
\begin{aligned}
x_1 + 2x_2 + 3x_3 &= 6\\
-x_2 - 2x_3 &= -5\\
x_3 &= 0 \quad (3') - 2 \cdot (2')
\end{aligned}
$$

Dies ist die Zeilenstufenform.

Die dritte Gleichung kannst du direkt nach x_3 auflösen und dann in die zweite Gleichung einsetzen und erhältst x_2, und dann setzt du beides in die erste Gleichung ein und erhältst x_1.

Berechnung der Lösung:
aus $(3'') \Rightarrow x_3 = 0$
in $(2') \Rightarrow x_2 = 5$
in $(1) \Rightarrow x_1 = -4$
Die Lösungsmenge ist eine Gerade.

Dies ist ein Beispiel, bei dem es eine eindeutige Lösung gibt. Auch die homogene Gleichung (wenn rechts nur Nullen stehen) hat eine eindeutige Lösung, die triviale Lösung $x_1 = x_2 = x_3 = 0$, die es immer gibt, aber in diesem Fall die einzige ist.

Hier ist der Rang der Matrix gleich 3, es gibt $3 - 3 = 0$, also keine freien Parameter, das homogene LGS hat somit nur die triviale Lösung, das inhomogene LGS eine eindeutige Lösung.

Wie berechnest du die Lösung eines 3×3-LGS? (II): Beispiel mit 1-dimensionalem Lösungsraum

Wir betrachten ein ganz ähnliches lineares Gleichungssystems mit drei Gleichungen und drei Variablen.

$$\begin{aligned} x_1 + 2x_2 + 3x_3 &= 6 \quad (1)\\ 2x_1 + 3x_2 + 4x_3 &= 7 \quad (2)\\ 3x_1 + 4x_2 + 5x_3 &= 8 \quad (3) \end{aligned}$$

Du gehst ganz analog vor wie beim Beispiel auf der Seite davor und eliminierst x_1 aus der zweiten Gleichung.

$$\begin{aligned} x_1 + 2x_2 + 3x_3 &= 6\\ -x_2 - 2x_3 &= -5 \quad (2) - 2 \cdot (1)\\ 3x_1 + 4x_2 + 5x_3 &= 8 \end{aligned}$$

Analog machst du es mit der dritten Gleichung und hast wieder erreicht, dass ab der zweiten Zeile nur noch zwei Variablen auftauchen.

$$\begin{aligned} x_1 + 2x_2 + 3x_3 &= 6\\ -x_2 - 2x_3 &= -5 \quad (2')\\ -2x_2 - 4x_3 &= -10 \quad (3) - 3 \cdot (1) \end{aligned}$$

Nun ziehst du wieder das Doppelte der neuen zweiten Gleichung von der dritten Gleichung ab, um in der dritten Gleichung nur noch eine Variable zu haben. Es ergibt sich hier aber, dass diese auch verschwindet, sodass du eine Nullzeile erhältst.

$$\begin{aligned} x_1 + 2x_2 + 3x_3 &= 6\\ -x_2 - 2x_3 &= -5\\ 0 &= 0 \quad (3') - 2 \cdot (2') \end{aligned}$$

Dies ist die Zeilenstufenform.

Damit kannst du x_3 als freien Parameter wählen, etwa $x_3 = s \in \mathbb{R}$ und in die zweite Gleichung einsetzen und dann setzt du beides in die erste Gleichung ein und erhältst x_1.

Berechnung der Lösung:
aus $(3'') \Rightarrow x_3 = s \in \mathbb{R}$
in $(2') \Rightarrow x_2 = -2s + 5$
in $(1) \Rightarrow x_1 = s - 4$
Die Lösungsmenge ist eine Gerade.

Dies ist ein Beispiel mit einem 1-dimensionalen Lösungsraum. Die homogene Gleichung (wenn rechts nur Nullen stehen) hat einen 1-dimensionalen Vektorraum als Lösung: $x_1 = s, x_2 = -2s, x_3 = s$, d. h. $\mathbf{x} = (1, -2, 1)^\top s, \quad s \in \mathbb{R}$, also eine Ursprungsgerade.

Hier ist der Rang der Matrix gleich 2, es gibt $3 - 2 = 1$ freie Parameter, das homogene LGS hat einen 1-dimensionalen Vektorraum als Lösung, das inhomogene LGS ebenfalls eine Gerade als Lösung.

Wie berechnest du die Lösung eines 3×3-LGS? (III): Beispiel mit leerer Lösungsmenge

Wir betrachten wieder ein LGS mit drei Gleichungen und drei Variablen. Die Koeffizienten sind wie im letzten Beispiel, in der letzten Gleichung steht rechts allerdings 9 statt 8.

$$\begin{array}{rcrl} x_1 + 2x_2 + 3x_3 & = & 6 & (1) \\ 2x_1 + 3x_2 + 4x_3 & = & 7 & (2) \\ 3x_1 + 4x_2 + 5x_3 & = & 9 & (3) \end{array}$$

Du gehst ganz analog vor wie beim vorherigen Beispiel und eliminierst x_1 aus der zweiten Gleichung.

$$\begin{array}{rcrl} x_1 + 2x_2 + 3x_3 & = & 6 & \\ -x_2 - 2x_3 & = & -5 & (2) - 2 \cdot (1) \\ 3x_1 + 4x_2 + 5x_3 & = & 9 & \end{array}$$

Analog machst du es mit der dritten Gleichung und hast wieder erreicht, dass ab der zweiten Zeile nur noch zwei Variablen auftauchen.

$$\begin{array}{rcrl} x_1 + 2x_2 + 3x_3 & = & 6 & \\ -x_2 - 2x_3 & = & -5 & (2') \\ -2x_2 - 4x_3 & = & -9 & (3) - 3 \cdot (1) \end{array}$$

Nun ziehst du wieder das Doppelte der neuen zweiten Gleichung von der dritten Gleichung ab, um in der dritten Gleichung nur noch eine Variable zu haben. Es ergibt sich hier aber, dass diese auch verschwindet, während auf der rechten Seite eine 1 stehen bleibt.

$$\begin{array}{rcrl} x_1 + 2x_2 + 3x_3 & = & 6 & \\ -x_2 - 2x_3 & = & -5 & \\ 0 & = & 1 & (3') - 2 \cdot (2') \end{array}$$

Dies ist die Zeilenstufenform.

Damit ist die letzte Gleichung unabhängig von den Variablen falsch und das LGS hat keine Lösung.

Die Lösungsmenge ist die leere Menge.

Dies ist also ein Beispiel mit einer leeren Lösungsmenge. Die homogene Gleichung (wenn rechts nur Nullen stehen) ist wie im letzten Beispiel und hat daher die gleiche eindimensionale Lösungsmenge: $x_1 = s, x_2 = -2s, x_3 = s$.

Hier ist der Rang der Matrix gleich 2, es gibt $3 - 2 = 1$ freie Parameter, das homogene LGS hat einen 1-dimensionalen Vektorraum als Lösung, das inhomogene LGS hat keine Lösung.

Wie stellst du ein LGS als Matrix dar?

Ein lineares Gleichungssystem ist einfach eine lineare Matrixgleichung $A\mathbf{x} = \mathbf{b}$.

Die Matrix A ist die Matrix der Koeffizienten (jede Zeile entspricht der linken Seite einer Gleichung, jede Spalte einer Unbekannten).

Der Vektor **b** stellt die rechte Seite des Gleichungssystems dar. Wenn $\mathbf{b} = \mathbf{o}$ ist, hast du ein homogenes LGS, andernfalls ein inhomogenes.

Du kannst die Auflösung eines LGS auch direkt in dieser Matrixschreibweise vornehmen, dann sparst du dir, die Unbekannten jedes Mal hinzuschreiben.

Hier das Beispiel von weiter vorne mit der eindeutigen Lösung. Wenn einzelne Zeilen der Koeffizientenmatrix führende Nullen haben, schreibst du diese nicht hin. So erkennst du direkt die Zeilen-Stufen-Form.

Für $A \in \mathbb{R}^{3\times 3}$, $\mathbf{b}, \mathbf{x} \in \mathbb{R}^3$ entspricht die Vektorgleichung $A\mathbf{x} = \mathbf{b}$ den folgenden 3 Gleichungen:

$$
\begin{aligned}
a_{11}x_1 + a_{12}x_2 + a_{13}x_3 &= b_1 \\
a_{21}x_1 + a_{22}x_2 + a_{23}x_3 &= b_2 \\
a_{31}x_1 + a_{32}x_2 + a_{33}x_3 &= b_3
\end{aligned}
$$

$$
\left(\begin{array}{ccc|c} 1 & 2 & 3 & 6 \\ 2 & 3 & 4 & 7 \\ 3 & 4 & 6 & 8 \end{array}\right) \begin{array}{l} (1) \\ (2) \\ (3) \end{array}
$$

$$
\left(\begin{array}{ccc|c} 1 & 2 & 3 & 6 \\ & -1 & -2 & -5 \\ 3 & 4 & 6 & 8 \end{array}\right) \begin{array}{l} \\ (2) - 2 \cdot (1) \\ \end{array}
$$

$$
\left(\begin{array}{ccc|c} 1 & 2 & 3 & 6 \\ & -1 & -2 & -5 \\ & -2 & -3 & -10 \end{array}\right) \begin{array}{l} \\ (2') \\ (3) - 3 \cdot (1) \end{array}
$$

$$
\left(\begin{array}{ccc|c} 1 & 2 & 3 & 6 \\ & -1 & -2 & -5 \\ & & 1 & 0 \end{array}\right) \begin{array}{l} \\ \\ (3') - 2 \cdot (2') \end{array}
$$

Welche Struktur hat die Lösungsmenge eines linearen Gleichungssystems?

Man unterscheidet zwischen homogenen und inhomogenen LGS.

Bei einem homogenen linearen Gleichungssystem stehen rechts lauter Nullen.

homogenes LGS: $A\mathbf{x} = \mathbf{o}$
In der Vektor-Schreibweise steht rechts der Nullvektor.
Es hat immer mindestens die Lösung $\mathbf{x} = \mathbf{o}$.

Du kannst einfach sehen, dass die Lösungen eines homogenen linearen Gleichungssystems einen Vektorraum bilden.

Wenn $\mathbf{x}^{(1)}$ und $\mathbf{x}^{(2)}$ Lösungen sind, gilt $A\mathbf{x}^{(1)} = \mathbf{o}$ und $A\mathbf{x}^{(2)} = \mathbf{o}$, somit:

$A(\mathbf{x}^{(1)} + \mathbf{x}^{(2)}) = A\mathbf{x}^{(1)} + A\mathbf{x}^{(2)} = \mathbf{o}$ und
$A(r\mathbf{x}^{(1)}) = rA\mathbf{x}^{(1)} = \mathbf{o}$.
Die Lösungen bilden einen Vektorraum.

Bei einem inhomogenen linearen Gleichungssystem stehen rechts beliebige Zahlen, von denen mindestens eine ungleich null ist.

inhomogenes LGS: $A\mathbf{x} = \mathbf{b}$, $\mathbf{b} \neq \mathbf{o}$
In der Vektor-Schreibweise steht rechts ein beliebiger Vektor ungleich dem Nullvektor.

Die allgemeine Lösung eines inhomogenen LGS ist eine spezielle Lösung des inhomogenen LGS plus die allgemeine Lösung des homogenen LGS.

$$\mathbf{x}_{\text{inh.,allg.}} = \mathbf{x}_{\text{inh.,spez.}} + \mathbf{x}_{\text{hom.,allg.}}$$

Dass jede Lösung von dieser Form sein muss, siehst du, wenn du eine beliebige Lösung als Summe von einer speziellen Lösung und einer „Restlösung“ darstellst. Du erkennst, dass die Restlösung das homogene LGS lösen muss.

$$\mathbf{x}_{\text{inh.,allg.}} = \mathbf{x}_{\text{inh.,spez.}} + \mathbf{x}_{\text{Rest}}$$

$$\begin{aligned} A\mathbf{x}_{\text{inh.,allg.}} &= A(\mathbf{x}_{\text{inh.,spez.}} + \mathbf{x}_{\text{Rest}}) \\ &= \underbrace{A\mathbf{x}_{\text{inh.,spez.}}}_{\mathbf{b}} + A\mathbf{x}_{\text{Rest}} = \mathbf{b} \end{aligned}$$

$\Rightarrow A\mathbf{x}_{\text{Rest}} = \mathbf{b} - \mathbf{b} = \mathbf{o}$
$\mathbf{x}_{\text{Rest}}$ ist Lösung des hom. LGS.

Da lineare Differenzialgleichungen als $Ly(x) = f(x)$ dargestellt werden können und L linear ist, gilt für die Lösungen eine analoge Aussage.

$$y_{\text{inh.,allg.}} = y_{\text{inh.,spez.}} + y_{\text{hom.,allg.}}$$

Wie berechnest du die Inverse einer 3×3-Matrix?

Die Berechnung der Inversen einer 3 × 3-Matrix ist äquivalent zur Lösung dreier linearer Gleichungssysteme, wobei die Inhomogenitäten jeweils die drei Einheitsvektoren sind.

Rechts siehst du die Berechnung der Inversen der Koeffizientenmatrix aus dem Beispiel von weiter vorne.

Du machst die Zeilenumformungen wie bisher, formst aber so lange weiter um, bis links die Einheitsmatrix steht. Zur Verdeutlichung habe ich auch die führenden Nullen in den Zeilen geschrieben.

Dann kannst du rechts die inverse Matrix ablesen.

Um dich zu überzeugen, dass du keinen Rechenfehler gemacht hast, kannst du die beiden Matrizen miteinander multiplizieren, es muss sich die Einheitsmatrix ergeben.

Derartige „Proben", bei denen du prüfst, ob die ursprünglich gestellten Forderungen erfüllt sind, bieten sich bei ganz vielen Rechnungen an, z.B.: Sind nach Einsetzen der gefundenen Lösung die Ursprungsgleichungen eines LGS wahr? Erfüllt der Punkt, durch den eine Ebene gehen soll, die Ebenengleichung, die du gefunden hast?

$$\left(\begin{array}{ccc|ccc} 1 & 2 & 3 & 1 & 0 & 0 \\ 2 & 3 & 4 & 0 & 1 & 0 \\ 3 & 4 & 6 & 0 & 0 & 1 \end{array}\right) \begin{array}{l} (1) \\ (2) \\ (3) \end{array}$$

$$\left(\begin{array}{ccc|ccc} 1 & 2 & 3 & 1 & 0 & 0 \\ 0 & -1 & -2 & -2 & 1 & 0 \\ 3 & 4 & 6 & 0 & 0 & 1 \end{array}\right) \begin{array}{l} \\ (2) - 2 \cdot (1) \\ \end{array}$$

$$\left(\begin{array}{ccc|ccc} 1 & 2 & 3 & 1 & 0 & 0 \\ 0 & -1 & -2 & -2 & 1 & 0 \\ 0 & -2 & -3 & -3 & 0 & 1 \end{array}\right) \begin{array}{l} \\ (2') \\ (3) - 3 \cdot (1) \end{array}$$

$$\left(\begin{array}{ccc|ccc} 1 & 2 & 3 & 1 & 0 & 0 \\ 0 & -1 & -2 & -2 & 1 & 0 \\ 0 & 0 & 1 & 1 & -2 & 1 \end{array}\right) \begin{array}{l} \\ \\ (3') - 2 \cdot (2') \end{array}$$

$$\left(\begin{array}{ccc|ccc} 1 & 2 & 3 & 1 & 0 & 0 \\ 0 & -1 & 0 & 0 & -3 & 2 \\ 0 & 0 & 1 & 1 & -2 & 1 \end{array}\right) \begin{array}{l} \\ (2') + 2 \cdot (3'') \\ \end{array}$$

$$\left(\begin{array}{ccc|ccc} 1 & 0 & 0 & -2 & 0 & 1 \\ 0 & 1 & 0 & 0 & 3 & -2 \\ 0 & 0 & 1 & 1 & -2 & 1 \end{array}\right) \begin{array}{l} \\ -1 \cdot (2'') \\ \end{array}$$

Wie kannst du ein LGS immer in Zeilen-Stufen-Form bringen?

Das am Beispiel gezeigte Verfahren funktioniert auch allgemein für m lineare Gleichungen in n Variablen.

Du wählst als erste Gleichung eine, deren erster Koeffizient ungleich null ist.

Wenn es keine gibt, nummerierst du die Variablen um (also vertauschst die Spalten). Wenn die erste Gleichung nur aus Nullen besteht, stellst du sie ganz nach unten.

Du lässt die erste Gleichung stehen. Von der zweiten Gleichung ziehst du ein derartiges Vielfaches der ersten Gleichung ab, dass der Koeffizient der ersten Variable null wird. So machst du weiter.

Du erhältst die Zeilen-Stufen-Form, in der in jeder Zeile zu Beginn mehr Nullen stehen als in der Zeile davor.

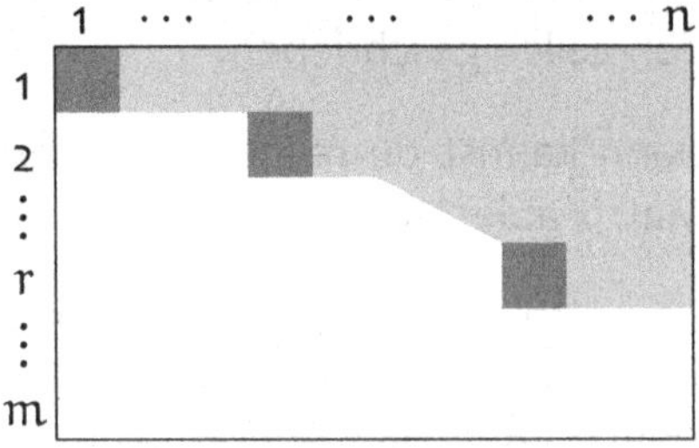

n: Anzahl der Variablen
m: Anzahl der Zeilen
r: Rang

Die Anzahl der dunklen Kästchen ist gleich der Anzahl der Zeilen, die nicht null (weiß) sind, und gleich dem Rang der Matrix.

Dunkelgrau: Zahlen $\neq 0$
Hellgrau: beliebige Zahlen
Weiß: Nullen

Wenn jeweils „nur" eine Null mehr steht, haben die horizontalen Pünktchen die Länge null und die dunklen Kästchen bilden eine $45°$-Diagonale. Das ist der Fall, wenn der Rang gleich der Anzahl der Variablen ist und das homogene LGS nur die triviale Lösung $(0, 0, \ldots, 0)^\top$ hat.

Anzahl der Spalten
mit dunklen Kästchen: r
ohne dunkle Kästchen: $n - r$

Die $n - r$ Unbekannten zu den Spalten ohne dunkles Kästchen kannst du als freie Parameter wählen.

Der Lösungsraum des hom. LGS ist ein $(n - r)$-dimensionaler Untervektorraum.

Was sagt der Rang der (erweiterten) Koeffizienten-Matrix über die Lösungsmenge eines LGS?

Wir betrachten das LGS $A\mathbf{x} = \mathbf{b}$ $\quad A \in \mathbb{R}^{n\times n},\ \mathbf{x}, \mathbf{b} \in \mathbb{R}^n$.

b = 0: homogenes LGS

Für $\det(A) \neq 0$, also $\mathrm{Rg}(A) = n$:
$\mathbf{x} = \mathbf{0}$ ist eindeutige Lösung.

$$\begin{pmatrix} 1 & 2 \\ 2 & 3 \end{pmatrix}\begin{pmatrix} x_1 \\ x_2 \end{pmatrix} = \begin{pmatrix} 0 \\ 0 \end{pmatrix} \Rightarrow \mathbf{x} = \begin{pmatrix} 0 \\ 0 \end{pmatrix}$$

Für $\det(A) = 0$, also $\mathrm{Rg}(A) < n$:
Du kannst $n - \mathrm{Rg}(A) > 0$ freie Parameter wählen, der Lösungsraum ist ein $(n - \mathrm{Rg}(A))$-dimensionaler Vektorraum.

$$\begin{pmatrix} 1 & 2 \\ 2 & 4 \end{pmatrix}\begin{pmatrix} x_1 \\ x_2 \end{pmatrix} = \begin{pmatrix} 0 \\ 0 \end{pmatrix}$$

$$\Rightarrow \mathbf{x} = r\begin{pmatrix} 2 \\ -1 \end{pmatrix}, \text{ 1-dimensional}$$

b ≠ 0: inhomogenes LGS

Für $\det(A) \neq 0$, also $\mathrm{Rg}(A) = n$:
$\mathbf{x} = A^{-1}\mathbf{b}$ ist eindeutige Lösung.

$$\begin{pmatrix} 1 & 2 \\ 2 & 3 \end{pmatrix}\begin{pmatrix} x_1 \\ x_2 \end{pmatrix} = \begin{pmatrix} 1 \\ 1 \end{pmatrix}$$

$$\Rightarrow \mathbf{x} = \begin{pmatrix} -3 & 2 \\ 2 & -1 \end{pmatrix}\begin{pmatrix} 1 \\ 1 \end{pmatrix} = \begin{pmatrix} -1 \\ 1 \end{pmatrix}$$

Für $\det(A) = 0$, also $\mathrm{Rg}(A) < n$:

a) Falls $\mathrm{Rg}(A) = \mathrm{Rg}(A|\mathbf{b})$:
Der Lösungsraum ist $(n - \mathrm{Rg}(A))$-dimensional: Allg. Lösung des inh. LGS = spezielle Lösung des inh. LGS + allg. Lösung des hom. LGS.

$$\begin{pmatrix} 1 & 2 \\ 2 & 4 \end{pmatrix}\begin{pmatrix} x_1 \\ x_2 \end{pmatrix} = \begin{pmatrix} 3 \\ 6 \end{pmatrix}$$

b ist linear abhängig von den anderen beiden Spalten
$\Rightarrow \mathrm{Rg}(A) = \mathrm{Rg}(A|\mathbf{b}) = 1$

$$\Rightarrow \mathbf{x} = \begin{pmatrix} 1 \\ 1 \end{pmatrix} + r\begin{pmatrix} 2 \\ -1 \end{pmatrix}, \text{ 1-dimens.}$$

b) Falls $\mathrm{Rg}(A) \neq \mathrm{Rg}(A|\mathbf{b})$:
Es gibt keine Lösung.

$$\begin{pmatrix} 1 & 2 \\ 2 & 4 \end{pmatrix}\begin{pmatrix} x_1 \\ x_2 \end{pmatrix} = \begin{pmatrix} 3 \\ 4 \end{pmatrix}$$

b ist linear unabhängig von den anderen beiden Spalten
$\Rightarrow \mathrm{Rg}(A|\mathbf{b}) = 2 > \mathrm{Rg}(A) = 1$
$\Rightarrow$ Es gibt keine Lösung.

Was sagt der Dimensionssatz konkret für $A\mathbf{x} = 0$ und $\mathbf{x} \in \mathbb{R}^3$?

Der Lösungsraum des homogenen LGS $A\mathbf{x} = \mathbf{0}$ ist der Kern der Abbildung A.

So ist der Kern gerade definiert.

Der Dimensionssatz sagt aus, dass die Dimension des Lösungsraums gleich der Dimension des Gesamtraums $\mathbb{R}^3$ (aus dem die $\mathbf{x}$ sind), minus dem Rang der Matrix A ist.

$$\begin{aligned} \dim \text{Kern } A &= \dim V - \dim \text{Bild } A \\ &= 3 - \dim \text{Rang } A \end{aligned}$$

Rang der Matrix A	Dimension des Lösungsraums	Beispiel für Matrix A	Lösungsraum für das Beispiel
0	3 - 0 = 3	$\begin{pmatrix} 0 & 0 & 0 \\ 0 & 0 & 0 \\ 0 & 0 & 0 \end{pmatrix}$	$x_1, x_2, x_3 \in \mathbb{R}, 0 = 0$ gesamter Raum
1	3 - 1 = 2	$\begin{pmatrix} 0 & 0 & 0 \\ 0 & 0 & 0 \\ 0 & 0 & 1 \end{pmatrix}$	$x_1, x_2 \in \mathbb{R}, x_3 = 0$ Ebene
2	3 - 2 = 1	$\begin{pmatrix} 0 & 0 & 0 \\ 0 & 1 & 0 \\ 0 & 0 & 1 \end{pmatrix}$	$x_1 \in \mathbb{R}, x_2 = x_3 = 0$ Gerade
3	3 - 3 = 0	$\begin{pmatrix} 1 & 0 & 0 \\ 0 & 1 & 0 \\ 0 & 0 & 1 \end{pmatrix}$	$x_1 = x_2 = x_3 = 0$ Punkt

Jede Gleichung reduziert also den Lösungsraum von der vollen Dimension 3 um eine Dimension.

Jede Gleichung entspricht einer nichtverschwindenden Zeile von A.

Dies gilt aber nur, wenn die Gleichungen linear unabhängig voneinander sind. Genau dies misst der Rang.

Es ist klar, dass z.B. zwei gleiche Gleichungen die Dimension nur um eins reduzieren.

Wie berechnest du den Schnittpunkt zweier Geraden?

In der Ebene haben zwei Geraden einen Schnittpunkt, es sei denn, sie sind parallel.

Wenn du beide Geraden in Parameterform gegeben hast, setzt du die beiden Gleichungen komponentenweise gleich und erhältst zwei Gleichungen für die zwei unbekannten Parameter. Du löst das LGS und setzt einen Parameter in die entsprechende Parameterform ein und den anderen in die andere als Probe.

$$g\colon \mathbf{x} = \begin{pmatrix} 0 \\ 1 \end{pmatrix} + r \begin{pmatrix} 1 \\ -1 \end{pmatrix}$$

$$h\colon \mathbf{x} = \begin{pmatrix} 0 \\ -1 \end{pmatrix} + s \begin{pmatrix} 1 \\ 2 \end{pmatrix}$$

$$\mathbf{x}_S = g \cap h\colon r \begin{pmatrix} 1 \\ -1 \end{pmatrix} = \begin{pmatrix} 0 \\ -2 \end{pmatrix} + s \begin{pmatrix} 1 \\ 2 \end{pmatrix}$$

$$\Rightarrow r = 0 + s,\ -r = -2 + 2s$$
$$\Rightarrow r = s,\ -s = -2 + 2s$$
$$\Rightarrow s = 2/3,\ r = 2/3$$

$$\Rightarrow \mathbf{x}_S = \begin{pmatrix} 0 \\ 1 \end{pmatrix} + \frac{2}{3} \begin{pmatrix} 1 \\ -1 \end{pmatrix} = \begin{pmatrix} 2/3 \\ 1/3 \end{pmatrix}$$

r in g eingesetzt ergibt den gleichen Punkt.

Wenn du eine Gerade als HNF (oder explizit) und die zweite Gerade in Parameterform gegeben hast, setzt du die Parameterform in die HNF ein und erhältst eine lineare Gleichung für den Parameter. Du löst auf und setzt den Parameter in die Parameterform ein.

$$g\colon \frac{1}{\sqrt{2}} \begin{pmatrix} 1 \\ 1 \end{pmatrix} \cdot \mathbf{x} - \frac{1}{\sqrt{2}} = 0$$

$$h\colon \mathbf{x} = \begin{pmatrix} 0 \\ -1 \end{pmatrix} + s \begin{pmatrix} 1 \\ 2 \end{pmatrix}$$

$$\frac{1}{\sqrt{2}} \begin{pmatrix} 1 \\ 1 \end{pmatrix} \left(\begin{pmatrix} 0 \\ -1 \end{pmatrix} + s \begin{pmatrix} 1 \\ 2 \end{pmatrix} \right) - \frac{1}{\sqrt{2}} = 0 \,|\cdot \sqrt{2}$$

$$-1 + 3s - 1 = 0 \Rightarrow s = \tfrac{2}{3} \Rightarrow \mathbf{x}_S = \begin{pmatrix} 2/3 \\ 1/3 \end{pmatrix}$$

Im 3-Dimensionalen kannst du ganz analog vorgehen.

Wenn die drei Gleichungen für die zwei Unbekannten keine Lösung haben, sind die beiden Geraden parallel oder windschief.

Du kannst die beiden Fälle mit den Richtungsvektoren unterscheiden: Wenn die beiden Richtungsvektoren parallel sind, sind die Geraden parallel, sonst windschief.

Wie berechnest du den Schnittpunkt von einer Geraden und einer Ebene im Raum?

Wenn du die Gerade und die Ebene in Parameterform gegeben hast, dann setzt du die beiden Gleichungen komponentenweise gleich und erhältst drei lineare Gleichungen für die drei unbekannten Parameter. Du löst das LGS und setzt, wenn es eine eindeutige Lösung gibt, die Parameter in die entsprechende Parameterform ein und erhältst den Schnittpunkt.

$$E\colon \mathbf{x} = \begin{pmatrix} 0 \\ 0 \\ 1 \end{pmatrix} + r \begin{pmatrix} 1 \\ 0 \\ -1 \end{pmatrix} + s \begin{pmatrix} 0 \\ 1 \\ -1 \end{pmatrix}$$

$$g\colon \mathbf{x} = \begin{pmatrix} 1 \\ 1 \\ 1 \end{pmatrix} + t \begin{pmatrix} 1 \\ 1 \\ 1 \end{pmatrix}$$

Wichtig ist, dass du die drei Parameter unterschiedlich benennst.

$\mathbf{x} = E \cap g$:

$r = 1 + t,\ s = 1 + t,\ -r - s = t$

$\Rightarrow r = s = 1 + t,\ -2(1 + t) = t$

$\Rightarrow t = -\frac{2}{3},\ r = s = \frac{1}{3}$

$$\Rightarrow \mathbf{x} = \begin{pmatrix} 1/3 \\ 1/3 \\ 1/3 \end{pmatrix} \text{ ist der Schnittpunkt.}$$

Wenn du die Ebene als HNF (oder explizit) und die Gerade in Parameterform gegeben hast, setzt du die Parameterform in die HNF ein und löst die Gleichung nach dem Parameter auf. Dann gehst du vor wie oben.

$$E\colon \frac{1}{\sqrt{3}} \begin{pmatrix} 1 \\ 1 \\ 1 \end{pmatrix} \cdot \mathbf{x} - \frac{1}{\sqrt{3}} = 0$$

$$g\colon \mathbf{x} = \begin{pmatrix} 1 \\ 1 \\ 1 \end{pmatrix} + r \begin{pmatrix} 1 \\ 1 \\ 1 \end{pmatrix}$$

$$\frac{1}{\sqrt{3}} \begin{pmatrix} 1 \\ 1 \\ 1 \end{pmatrix} \left(\begin{pmatrix} 1 \\ 1 \\ 1 \end{pmatrix} + r \begin{pmatrix} 1 \\ 1 \\ 1 \end{pmatrix} \right) - \frac{1}{\sqrt{3}} = 0 \,|\cdot \sqrt{}$$

$$3 + 3r - 1 = 0 \Rightarrow r = -\frac{2}{3} \Rightarrow \mathbf{x}_S = \begin{pmatrix} 1/3 \\ 1/3 \\ 1/3 \end{pmatrix}$$

Wenn es keine Lösung gibt, ist die Gerade parallel zu der Ebene.

$$h\colon \mathbf{x} = \begin{pmatrix} 1 \\ 1 \\ 1 \end{pmatrix} + r \begin{pmatrix} 1 \\ 0 \\ -1 \end{pmatrix} \text{ und } E \text{ wie oben}$$

$\Rightarrow 3 - 1 = 0$, also Widerspruch $\Rightarrow h \| E$.

Wie berechnest du Schnittgeraden?

Wenn du beide Ebenen in Parameterform gegeben hast, setzt du die beiden Gleichungen komponentenweise gleich und erhältst drei lineare Gleichungen für die vier unbekannten Parameter, sodass im generischen Fall ein Parameter verbleibt, durch den du **x** ausdrücken kannst; das ist die Schnittgerade in Parameterform.

$$\mathbf{x} = \begin{pmatrix} 1 \\ 0 \\ 0 \end{pmatrix} + r \begin{pmatrix} 1 \\ -1 \\ 0 \end{pmatrix} + s \begin{pmatrix} 1 \\ 0 \\ -1 \end{pmatrix}$$

$$\mathbf{x} = \begin{pmatrix} 1 \\ 0 \\ 0 \end{pmatrix} + t \begin{pmatrix} 1 \\ -1 \\ 0 \end{pmatrix} + u \begin{pmatrix} 0 \\ 0 \\ 1 \end{pmatrix}$$

$$\Rightarrow 1 + r + s = 1 + t,\ -r = -t,\ -s = u$$

$$\Rightarrow 1 - t + u = 1 + t \Rightarrow u = 0, t \in \mathbb{R}$$

$$\Rightarrow \mathbf{x} = \begin{pmatrix} 1 \\ 0 \\ 0 \end{pmatrix} + t \begin{pmatrix} 1 \\ -1 \\ 0 \end{pmatrix},\ t \in \mathbb{R}$$

Wenn du eine Ebene als HNF und eine in Parameterform gegeben hast, dann setzt du die Parameterform in die HNF ein und erhältst eine Gleichung mit zwei unbekannten Parametern, sodass du einen Parameter eliminieren kannst. Einsetzen ergibt deine Schnittgerade.

$$\frac{1}{\sqrt{3}} \begin{pmatrix} 1 \\ 1 \\ 1 \end{pmatrix} - \frac{1}{\sqrt{3}} = 0$$

$$\mathbf{x} = \begin{pmatrix} 1 \\ 0 \\ 0 \end{pmatrix} \cdot \mathbf{x} + r \begin{pmatrix} 1 \\ -1 \\ 0 \end{pmatrix} + s \begin{pmatrix} 0 \\ 0 \\ 1 \end{pmatrix}$$

$$\Rightarrow (1+r+0)+(0+-r+0)+(0+0+s) = 1$$

$$\Rightarrow s = 0, r \in \mathbb{R}$$

$$\Rightarrow \mathbf{x} = \begin{pmatrix} 1 \\ 0 \\ 0 \end{pmatrix} + r \begin{pmatrix} 1 \\ -1 \\ 0 \end{pmatrix},\ r \in \mathbb{R}$$

Wenn du beide Ebenen als HNF gegeben hast, dann hast du zwei Gleichungen für drei Unbekannte, du löst das LGS und erhältst im generischen Fall wieder **x** in Abhängigkeit eines Parameters, also die Parameterform der Schnittgeraden.

Durch Einsetzen kannst du prüfen, dass die Gerade in beiden Ebenen liegt.

$$\frac{1}{\sqrt{3}} \begin{pmatrix} 1 \\ 1 \\ 1 \end{pmatrix} \cdot \mathbf{x} - \frac{1}{\sqrt{3}} = 0$$

$$\frac{1}{\sqrt{2}} \begin{pmatrix} 1 \\ 1 \\ 0 \end{pmatrix} \cdot \mathbf{x} - \frac{1}{\sqrt{2}} = 0$$

$$\Rightarrow x_1 + x_2 + x_3 = 1,\ x_1 + x_2 = 1$$

$$\Rightarrow x_1 = r, x_2 = 1 - r, x_3 = 0$$

$$\Rightarrow \mathbf{x} = \begin{pmatrix} 0 \\ 1 \\ 0 \end{pmatrix} + r \begin{pmatrix} 1 \\ -1 \\ 0 \end{pmatrix},\ r \in \mathbb{R}$$

Wie berechnest du Abstände von Punkten zu Geraden und Ebenen?

Zunächst: Mit Abstand ist immer die kürzeste Distanz gemeint, also die, die senkrecht zu der Geraden bzw. der Ebene steht.

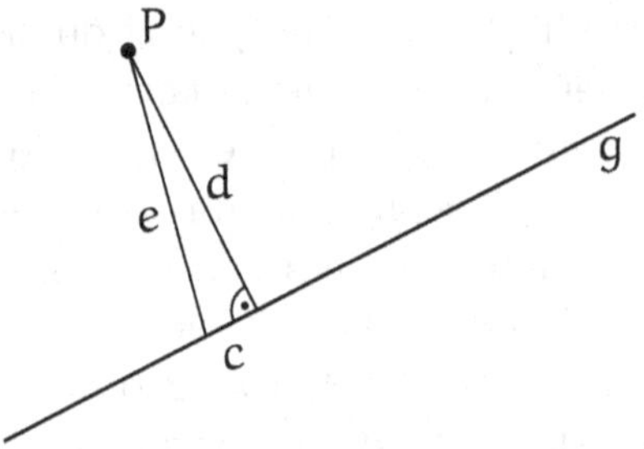

Für $c > 0$ ist $d < \sqrt{d^2 + c^2} = e$

Den Abstand von einem Punkt zu einer Geraden im 2-Dimens. und zu einer Ebene im 3-Dimens. berechnest du am einfachsten mit der Hesse-Normal-Form.

Für die HNF ist nach Konstruktion $\mathbf{n} \cdot \mathbf{x} - d = 0$ für die Punkte auf der Geraden bzw. Ebene. Wenn du einen beliebigen Punkt $\mathbf{x}$ einsetzt, ergibt dir $|\mathbf{n} \cdot \mathbf{x} - d|$ den Abstand. Schau nochmal bei der Herleitung der HNF nach, die Erklärung ist genau gleich.

Wichtig bei der Abstandsberechnung ist, dass bei der HNF der Normalenvektor normiert ist, also die Länge 1 hat.

Abstand des Punkts $(1, 1, 1)$ von der Ebene mit den Achsenabschnitten $1, 1/2, 1/2$:

Achsenabschnittsf.: $x_1 + 2x_2 + 2x_3 = 1$

HNF: $\frac{1}{3}\begin{pmatrix}1\\2\\2\end{pmatrix} \cdot \mathbf{x} - \frac{1}{3} = 0$

$$
\begin{aligned}
d(E, \mathbf{x}) &= |\mathbf{n} \cdot \mathbf{x} - d| \\
&= \left|\frac{1}{3}\begin{pmatrix}1\\2\\2\end{pmatrix} \cdot \mathbf{x} - \frac{1}{3}\right| \\
&= \left|\frac{1}{3}\begin{pmatrix}1\\2\\2\end{pmatrix} \cdot \begin{pmatrix}0\\1\\1\end{pmatrix} - \frac{1}{3}\right| = 1
\end{aligned}
$$

Die Berechung des Abstandes von einem Punkt zu einer Geraden im 3-Dimensionalen erkläre ich dir auf der nächsten Seite.

Wie berechnest du Abstände von Punkten zu Geraden im 3-Dimensionalen

Den Abstand von einem Punkt zu einer Geraden im 3-Dimens. berechnest du über das Vektorprodukt.

Abstand von $\mathbf{x}_P$ zu g: $\mathbf{x} = \mathbf{x}_0 + r\mathbf{a}$:

$$d = \frac{|(\mathbf{x}_P - \mathbf{x}_0) \times \mathbf{a}|}{|\mathbf{a}|}$$

Du kannst dir die Formel herleiten, wenn du dich erinnerst, dass der Betrag des Vektorprodukts zweier Vektoren gleich dem Produkt des Betrags beider Vektoren multipliziert mit dem Betrag des Sinus des eingeschlossenen Winkels ist.

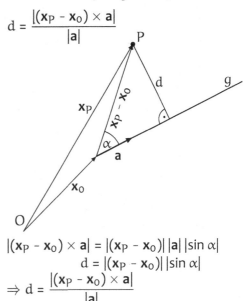

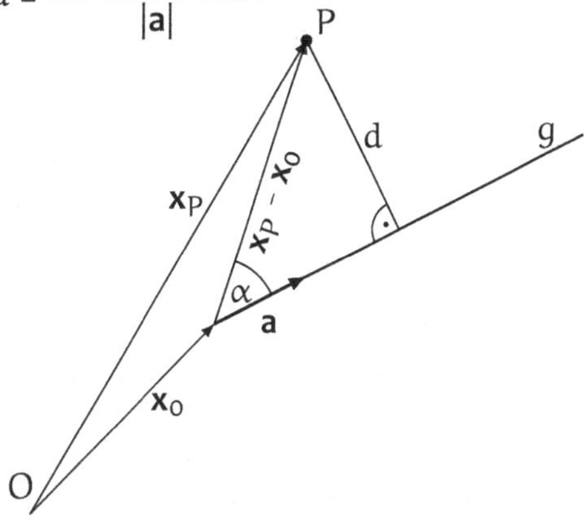

$$|(\mathbf{x}_P - \mathbf{x}_0) \times \mathbf{a}| = |(\mathbf{x}_P - \mathbf{x}_0)|\,|\mathbf{a}|\,|\sin\alpha|$$

$$d = |(\mathbf{x}_P - \mathbf{x}_0)|\,|\sin\alpha|$$

$$\Rightarrow d = \frac{|(\mathbf{x}_P - \mathbf{x}_0) \times \mathbf{a}|}{|\mathbf{a}|}$$

Wenn der Abstand des Punktes von der Geraden gleich null ist, liegt der Punkt auf der Geraden. Du erhältst damit eine Gleichung der Geraden im 3-Dimensionalen analog zur HNF im 2-Dimensionalen.

Gerade durch $\mathbf{x}_0$
mit Richtungsvektor $\mathbf{a}$
in sogenannter Plücker-Form:
$(\mathbf{x} - \mathbf{x}_0) \times \mathbf{a} = 0$
$\Rightarrow \mathbf{x} \times \mathbf{a} = \mathbf{x}_0 \times \mathbf{a}$

Du erhältst die Gleichung auch einfach durch Vektormultiplikation der Parameterform mit dem Richtungsvektor.

Du kannst den Abstand auch auf andere Weise berechnen, z.B. über das Minimum der Distanz $d(r)$ des gegebenen Punktes $\mathbf{x}_P$ von einem beliebigen Punkt auf der Geraden $\mathbf{x}(r) = \mathbf{x}_0 + r\mathbf{a}$. Wenn $d(r)$ minimal ist, ist auch $(d(r))^2$ minimal, was sich einfacher berechnet.

Das Quadrat des Abstandes $d^2(r) = |\mathbf{x}_P - \mathbf{x}(r)|^2$ berechnest du mit Pythagoras und erhältst in Abhängigkeit von r eine quadratische Funktion, deren Minimum du durch quadratisches Ergänzen oder Differenzieren bestimmst. Der Abstand ist dann die Wurzel aus $d^2(r_{min})$.

Wie berechnest du den Abstand zweier Geraden und von einer Geraden oder Ebene zu einer Ebene?

Den Abstand zweier windschiefer Geraden berechnest du, indem du auf eine Richtung senkrecht zu beiden Geraden projizierst.

Wenn du senkrecht zu einer Richtung schaust, die senkrecht zu beiden Geraden steht, sind die beiden Geraden parallel, sodass die Projektion auf diese Richtung ihren Abstand ergibt.

Eine Richtung senkrecht zu beiden Geraden findest du, indem du das Vektorprodukt der beiden Richtungsvektoren der Geraden bildest.

Wenn $\mathbf{x}_A + r\,\mathbf{a}$ und $\mathbf{x}_B + r\,\mathbf{b}$ die beiden Geraden sind, ist $\mathbf{n} = \mathbf{a} \times \mathbf{b}$ eine Richtung, die senkrecht auf beiden Geraden steht.

Den Abstand erhältst du dann, indem du den Differenzvektor von einem beliebigen Punkt auf der ersten Geraden zu einem beliebigen Punkt auf der zweiten Geraden auf die zu beiden Geraden senkrechte Richtung projizierst. Am einfachsten ist, du nimmst für die beiden Punkte die jeweiligen Aufpunkte der Parameterform, $\mathbf{x}_A$ und $\mathbf{x}_B$.

$$d = (\mathbf{x}_A - \mathbf{x}_B) \cdot \frac{\mathbf{n}}{|\mathbf{n}|}$$

$$d = \frac{(\mathbf{x}_A - \mathbf{x}_B) \cdot (\mathbf{a} \times \mathbf{b})}{|\mathbf{a} \times \mathbf{b}|}$$

Wenn die beiden Richtungsvektoren parallel sind, sind die beiden Geraden parallel. Dann nimmst du am einfachsten einen beliebigen Punkt der ersten Geraden und bestimmst den Abstand zu der zweiten Geraden wie auf der vorherigen Seite. Der Abstand der Geraden ist dann dieser Abstand.

Den Abstand von einer Geraden zu einer parallelen Ebene bestimmst du, indem du den Abstand eines beliebigen Punktes der Geraden zu der Ebene berechnest.

Den Abstand zweier paralleler Ebenen bestimmst du auch, indem du einen beliebigen Punkt auf einer der beiden Ebenen nimmst und den Abstand zu der anderen Ebene bestimmst. Der Abstand der Ebenen ist dann dieser Abstand.

Übersicht: Gegenseitige Lage von Punkten, Geraden und Ebenen

Punkt	und Punkt:	- sind identisch (Abstand = 0)
		- **sind verschieden** (Abstand > 0)
	und Gerade:	- Punkt auf der Geraden (Abstand = 0)
		- **Punkt nicht auf der Geraden** (Abstand > 0)
	und Ebene:	- Punkt in der Ebene (Abstand = 0)
		- **Punkt nicht in der Ebene**[3d] (Abstand > 0)
Gerade	und Gerade:	- sind identisch (Richtungen $\parallel$, Abstand = 0)
		- sind parallel (Richtungen $\parallel$, Abstand > 0)
		- **schneiden sich** (Richtungen $\nparallel$, Abstand = 0)
		- **sind windschief**[3d] (Richtungen $\nparallel$, Abstand > 0)
	und Ebene:	- Gerade liegt in Ebene (= Ebene enthält Gerade)
		- sind parallel[3d] (G-Richtung $\in$ E-Richtung, Abstand > 0)
		- **schneiden sich**[3d] (G-Richtung $\notin$ E-Richtung, Abstand = 0)
Ebene	und Ebene:	- identisch (Richtungen $\parallel$, Abstand = 0)
		- parallel[3d] (Richtungen $\parallel$, Abstand > 0)
		- **schneiden sich**[3d] (Richtungen $\nparallel$)

Anmerkungen:

Hochgestelltes [3d] bedeutet, dass dieser Fall nur im 3-Dimensionalen auftritt.

G-Richtung bedeutet Geraden-Richtung, E-Richtung bedeutet Ebenen-Richtung. Richtung parallel bedeutet, dass die Richtungsvektoren den gleichen Vektorraum aufspannen. G-Richtung $\in$ E-Richtung bedeutet, dass der Vektorraum der G-Richtung Untervektorraum der E-Richtung ist.

Die sogenannte „allgemeine Lage“ ist oben fett markiert. Die allgemeine Lage von Objekten ist die, die stabil gegenüber kleinen Änderungen ist, bzw. bei einer zufälligen Auswahl mit Wahrscheinlichkeit 1 auftritt.

Bei Gerade und Gerade ist im 2-Dimensionalen die allgemeine Lage, dass sie sich schneiden; im 3-Dimensionalen, dass sie windschief zueinander liegen.

Übersicht: Produkte von Vektoren in verschiedenen Notationen

	Vektor-notation	Matrixnotation und Komponenten	Bedeutung und Anwendung
Skalar-produkt	$\mathbf{a}\cdot\mathbf{b}\in\mathbb{R}$ wobei $\mathbf{a},\mathbf{b}\in\mathbb{R}^n$	$\mathbf{a}^\top\mathbf{b}$ $(1\times n)(n\times 1)=(1\times 1)$ $\mathbf{a}^\top\mathbf{b}=\sum_i a_i b_i$	$\lvert\mathbf{a}\rvert\lvert\mathbf{b}\rvert\cos(\angle(\mathbf{a},\mathbf{b}))=$ $=0$, wenn $\mathbf{a}\perp\mathbf{b}$. Winkelberechnung
Vektor-produkt	$\mathbf{a}\times\mathbf{b}\in\mathbb{R}^3$ wobei $\mathbf{a},\mathbf{b}\in\mathbb{R}^3$	$M_\mathbf{a}\mathbf{b}$ wobei $M_\mathbf{a}=\begin{pmatrix}0 & -a_3 & a_2\\ a_3 & 0 & -a_1\\ -a_2 & a_1 & 0\end{pmatrix}$ $(\mathbf{a}\times\mathbf{b})_i=$ $=\sum_{j,k}\epsilon_{ijk}a_j b_k$	$\mathbf{a}\times\mathbf{b}\perp\mathbf{a},\mathbf{b}$ $\lvert\mathbf{a}\times\mathbf{b}\rvert=$ $=\lvert\mathbf{a}\rvert\lvert\mathbf{b}\rvert\lvert\sin(\angle(\mathbf{a},\mathbf{b}))\rvert$ $=0$, wenn $\mathbf{a}\parallel\mathbf{b}$. Flächenberechnung
dyadisches Produkt	$\mathbf{a}\otimes\mathbf{b}\in\mathbb{R}^{n\times n}$ wobei $\mathbf{a},\mathbf{b}\in\mathbb{R}^n$	$\mathbf{a}\mathbf{b}^\top$ $(n\times 1)(1\times n)=(n\times n)$ $(\mathbf{ab})_{ij}=a_i b_j$	$(\mathbf{a}\mathbf{b}^\top)c=\mathbf{a}(\mathbf{b}^\top c)\parallel\mathbf{a}$ $\mathbf{a}\mathbf{a}^\top$ mit $\lvert\mathbf{a}\rvert=1$ projiziert auf $\mathbf{a}$.

Dabei wurde bei der einen Schreibweise des Vektorproduktes der ϵ-Tensor verwendet, der für zwei gleiche Indizes gleich 0 ist, für die Indizes 123 und deren zyklische Permutationen gleich +1 und sonst −1:

$$\epsilon_{ijk}=\begin{cases}+1 & (ijk)=(123),(231),(312)\\ -1 & (ijk)=(132),(213),(321)\\ 0 & \text{wenn zwei Indizes gleich sind.}\end{cases}$$

Etwas Wahrscheinlichkeitsrechnung

Die Wahrscheinlichkeitsrechnung hat ihre Anfänge in der Analyse von Glücksspielen im 17. Jahrhundert.

Auf ein solides mathematisches Fundament wurde sie gestellt, als Kolmogorow Anfang der 1930-Jahre nicht gefragt hat, was Wahrscheinlichkeit ist, sondern Axiome aufgestellt hat, die die Wahrscheinlichkeit erfüllt und aus denen sich Rechenregeln und mathematische Sätze ableiten lassen. Zufallsvariablen werden dann zu bestimmten Abbildungen.

Dies erkläre ich dir und auch, was Erwartungswert und Varianz von Zufallsvariablen bedeuten und wie man sie berechnet.

Als wichtige Verteilungsfunktionen wirst du die Binomialverteilung und die Gauß'sche Normalverteilung kennenlernen.

Ich skizziere und erkläre dir einen Beweis, der dir zeigt, warum etliche Zufallsvariablen, bei denen sich viele Zufallseffekte additiv überlagern, näherungsweise normalverteilt sind.

A. Gründers, *Mathe übersichtlich: Von den Basics bis zur Analysis*,
https://doi.org/10.1007/978-3-662-70883-5_13

Was sind Ereignisse eines Zufallsexperiments und wie kannst du mit ihnen rechnen?

Bei einem Zufallsexperiment gibt es eine Menge von möglichen Ergebnissen, die man oft mit einem großen Omega Ω bezeichnet.

Bei einem Würfelwurf:
$\Omega = \{1, 2, 3, 4, 5, 6\}$

Jede Teilmenge dieser Ergebnismenge bezeichnet man als Ereignis. Die (Einzel-)Ergebnisse nennt man auch Elementarereignisse.

Ereignis A: gerade Zahl
$A = \{2, 4, 6\}$
Ereignis B: 5 oder 6
$B = \{5, 6\}$

Da Ereignisse Mengen sind, kann man mit ihnen wie mit Mengen rechnen.

Die Vereinigung zweier Ereignisse tritt genau dann ein, wenn das eine Ereignis oder das andere oder auch beide eintreten, man sagt auch A oder B und schreibt $A \cup B$.

$A \cup B = \{2, 4, 5, 6\}$

Der Schnitt zweier Ereignisse tritt genau dann ein, wenn das eine Ereignis und das andere eintreten, man sagt auch A und B und schreibt $A \cap B$.

$A \cap B = \{6\}$

Das Komplementärereignis tritt genau dann ein, wenn das ursprüngliche Ereignis nicht eintritt. Man sagt A komplementär und schreibt $\overline{A}$.

$\overline{A} = \{1, 3, 5\}$

Die Menge $\overline{A}$ ist die Komplementärmenge, d.h. die Menge aller Elemente aus der Grundmenge Ω, die nicht in A sind: $\overline{A} = \Omega \setminus A$

Was ist Wahrscheinlichkeit und wie berechnest du unbekannte Wahrscheinlichkeiten aus bekannten?

Eine Wahrscheinlichkeit ist zunächst nichts anderes als eine Abbildung, die jedem Ereignis eine Zahl zwischen null und eins zuordnet.

$$P : \text{Menge aller Ereignisse} \to [0,1], \quad A \mapsto P(A)$$

Dem leeren Ereignis wird null zugeordnet, dem sicheren Ereignis eins.

$$P(\{\}) = 0$$
$$P(\Omega) = 1$$

Der disjunkten Vereinigung zweier Ereignisse wird die Summe der Wahrscheinlichkeiten zugeordnet.

$$P(A \cup B) = P(A) + P(B)$$
für $A \cap B = \{\}$

Wenn alle Elementarereignisse gleich wahrscheinlich sind, ist die Wahrscheinlichkeit eines Elementarereignisses gleich 1/Anzahl.

Bei einem fairen Würfel:

$$P(\{1\}) = P(\{2\}) = P(\{3\}) = \ldots = \tfrac{1}{6}$$

$$P(\{2,4,6\}) = \tfrac{1}{6} + \tfrac{1}{6} + \tfrac{1}{6} = \tfrac{3}{6} = \tfrac{1}{2}$$

Dem Komplementärereignis $\overline{A}$ wird die Wahrscheinlichkeit eins minus der Wahrscheinlichkeit von A zugeordnet.

$$P(\overline{A}) = 1 - P(A)$$

$$P(\overline{\{1\}}) = P(\{2,3,4,5,6\}) = \tfrac{5}{6}$$

Damit berechnest du aus bekannten Wahrscheinlichkeiten neue.

Die Wahrscheinlichkeit der Vereinigung zweier beliebiger Ereignisse erhältst du, indem du die Einzelwahrscheinlichkeiten addierst und die Wahrscheinlichkeit, dass beide Ereignisse eintreten, abziehst.

$$P(A \cup B) = P(A) + \underbrace{P(B) - P(A \cap B)}_{P(B \setminus A)}$$

$A \cup B$ ist die disjunkte Vereinigung von A und $B \setminus A$.

Wenn zwei Ereignisse voneinander unabhängig sind, ergibt sich die Wahrscheinlichkeit für das Auftreten beider Ereignisse als Produkt der beiden Wahrscheinlichkeiten.

$$P(A \cap B) = P(A)\,P(B)$$
für unabhängige Ereignisse

Dies kann man als die Definition von unabhängigen Ereignissen ansehen.

Was bedeutet bedingte Wahrscheinlichkeit?

Die bedingte Wahrscheinlichkeit beschreibt die Wahrscheinlichkeit eines Ereignisses unter der Bedingung, dass ein anderes auch eintritt.

$P_B(A)$ bedingte Wahrscheinlichkeit:

Wahrscheinlichkeit von Ereignis B unter der Bedingung A.

Man schreibt auch $P(A|B)$.

Man betrachtet gewissermaßen nur die Ereignisse, bei denen A und B gemeinsam eintreten.

Damit die Summe der bedingten Wahrscheinlichkeiten für das Eintreten von A wieder eins ist, muss man die kombinierte Wahrscheinlichkeit für A und B durch die Wahrscheinlichkeit von B dividieren.

$$P_B(A) = \frac{P(A \cap B)}{P(B)}$$

Für unabhängige Ereignisse ist die bedingte Wahrscheinlichkeit gleich der ursprünglichen Wahrscheinlichkeit, es ergibt sich wieder die Produktregel.

$$P_B(A) = \frac{P(A \cap B)}{P(B)} = P(A)$$

$\Rightarrow P(A \cap B) = P(A)P(B)$

für unabhängige Ereignisse

Wenn man die Symmetrie $A \cap B = B \cap A$ nutzt und das andere Ereignis als Bedingung ansieht, erhält man den Satz von Bayes.

$$P_B(A) = \frac{P(B \cap A)}{P(A)} = \frac{P_A(B)P(B)}{P(A)}$$

Oft ist hilfreich, wenn du die Wahrscheinlichkeit im Nenner als Summe der Wahrscheinlichkeiten über disjunkte Ereignisse schreibst.

$$P_B(A) = \frac{P_A(B)P(A)}{P_A(B)P(A) + P_{\overline{A}}(B)P(\overline{A})}$$

Wenn z.B. K bedeutet, dass eine Person eine Krankheit hat, und A, dass ein Test angibt, die Person habe die Krankheit, kann man $P_A(K)$ aus $P_K(A)$ und weiteren Informationen berechnen.

Man benötigt noch die Wahrscheinlichkeit, mit der die Krankheit insgesamt auftritt und Aussagen über die Zuverlässigkeit des Tests.

In den Flashcards findest du eine Aufgabe dazu mit Erklärung der Begriffe Spezifität und Sensitivität.

Wie kannst du die Wahrscheinlichkeit aus der Anzahl der Möglichkeiten berechnen?

Wenn die Ergebnismenge Ω endlich ist und alle Elementarereignisse gleich wahrscheinlich sind, nennt man das Zufallsexperiment ein Laplace-Experiment.

$|\Omega| = n < \infty$

$\Rightarrow P(\text{Elementarereignis}) = \frac{1}{|\Omega|} = \frac{1}{n}$

Fairer Würfel, $|\Omega| = 6$:

$\Rightarrow P(\{1\}) = P(\{2\}) = P(\{3\}) = \ldots = \frac{1}{6}$

Bei einem Laplace-Experiment ist die Wahrscheinlichkeit eines Ereignisses das Verhältnis der Anzahl der für das Ereignis positiven Elementarereignisse zu der Gesamtanzahl aller möglichen Elementarereignisse.

$$P(A) = \frac{\text{Anzahl der günstigen Fälle}}{\text{Anzahl aller Fälle}}$$

$$P(A) = \frac{|A|}{|\Omega|}$$

Die Anzahlen kann man in einfachen Fällen durch Multiplikation bzw. mit den Binomialkoeffizienten berechnen, z.B. für 2 Sechsen bei 5 Würfen.

Anzahl aller Fälle bei 5 Würfen:
$|\Omega| = 6 \cdot 6 \cdot 6 \cdot 6 \cdot 6 = 6^5$

Anzahl der Fälle mit 2 Sechsen:
Bei 5 Würfen gibt es $\binom{5}{2} = 10$ Möglichkeiten für die Anordnung der 2 Sechsen (xxx66, xx6x6,xx66x, x6xx6, x6x6x, ..., 66xxx).
Für die 3 Nicht-Sechsen gibt es jeweils 5 Möglichkeiten (1,2,3,4,5), also $5 \cdot 5 \cdot 5 = 5^3$ Möglichkeiten.

Somit gibt es insgesamt $|A| = 10 \cdot 5^3$ günstige Fälle.

Die Wahrscheinlichkeit ergibt sich dann als Verhältnis der Anzahlen.

$$P = \frac{|A|}{|\Omega|} = \frac{10 \cdot 5^3}{6^5} \approx 16{,}1\%$$

Was ist eine Zufallsvariable und ihre Verteilung?

Eine (reelle) Zufallsvariable ist zunächst eine Abbildung von der Ergebnismenge Ω in die reellen Zahlen.

$$X : \Omega \rightarrow \mathbb{R}$$
$$\omega \mapsto X(\omega)$$

Zufallsvariablen beschreiben die jeweils interessierenden Eigenschaften eines Ereignisses.

Ω = Menge der Studierenden = {Lisa, ..
X: ID-Nummer, X(Lisa) = 123456
Y: Klausurnote, Y(Lisa) = 1,3

Wenn Ω diskret ist, nimmt die Zufallsvariable ebenfalls nur diskrete Werte an.

Man bezeichnet diese Werte dann oft mit x_i. Die Wahrscheinlichkeit für $X = x_i$ ergibt sich aus der Summe der Wahrscheinlichkeiten der Elementarereignisse ω mit $X(\omega) = x_i$.

$x_i = x \in \mathbb{R}$, wenn $\omega \in \Omega$ existiert mit $X(\omega) = x_i$.

$$p_i = P(X = x_i) = \sum_{X(\omega)=x_i} P(\omega)$$

Die Abbildung bezeichnet man als Wahrscheinlichkeitsverteilung der Zufallsvariablen X.

$$P : \{x_i | i\} \rightarrow [0, 1]$$
$$x_i \mapsto p_i$$

Zum Beispiel ist beim Wurf zweier Münzen die Anzahl der Münzen X, die Wappen zeigt, eine Zufallsvariable.

Es gibt vier gleichwahrscheinliche Elementarereignisse:
$P(WW) = P(WZ) = P(ZW) = P(ZZ) =$ ...

Die Verteilung von X erhältst du, indem du überlegst, welche Elementarereignisse zu welchen Werten von X führen.

$$P(\{X = 0\}) = P(\{ZZ\}) = \frac{1}{4}$$
$$P(\{X = 1\}) = P(\{ZW, WZ\}) = \frac{1}{4} + \frac{1}{4} = \frac{1}{2}$$
$$P(\{X = 2\}) = P(\{WW\}) = \frac{1}{4}$$

Mit Zufallsvariablen kann man rechnen, man kann z. B. ihren Erwartungswert und ihre Varianz berechnen, man kann die Summe oder das Produkt von Zufallsvariablen bilden und vieles mehr.

Welches sind Beispiele von Verteilungen diskreter Zufallsvariablen?

Eine diskrete Zufallsvariable ist eine Zufallsvariable, die nur endlich viele oder abzählbar unendlich viele Werte annehmen kann. Eine Zufallsvariable, die beliebige reelle Werte annehmen kann, ist keine diskrete Zufallsvariable.

Augenzahl beim Wurf eines Würfels: Endlich viele Werte: $\{1, 2, 3, 4, 5, 6\}$

Anzahl der Würfe, bis eine Sechs erscheint: Abzählbar unendlich viele Werte: $\{1, 2, 3, \ldots\} = \mathbb{N}$

Die Verteilung gibt an, wie sich die Gesamtwahrscheinlichkeit 1 auf die Werte der Zufallsvariablen verteilt.

$p_i = P(X = x_i)$,
wobei i endlich viele oder abzählbar unendlich viele Werte annimmt.

Die Summe muss dabei stets 1 sein.

$$\sum_i p_i = \sum_i P(X = x_i) = 1$$

Die Anzahl der Wappen beim n-fachen Werfen einer fairen Münze ist eine Zufallsvariable mit der rechts angegebenen Verteilung.

$$P_n(X = k) = \frac{1}{2^n}\binom{n}{k}, k = 0, 1, \ldots, n$$

$$\sum_{k=0}^{n} \frac{1}{2^n}\binom{n}{k} = \sum_{k=0}^{n} \frac{1}{2^n}\binom{n}{k} 1^k 1^{n-k} = \frac{1}{2^n}(1+1)^n = 1$$

Ein Beispiel für eine diskrete Zufallsvariable mit unendlich vielen Werten ist die Anzahl der Zufallsexperimente, die man bei einem Ereignis, das die Wahrscheinlichkeit p hat, machen muss, bis es eintritt.

$P(X = n) = p(1-p)^{n-1}, n = 1, 2, \ldots$
ist die Wahrscheinlichkeit, dass ein Ereignis mit Wahrscheinlichkeit p genau beim n-ten Versuch zum ersten Mal auftritt.
Für $p = 1/6$ ergibt sich z. B. die Anzahl der Würfe bis zum ersten Auftreten einer Sechs.

Die Summe der Wahrscheinlichkeiten über die verschiedenen (hier unendlich vielen) Werte der Zufallsvariablen ist auch hier 1.

$$\sum_{n=1}^{\infty} p(1-p)^{n-1} = p\sum_{n=1}^{\infty}(1-p)^{n-1} = p \cdot \frac{1}{1-(1-p)} = 1$$

Wie addierst du Zufallsvariablen?

Um die Wahrscheinlichkeit für die Augensumme S bei zwei Würfeln zu berechnen, überlegst du, auf welche Weisen die Augensumme zustande kommen kann, und addierst die Wahrscheinlichkeiten, da die entsprechenden Ereignisse disjunkt sind.

$$\{S = 4\} = \{(W_1 = 1, W_2 = 3)\} \cup \{(W_1 = 2, W_2 = 2)\} \cup \{(W_1 = 3, W_2 = 1)\}$$

$$\Rightarrow P(S = 4) = \tfrac{1}{36} + \tfrac{1}{36} + \tfrac{1}{36} = \tfrac{1}{12}$$

Allgemein ergibt sich die Wahrscheinlichkeit für $S = k$ als Summe der Wahrscheinlichkeiten aller Ereignisse (k_1, k_2) mit $k_1 + k_2 = k$.

$$P(S = k) = \sum_{k_1+k_2=k} P(W_1 = k_1, W_2 = k_2) = \sum_{k_1} P(W_1 = k_1, W_2 = k - k_1)$$

So kannst du die Wahrscheinlichkeit auch für andere Augensummen berechnen und erhältst als Summe von zwei diskreten Gleichverteilungen die rechts stehende diskrete Dreiecksverteilung.

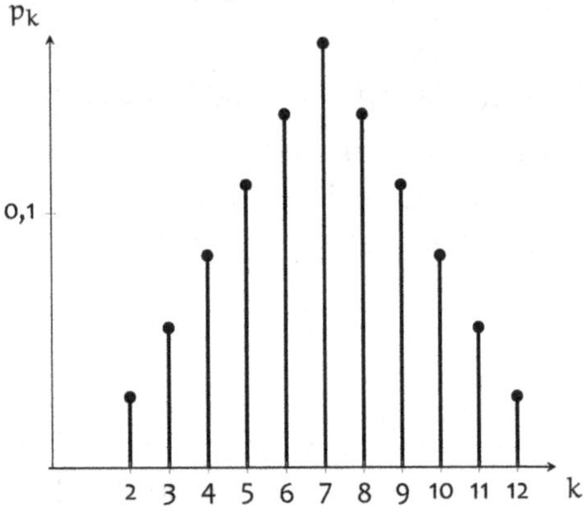

Wahrscheinlichkeit p_k für Augensumme $S = k$ bei zwei Würfeln

Analog ist die Anzahl der Erfolge S_n bei stochastisch unabhängigem n-maligem Ausführen eines Bernoulli-Experiments die Summe der Einzelzufallsvariablen.

Bernoulli-Zufallsvariable X:
$P(X = 1) = p$, $P(X = 0) = 1 - p$

Binomialverteilung S_n
$S_n = X_1 + X_2 + \cdots + X_n$,
wobei X_i unabhängige, identisch verteilte Bernoulli-Variablen sind

Es ergibt sich die Binomialverteilung, die ich dir später erkläre.

S_n hat eine Binomialverteilung mit Parametern n und p.

Was ist der Erwartungswert einer Zufallsvariablen?

Der Erwartungswert einer Zufallsvariablen ist die Summe der mit der Eintrittswahrscheinlichkeit gewichteten Werte der Zufallsvariablen.

$$E(X) = \sum_i P(X = x_i)x_i = \sum_i p_i x_i$$

Man bezeichnet $E(X)$ auch als μ_X.

Wenn eine Zufallsvariable zwei Werte mit jeweils Wahrscheinlichkeit 50% annimmt, ist der Erwartungswert gleich dem arithmetischen Mittel der beiden Werte.

$$\begin{aligned} E(X) &= \sum_i p_i x_i \\ &= 0{,}5x_1 + 0{,}5x_2 \\ &= \frac{1}{2}(x_1 + x_2) \end{aligned}$$

Wenn man sich die Verteilung als Histogramm mit massebehafteten Balken vorstellt, ist der Erwartungswert der x-Wert des Schwerpunkts.

Der Erwartungswert ist also dort, wo man den Finger darunter legen müsste, damit das Histogramm im Gleichgewicht ist.

Der Erwartungswert ist nicht der Wert, den man als Ergebnis des Zufallsexperiments erwarten sollte; er muss nicht einmal ein möglicher Wert der Zufallsvariablen sein.

Der Erwartungswerte beim Wurf eines fairen Würfels ist:

$$E(x) = \frac{1}{6}\cdot 1 + \frac{1}{6}\cdot 2 + \frac{1}{6}\cdot 3 + \frac{1}{6}\cdot 4 + \frac{1}{6}\cdot 5 + \frac{1}{6}\cdot 6 = \frac{1}{6}\cdot\frac{7\cdot 6}{2} = 3{,}5.$$

Allerdings lässt sich zeigen, dass der Mittelwert $\overline{X}^{(n)}$ bei n-facher Ausführung eines Zufallsexperiments für $n \to \infty$ stochastisch gegen den Erwartungswert konvergiert.

X_i seien stochastisch unabhängige identisch verteilte Zufallsvariablen mit endlicher Varianz, dann gilt für den Mittelwert $\overline{X}^{(n)} = \frac{1}{n}\sum_{i=1}^{n} X_i$

$$\lim_{n\to\infty} P(|\overline{X}^{(n)} - \mu_X| > \epsilon) = 0$$

für jedes $\epsilon > 0$.

Dies nennt man das schwache Gesetz der großen Zahlen.

Es gibt auch ein starkes Gesetz der großen Zahlen, das aussagt, dass $\overline{X}^{(n)}$ für $n \to \infty$ fast sicher gegen μ_X konvergiert. Auf die genaue Bedeutung können wir nicht eingehen.

Was ist die Varianz einer Zufallsvariablen?

Die Varianz ist ein Maß für die Streuung einer Zufallsvariablen.

Sie ist der Erwartungswert des Quadrats der Abweichung vom Erwartungswert.

$$V(X) = E((X - E(X))^2)$$

Mit der Abkürzung $\mu = E(X)$:

$$V(X) = E((X - \mu)^2) = \sum_i (x_i - \mu)^2 P(X = x_i)$$

Wenn du das Quadrat ausmultiplizierst und beachtest, dass der Erwartungswert linear ist und $E(X) = \mu$, siehst du, dass die Varianz die Differenz aus Erwartungswert von X^2 und dem Quadrat μ^2 des Erwartungswerts ist.

$$\begin{aligned} V(X) &= E((X - \mu)^2) \\ &= E(X^2 - 2\mu X + \mu^2) \\ &= E(X^2) - 2\mu \underbrace{E(X)}_{\mu} + \mu^2 \\ &= E(X^2) - \mu^2 \end{aligned}$$

Wenn du eine Zufallsvariable mit einem Faktor multiplizierst, multipliziert sich die Varianz mit dem Quadrat des Faktors.

$$V(aX) = a^2 V(X)$$

Man bezeichnet die Wurzel der Varianz einer Zufallsvariablen als ihre Standardabweichung σ. Sie ist wie die Varianz stets positiv und skaliert linear mit der Zufallsvariablen.

$$\sigma_X = \sqrt{V(X)}$$

$$\sigma_{aX} = |a| \sigma_X$$

Bei unabhängigen Zufallsvariablen ist der Erwartungswert des Produkts gleich dem Produkt des Erwartungswerts.

Bei unabhängigen Zufallsvariablen gilt: $E(XY) = E(X)E(Y)$.
Dies folgt direkt aus der Definition des Erwartungswerts und der definierenden Gleichung der stochastischen Unabhängigkeit:
$P(X = x_i, Y = y_j) = P(X = x_i)P(Y = y_j)$.

Daraus ergibt sich die Additivität der Varianz bei Unabhängigkeit.

Es gilt $V(X + Y) = V(X) + V(Y)$
bei unabhängigen Zufallsvariablen.
Wir führen den Beweis nicht vor.

Wie berechnen sich Erwartungswert und Varianz des Mittelwerts von n Zufallsvariablen?

Bei der Summe von gleichverteilten Zufallsvariablen addiert sich der Mittelwert.

$$E(X_1 + X_2 + \ldots + X_n) = E(X_1) + E(X_2) + \ldots + E(X_n) = nE(X)$$

Der Erwartungswert ist linear.

$$E(aX) = aE(x)$$

Damit ist der Erwartungswert des Mittelwerts gleich dem Erwartungswert der einzelnen Zufallsvariablen.

$$E(\overline{X}) = E\left(\frac{1}{n}\sum_{i=1}^{n} X_i\right) = \frac{1}{n} nE(X) = E(X)$$

$$\mu_{\overline{X}} = \mu_X$$

Bei der Summe von unabhängigen gleichverteilten Zufallsvariablen addiert sich die Varianz.

$$V(X_1 + X_2 + \ldots + X_n) = V(X_1) + V(X_2) + \ldots + V(X_n) = nV(x)$$

Die Varianz skaliert quadratisch.

$$V(aX) = a^2 V(X)$$

Damit lässt sich die Varianz des Mittelwerts berechnen.

$$V(\overline{X}) = V\left(\frac{1}{n}\sum_{i=1}^{n} X_i\right) = \frac{1}{n^2} nV(X) = \frac{V(X)}{n}$$

Die Standardabweichung einer Zufallsvariablen ist die Quadratwurzel der Varianz.

$$\sigma_{\overline{X}} = \sqrt{V(\overline{X})} = \frac{\sqrt{V(x)}}{\sqrt{n}} = \frac{\sigma_X}{\sqrt{n}}$$

Der Mittelwert hat also denselben Erwartungswert wie die Zufallsvariable selbst, aber streut deutlich weniger als sie.

Deshalb wiederholt man Messungen. Allerdings muss man, um die Standardabweichung um einen Faktor 10 zu verringern, 100 Messungen machen.

Mit der Abnahme der Varianz des Mittelwerts bei vielen Wiederholungen kann man auch das schwache Gesetz der großen Zahlen beweisen.

Wofür brauchst du die Binomialverteilung?

Die Binomialverteilung $B_{n,p}(k)$ gibt die Wahrscheinlichkeit für k Erfolge an, wenn die Wahrscheinlichkeit für einen Erfolg bei einem Mal p ist und du das Zufallsexperiment n-mal machst. Die einzelnen Durchführungen seien voneinander unabhängig.

$B_{5,1/6}(k)$ = Wahrscheinlichkeit für k Sechsen bei 5-mal Würfeln eines fairen Würfels.

$n = 5$: Anzahl der Wiederholungen
$p = 1/6$: Wahrscheinlichkeit für eine Sechs bei einmal Würfeln

Du berechnest die Wahrscheinlichkeit für k Erfolge, indem du zunächst überlegst, dass die Wahrscheinlichkeit für k Erfolge und somit $n - k$ Nichterfolge in einer festen Reihenfolge das Produkt der Einzelwahrscheinlichkeiten ist.

Bei 5 Würfen ist die Wahrscheinlichkeit für 2 Sechsen und 3 Nicht-Sechsen in einer festen Reihenfolge: $p(„66xxx“) = \left(\frac{1}{6}\right)^2 \left(1 - \frac{1}{6}\right)^3$.

Allgemein: k Erfolge bei n Wiederholungen in einer festen Reihenfolge:

$$p(\underbrace{A \ldots A}_{k}\underbrace{\bar{A} \ldots \bar{A}}_{n-k}) = p^k(1-p)^{n-k}$$

Die Gesamtwahrscheinlichkeit erhältst du, wenn du überlegst, dass es $\binom{n}{k}$ Möglichkeiten für die Reihenfolge gibt.

Bei $k = 2$ Sechsen und $n - k = 5 - 2$ Nicht-Sechsen gibt es $\binom{5}{2} = \frac{5 \cdot 4}{1 \cdot 2} = 10$ Möglichkeiten der Reihenfolge:
66xxx, 6x6xx, 6xx6x, 6xxx6, x66xx, x6x6x, x6xx6, xx66x, xx6x6, xxx66.

Die Wahrscheinlichkeit ist jeweils gleich.

$$p(„66xxx“) = p(„6x6xx“) = \ldots = \left(\frac{1}{6}\right)^2 \left(\frac{5}{6}\right)^3$$

Durch Multiplikation der Einzelwahrscheinlichkeit mit den Anzahl der verschiedenen Möglichkeiten ergibt sich daher die Wahrscheinlichkeit für k Erfolge.

Wahrscheinlichkeit für 2 Sechsen bei 5 Würfen:

$$p = \binom{5}{2}\left(\frac{1}{6}\right)^2 \left(\frac{5}{6}\right)^3 = 10 \cdot \frac{5^3}{6^5} = \frac{625}{3888} \approx 0{,}161$$

Diese Verteilung bezeichnet man als Binomialverteilung. Sie ist für festes $p \in (0,1)$, $n \in \mathbb{N}$ und $k = 0, \ldots, n$ definiert.

Wahrscheinlichkeit für k Erfolge bei n Wiederholungen:

$$B_{n,p}(k) = \binom{n}{k} p^k (1-p)^{n-k}$$

Wie sieht die Binomialverteilung aus?

Die Binomialverteilung gibt die Wahrscheinlichkeit für k Treffer bei n Versuchen und Einzelwahrscheinlichkeit p an. Der Wert von k nimmt die $n+1$ ganzzahligen Werte $k = 0, 1, \ldots, n$ an. Du siehst hier vier Diagramme für $n = 6$ und verschiedene Werte von p, rechts ist $p = 1/6$.

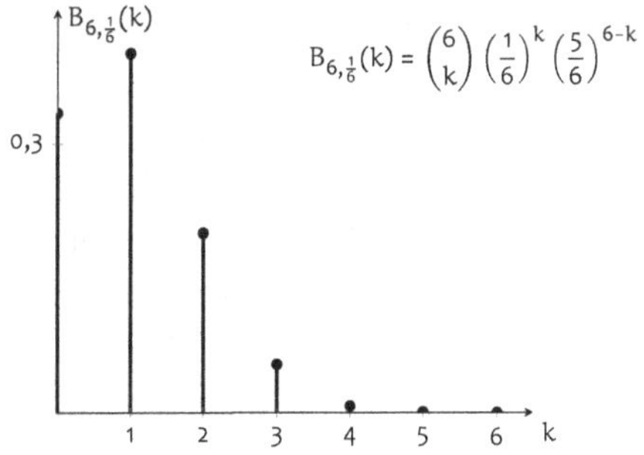

Hier ist nun $p = 1/3$. Die Wahrscheinlichkeit, dass du bei 6 Versuchen und Einzelwahrscheinlichkeit $p = 1/3$ insgesamt k Treffer erhältst, ist für $k = 2$ maximal. Für $k = 1$ ist sie höher als bei $k = 3$.

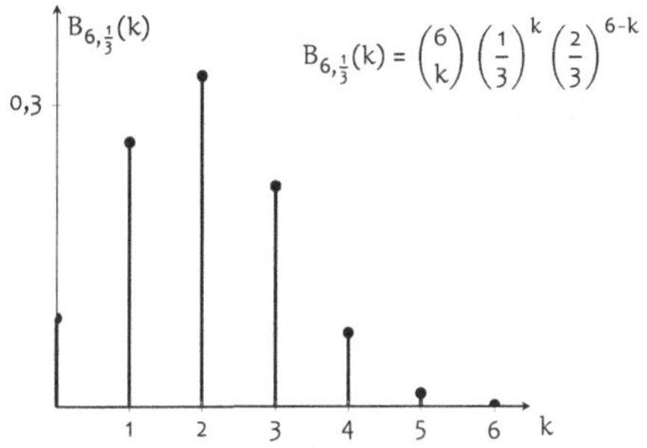

Bei $p = 1/2$ ist die Wahrscheinlichkeitsverteilung für k symmetrisch um den Erwartungswert $n \cdot p = n/2$, im Diagramm symmetrisch um $k = 3$.

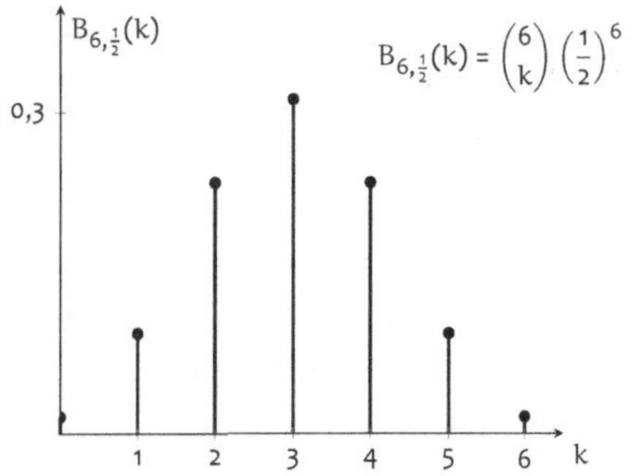

Für $p' = 1 - p$ ist die Wahrscheinlichkeitsverteilung die um $n/2$ gespiegelte Wahrscheinlichkeitsverteilung für p; rechts für $p' = 1 - \frac{1}{3} = \frac{2}{3}$.

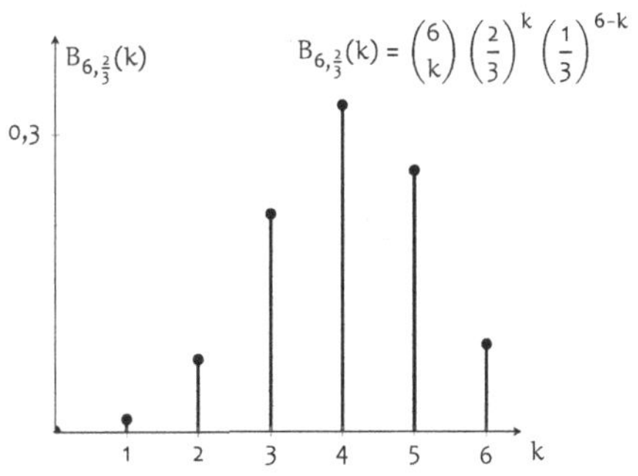

Was ist eine kontinuierliche Wahrscheinlichkeitsverteilung?

Im Unterschied zu bisher betrachten wir nun kontinuierliche Zufallsvariablen, die also nicht nur diskrete Werte annehmen können, sondern etwa alle Werte aus einem Intervall, oder auch alle reellen Zahlen.

Gleichbedeutend zu kontinuierlicher Verteilung sagt man auch stetige Verteilung. Im Englischen heißt continuous stetig.

Die Wahrscheinlichkeit, dass die Zufallsvariable X im Intervall $[a, b]$ liegt, ist gleich der Fläche unter der Verteilungsdichte f zwischen $x = a$ und $x = b$.

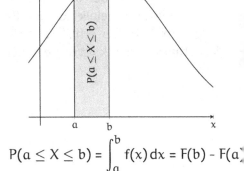

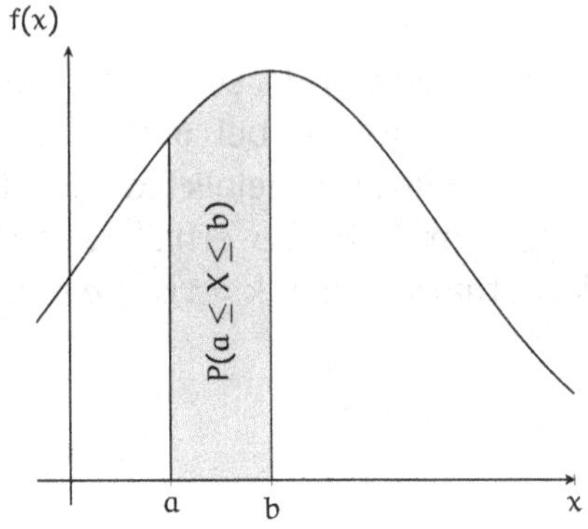

$$P(a \leq X \leq b) = \int_a^b f(x)\,dx = F(b) - F(a$$

Man bezeichnet f auch als Wahrscheinlichkeitsdichte oder Dichtefunktion und deren Stammfunktion F mit $F(x) = \int_{-\infty}^{x} f(t)\,dt$ als Verteilungsfunktion oder Wahrscheinlichkeitsverteilung.

Die Wahrscheinlichkeitsdichte $f(x)$ ist für kleine Δx ungefähr gleich der Wahrscheinlichkeit, dass X einen Wert in dem Intervall $[x, x + \Delta x]$ annimmt, dividiert durch Δx.

$$f(x) \approx \frac{P(x \leq X \leq x + \Delta x)}{\Delta x}$$

Im Grenzwert $\Delta x \to 0$ erkennst du, dass die Dichte $f(x)$ die Ableitung der Verteilungsfunktion ist.

$$f(x) = \lim_{\Delta x \to 0} \frac{P(x \leq X \leq x + \Delta x)}{\Delta x}$$

$$= \lim_{\Delta x \to 0} \frac{F(x + \Delta x) - F(x)}{\Delta x} = F'(x)$$

Bei der Berechnung von Normierung, Mittelwert und Varianz verwendest du statt Summen Integrale.

$$1 = \int f(x)\,dx \qquad \left(\textstyle\sum_i p_i\right)$$

$$E(X) = \int x f(x)\,dx \qquad \left(\textstyle\sum_i x_i p_i\right)$$

$$V(X) = \int (x - \mu)^2 f(x)\,dx \quad \left(\textstyle\sum_i (x_i - \mu)^2 p_i\right.$$

Was ist die Gauß'sche Normalverteilung?

Eine wichtige kontinuierliche Verteilung ist die Gauß'sche Normalverteilung. Im einfachsten Fall hat sie Erwartungswert null und Standardabweichung eins.

$$\varphi(x) = \frac{1}{\sqrt{2\pi}} e^{-\frac{x^2}{2}}$$

Dichte der Standardnormalverteilung

$\mu_X = 0,\ \sigma_X = 1$

Den Vorfaktor $1/\sqrt{2\pi}$ brauchst du nur, damit die Dichte der Normalverteilung normiert ist.

$$\int_{-\infty}^{\infty} e^{-\frac{x^2}{2}}\, dx = \sqrt{2\pi}$$

$$\Rightarrow \int_{-\infty}^{\infty} \frac{1}{\sqrt{2\pi}} e^{-\frac{x^2}{2}}\, dx = 1$$

Wenn du die Standardnormalverteilung um μ nach rechts verschiebst und um σ skalierst, hat sie den Erwartungswert μ und die Standardabweichung σ.

$$\varphi_{\mu,\sigma}(x) = \frac{1}{\sigma\sqrt{2\pi}} e^{-\frac{1}{2}\left(\frac{x-\mu}{\sigma}\right)^2}$$

$\mu_X = \mu,\ \sigma_X = \sigma$

Die zu φ gehörende Verteilungsfunktion Φ, also die Stammfunktion von φ, lässt sich nicht durch elementare Funktionen ausdrücken.

$$\Phi(x) = \frac{1}{\sqrt{2\pi}} \int_{-\infty}^{x} e^{-\frac{x^2}{2}}\, dx$$

lässt sich nur näherungsweise berechnen.

Die Werte $\Phi(-\infty)$, $\Phi(0)$ und $\Phi(\infty)$ kannst du aus der Definition bzw. der Normierung und Symmetrie von Φ direkt angeben.

$\Phi(-\infty) = 0,\ \Phi(\infty) = 1$

$\Phi(\infty) - \Phi(-\infty) = 1$ (Normierung)

$\Phi(0) = \frac{1}{2}$ (Symmetrie)

Andere Werte von $\Phi(x)$ lassen sich mit Reihen näherungsweise berechnen, wobei wegen der Symmetrie $x \geq 0$ genügt.

Aus der Symmetrie $\varphi(-x) = \varphi(x)$ folgt $\Phi(-x) = 1 - \Phi(x)$.

Für die Wahrscheinlichkeit einer maximalen Abweichung um a vom Mittelwert gilt: $P(|x| \leq a) =$
$= P(-a \leq x \leq a) = \Phi(a) - \Phi(-a) =$
$= \Phi(a) - (1 - \Phi(a)) = 2\Phi(a) - 1$.

$P(-3 \leq x \leq 3) = 2\Phi(3) - 1$
$\approx 2 \cdot 0{,}9865 - 1 \approx 99{,}7\%$ bedeutet, dass eine normalverteilte Zufallsvariable mit Wahrscheinlichkeit 99,7% einen Wert zwischen $\mu - 3\sigma$ und $\mu + 3\sigma$ annimmt.

Wie kannst du die Gauß'sche Normalverteilung verstehen? (I)

Das einfachste Zufallsexperiment hat zwei Ausgänge, Erfolg ($x = 1$) und Misserfolg ($x = 0$) mit jeweils Wahrscheinlichkeit 1/2.

$$P(X = 0) = \frac{1}{2}, P(X = 1) = \frac{1}{2}$$
$$E(X) = \frac{1}{2} \cdot 0 + \frac{1}{2} \cdot 1 = \frac{1}{2}$$
$$V(X) = \frac{1}{2}(0 - \frac{1}{2})^2 + \frac{1}{2}(1 - \frac{1}{2})^2 = \frac{1}{4}$$

Wenn man n unabhängige Bernoulliexperimente $X_i, i = 1, \ldots, n$ ausführt, ist die Anzahl der Erfolge gleich der Summe der einzelnen Zufallsvariablen.

$$S_n = X_1 + X_2 + \ldots + X_n$$
$$p_n(k) = P(S_n = k) = \frac{1}{2^n}\binom{n}{k}$$
$$E(S_n) = nE(X) = \frac{n}{2}$$
$$V(S_n) = nV(X) = \frac{n}{4} \Rightarrow \sigma = \frac{\sqrt{n}}{2}$$

Bis auf die Normierung sind die Wahrscheinlichkeiten einfach die Binomialkoeffizienten, die du aus dem Pascal'schen Dreieck kennst.

Der einfachste Fall für die Summe von Zufallsvariablen ist also die Binomialverteilung mit $p = 1/2$.

Die Binomialverteilung ist für $p = 1/2$ symmetrisch zu $k = n/2$, wo sie (für gerades n) ein Maximum hat, rechts für $n = 6$.

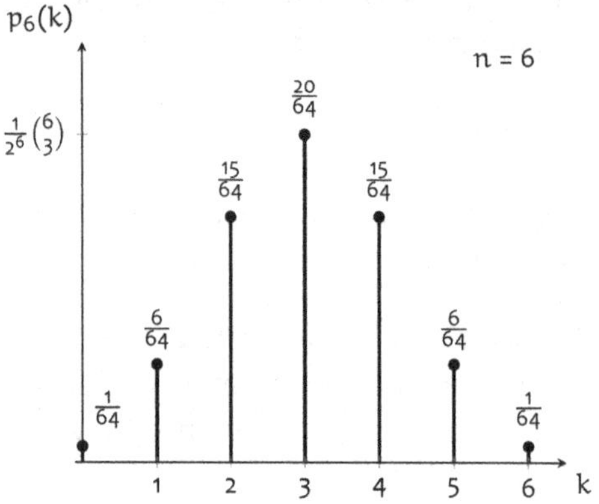

Für großes n nähert sich die Verteilung einer Normalverteilung an, wie wir auf der nächsten Seite nachrechnen. Man kann zeigen, dass auch andere Summen von vielen unabhängigen Zufallsvariablen näherungsweise normalverteilt sind. Diese Aussage bezeichnet man als den zentralen Grenzwertsatz.

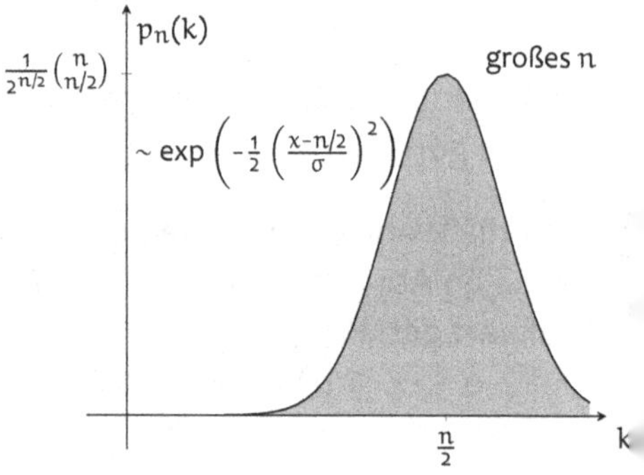

Wie kannst du die Gauß'sche Normalverteilung verstehen? (II)

Die Binomialverteilung für $p = 1/2$ ist symmetrisch zu $k = n/2$, wo sie (für gerades n) ein Maximum hat.

$$p_n(k) = \frac{1}{2^n}\binom{n}{k} = \frac{1}{2^n}\binom{n}{n-k} = p_n(n-k)$$

$$p_n\left(k = \frac{n}{2}\right) = \frac{1}{2^n}\binom{n}{n/2}$$

Wir führen die Variable $j = k - m$ ein, die den Abstand von der Mitte $m = n/2$ misst.

$$p_n(m+j) = \frac{1}{2^{2m}}\binom{2m}{m+j} = p_n(m-j)$$

$$p_n(m) = \frac{1}{2^{2m}}\binom{2m}{m}$$

Um die Form der Verteilung für große n zu bestimmen, dividieren wir durch den Maximalwert.

$$\frac{p_n(m+j)}{p_n(m)} = \frac{\binom{2m}{m+j}}{\binom{2m}{m}} = \frac{\frac{(2m)!}{(m+j)!\,(m-j)!}}{\frac{(2m)!}{(m!)^2}} = \frac{(m!)^2}{(m+j)!\,(m-j)!}$$

Für die Fakultät verwenden wir die sogenannte Stirlingformel $n! \approx \sqrt{2\pi n}(n/e)^n$ für große n, die bereits für $n = 10$ mit $3{,}59\ldots \cdot 10^6$ vs. exakt $3{,}62\ldots \cdot 10^6$ recht genau ist.

Den Hauptterm verstehst du wie folgt: $\ln(n!) = \sum_{i=1}^{n} \ln(i) \approx \int_1^n \ln(x)dx = n(\ln(n) - 1)$, also $n! \approx (n/e)^n$.
Die Wurzel-Faktoren kann man für unsere Zwecke weglassen, sie sind für große m und kleine j im Nenner und Zähler fast gleich.

Damit erhältst du einen Bruch ohne Fakultäten, den du weiter vereinfachen kannst.

$$\frac{p_n(m+j)}{p_n(m)} = \frac{\left(\frac{m}{e}\right)^{2m}}{\left(\frac{m+j}{e}\right)^{m+j}\left(\frac{m-j}{e}\right)^{m-j}}$$

$$= \frac{m^{2m}}{(m+j)^{m+j}(m-j)^{m-j}} = \frac{1}{\left(1+\frac{j}{m}\right)^{m+j}\left(1-\frac{j}{m}\right)^{m-j}}$$

Wir nehmen nun den negativen Logarithmus und verwenden, dass $\ln(1+x) \approx x - x^2/2$ für kleine $x = j/m$, also in der Nähe des Mittelwerts.

$$-\ln\left(\frac{p_n(m+j)}{p_n(m)}\right) = (m+j)\ln\left(1+\frac{j}{m}\right) + (m-j)\ln\left(1-\frac{j}{m}\right)$$

$$= m\left((1+x)\ln(1+x) + (1-x)\ln(1-x)\right)$$

$$= m((1+x)(x - \frac{x^2}{2}) + (1-x)(-x - \frac{x^2}{2})$$

$$= mx^2 + \text{höhere Terme}$$

$$= m\left(\frac{j}{m}\right)^2 = \frac{j^2}{m}$$

Damit ergibt sich bis auf die Normierung die Normalverteilung, s. vorige Seite.

$$p_n(m+j) \sim \exp(-\frac{j^2}{m}) = \exp(-\frac{2j^2}{n})$$

$$= \exp\left(-\frac{1}{2}\left(\frac{j}{\sigma}\right)^2\right) \text{ mit } \sigma = \frac{\sqrt{n}}{2}$$

Wie geht's weiter? – Ausblick

Wenn dir das Buch bis hierher gefallen hat und du wissen willst, wie es weitergeht, gebe ich dir im Folgenden einen kleinen Ausblick, beginnend mit der Frage, ob es verschieden große Unendlichkeiten gibt.

Anschließend zeige ich dir zum einen, wie man die reellen Zahlen so erweitert, dass man auch aus negativen Zahlen Quadratwurzeln ziehen kann. Man erhält so die komplexen Zahlen, mit denen man ganz ähnlich wie mit den reellen Zahlen rechnen kann.

Zum anderen zeige ich dir, wie man durch höhere Potenzen und mithilfe der höheren Ableitungen eine Funktion noch besser approximieren kann als durch die Tangente. Man erhält so die Taylorreihe, die viele Funktionen beliebig genau annähern kann.

Danach verbinde ich beides und erkläre dir einen oft als schönste Formel der Welt bezeichneten Zusammenhang zwischen π und e.

Ganz zum Schluss gibt es als Zugabe u.a. noch eine kleine Einführung in die geometrische Algebra, eine Verallgemeinerung der Vektorrechnung, bei der man auch mit höherdimensionalen geometrischen Objekten rechnen kann.

A. Gründers, *Mathe übersichtlich: Von den Basics bis zur Analysis*,
https://doi.org/10.1007/978-3-662-70883-5_14

Sind alle unendlichen Mengen gleich groß?

Eine Menge hat endlich viele Elemente oder unendlich viele.

$|\{-1, 0, 1\}| = 3$
$|\mathbb{N}| = |\{1, 2, 3, \ldots\}| > n$ für alle $n \in \mathbb{N}$

Man bezeichnet zwei Mengen als gleichmächtig („gleich groß“), wenn es eine Bijektion zwischen ihnen gibt.

$$\begin{array}{l}\{1, 2, \;\; 3, \;\; 4, \ldots\} \\ \;\updownarrow\;\updownarrow\;\;\updownarrow\;\;\;\updownarrow \\ \{1, 8, 27, 64, \ldots\}\end{array}$$

Die Menge der Kubikzahlen ist gleich groß wie die Menge der natürlichen Zahlen.

Man kann zeigen, dass es eine Bijektion zwischen der Menge der rationalen Zahlen und der Menge der natürlichen Zahlen gibt.

Die rationalen Zahlen (Bruchzahlen) lassen sich durchnummerieren.
Warum das so ist, findest du bei einer Suche nach dem sogenannten 1. Cantor'schen Diagonalargument

Somit hat die Menge $\mathbb{Q}$ die gleiche Mächtigkeit wie die Menge $\mathbb{N}$, die beiden Mengen sind gleich groß.

$|\mathbb{N}| = |\mathbb{Q}|$

Eine Menge, die die gleiche Mächtigkeit hat wie die natürlichen Zahlen, nennt man abzählbar unendlich.

$\mathbb{N}$ ist abzählbar
$\mathbb{Q}$ ist abzählbar

Man kann die Elemente durchnummerieren.

Eine unendliche Menge, die nicht abzählbar ist, hat eine größere Mächtigkeit als $\mathbb{N}$, man nennt sie überabzählbar unendlich, kurz überabzählbar.

Die Elemente einer überabzählbaren Menge kann man nicht durchnummerieren, man kann keine fortlaufende Liste erstellen, die alle Elemente enthält.

Man kann zeigen, dass die reellen Zahlen überabzählbar unendlich sind.

$|\mathbb{R}| > |\mathbb{N}|$
Warum das so ist, findest du bei einer Suche nach dem sogenannten 2. Cantor'schen Diagonalargument

Mit den Axiomen der üblichen Mengentheorie (ZFC-Axiome) ist nicht entscheidbar, ob es eine Mächtigkeit zwischen den natürlichen und den reellen Zahlen gibt.

$|\mathbb{N}| < \; ? \; < |\mathbb{R}|$ („Kontinuumsproblem“)

Man kann beweisen, dass weder die Annahme der Existenz einer dazwischen liegenden Mächtigkeit zu einem Widerspruch führt, noch die Annahme der Nicht-Existenz.

Wofür sind Quantoren nützlich?

Mit den Symbolen der Aussagelogik kann man mathematische Aussagen formal aufschreiben.

$x^2 > 1 \Leftrightarrow (x < -1 \vee x > 1)$

Die Prädikatenlogik ist eine Erweiterung der Aussagenlogik, sie umfasst sogenannte Quantoren, die den Geltungsbereich einer Aussage(form) angeben.

$\forall$ und $\exists$ sind Quantoren

$\forall$ bedeutet „für alle“
$\exists$ bedeutet „es existiert ein“

Der Allquantor $\forall$ beschreibt, dass eine Aussage für alle Werte einer Variablen gilt.

$\forall n \in \mathbb{Z} : n^2 \geq 0$
Für alle $n \in \mathbb{Z}$ gilt $n^2 \geq 0$.

Gewissermaßen Und-Verknüpfung:
$(0^2 \geq 0) \wedge (1^2 \geq 0) \wedge ((-1)^2 \geq 0) \ldots$ ist wahr, denn die Aussagen sind für alle n wahr.

Der Existenzquantor $\exists$ beschreibt, dass eine Aussage für zumindest eine Variable gilt; oder anders ausgedrückt, dass es mindestens einen Wert der Variablen gibt, für den die Aussage gilt.

$\exists n \in \mathbb{Z} : n^2 = 1$
Es gibt (mind.) ein $n \in \mathbb{Z}$ mit $n^2 = 1$.

Gewissermaßen Oder-Verknüpfung:
$(0^2 = 1) \vee (1^2 = 1) \wedge ((-1)^2 = 1) \ldots$ ist wahr, denn es gibt mindestens ein n (hier $n = 1$ oder $n = -1$), für das die Aussage wahr ist.

Es kommt auf die Reihenfolge an.
In den natürlichen Zahlen ist „$\forall n \exists m : m = 2n$“ wahr:
Zu jeder natürlichen Zahl (n) gibt es eine andere natürliche Zahl (m), die doppelt so groß ist wie die erste.

Mit vertauschten Quantoren:
In den natürlichen Zahlen ist „$\exists m \forall n : m = 2n$“ falsch:

Es gibt keine natürliche Zahl (m), die für alle anderen natürlichen Zahlen (n) doppelt so groß ist wie diese (für alle gleichzeitig).

Alle Definitionen und Sätze in dem Buch lassen sich so auch formal aufschreiben.

Die Funktion f ist für $\hat{x}$ stetig. $\Leftrightarrow$
$\forall \epsilon > 0 \, \exists \delta > 0 \, \forall x$ mit $|x - \hat{x}| < \delta$: $|f(x) - f(\hat{x})| < \epsilon$

Man kann auch ganze Beweise mit Beweisassistenten formalisieren. Du erhältst dann direkt Feedback, ob ein Beweis vollständig ist.

Hier kannst du den Beweisassistenten LEAN mit dem „Natural Number game“ spielerisch kennenlernen: `https://adam.math.hhu.de`

Was ist Algebra?

Unter (abstrakter) Algebra versteht man das Studium von sogenannten algebraischen Strukturen wie Gruppen, Ringe, Körper, die seit gut einem Jahrhundert eigenständige Untersuchungsgegenstände sind.

Unter elementarer Algebra versteht man das Rechnen z. B. im Körper der rationalen oder der reellen Zahlen und das Auflösen einfacher Gleichungen nach einer Unbekannten.

Eine Gruppe ist eine Menge mit einer assoziativen Verknüpfung, die ein neutrales Element besitzt und zu jedem Element ein inverses.

$(\mathbb{Z}, +)$ ist eine Gruppe.
$(2 + 3) + 5 = 2 + (3 + 5)$
$7 + 0 = 7$
$3 + (-3) = 0$

Bei einem Ring kommen eine zweite Verknüpfung und weitere Axiome hinzu; ein Körper ist ein kommutativer Ring mit Eins, bei dem jedes Element außer der Null ein multiplikatives Inverses hat.

$(\mathbb{Z}, +, \cdot)$ ist ein Ring.
$(\{m + n\sqrt{13}\,|\,m, n \in \mathbb{Z}\}, \cdot, +)$ ist ein Ring.

$(\mathbb{R}, +, \cdot)$ ist ein Körper.
$(\{r + s\sqrt{13}\,|\,r, s \in \mathbb{Q}\}, \cdot, +)$ ist ein Körper.

Speziell befasst sich die Algebra auch mit dem Lösen von polynomialen (= algebraischen) Gleichungen und Gleichungssystemen und ist Basis der Zahlentheorie und der algebraischen Geometrie.

$x^2 - 13y^2 = 1$
hat als kleinste ganzzahlige Lösung
$x = 649, y = 180$.

Die Frage, welche Gleichungen (etwa fünften Grades) man mit geschachtelten Wurzelausdrücken lösen kann, ist eng mit der Theorie von Gruppen, die man den Gleichungen zuordnen kann, verbunden.

Wenn du dich dafür interessierst, schau im Internet unter dem Stichwort „Galois-Theorie“.
Dies war der Beginn der modernen, abstrakten Algebra.

Eine Algebra ist auch eine mathematische Struktur, z.B. ein Vektorraum, der zusätzlich eine mit den Vektorraumoperationen verträgliche Multiplikation besitzt.

Der Vektorraum $\mathbb{R}^3$ wird mit dem äußeren Produkt zu einer Algebra.

Wozu braucht man komplexe Zahlen?

Um die Operation der Addition für alle natürlichen Zahlen umkehren zu können, haben wir die ganzen Zahlen konstruiert.

$a + x = b \quad \Rightarrow \quad x = b - a$

natürliche Zahlen → ganze Zahlen

Für die Umkehrung der Multiplikation haben wir die rationalen Zahlen eingeführt.

$ax = b \quad \Rightarrow \quad x = \frac{b}{a}$

ganze Zahlen → rationale Zahlen

Als wir dann noch die reellen Zahlen als Folgen von rationalen Zahlen eingeführt haben, konnten wir aus jeder positiven Zahl eine Wurzel ziehen.

1,4   1,4142135 ...
1,41
1,414
1,4142
⋮

$x^2 = 2 \quad \Rightarrow \quad x = \sqrt{2} = 1{,}4142135\ldots$

rationale Zahlen → reelle Zahlen

Allerdings können wir aus negativen Zahlen noch immer keine Quadratwurzel ziehen, da jede reelle Zahl quadriert eine Zahl größer oder gleich null ergibt.

$x \in \mathbb{R} \Rightarrow x^2 \geq 0$

$\Rightarrow$ Es gibt kein x mit $x^2 < 0$.

$\Rightarrow \sqrt{-1} \notin \mathbb{R}$

Um dem abzuhelfen, definieren wir i als eine Zahl, die quadriert -1 ergibt. Man nennt i die imaginäre Einheit.

$i^2 = -1$

Zahlen, die sich als Summe aus einer reellen Zahl und einem reellen Vielfachen von i schreiben lassen, nennen wir komplexe Zahlen.

$2 + 3i \in \mathbb{C}$

$\sqrt{2} - 4{,}567i \in \mathbb{C}$

Die Menge aller komplexen Zahlen bezeichnen wir mit $\mathbb{C}$.

$\mathbb{C} = \{a + bi \mid a, b \in \mathbb{R}\}$

Wie rechnest du mit komplexen Zahlen?

Du addierst bzw. subtrahierst zwei komplexe Zahlen, indem du ihre Realteile addierst bzw. subtrahierst und ihre Imaginärteile addierst bzw. subtrahierst.

$$(a + bi) + (c + di) = (a + c) + (b + d)i$$
$$(a + bi) - (c + di) = (a - c) + (b - d)i$$
$$(3 + i) + (4 + 5i) = 7 + 6i$$

Du multiplizierst zwei komplexe Zahlen, indem du die Klammern ausmultiplizierst und dann beachtest, dass $i^2 = -1$.

$$(a+bi)(c+di) = ac+ad\,i+bc\,i+bd\,i^2 =$$
$$= (ac - bd) + (ad + bc)\,i$$
$$(1 + i)(1 + 2i) = 1 + i + 2i + 2i^2 = -1 + 3i$$

Wenn du durch eine komplexe Zahl $c + di$ dividierst, wendest du einen Trick an: Du erweiterst den Bruch mit $c - di$, damit du im Nenner eine reelle Zahl erhältst.

$$\frac{a + bi}{c + di} = \frac{(a + bi)(c - di)}{(c + di)(c - di)}$$
$$= \frac{(ac - bd) + (bc - ad)\,i}{c^2 + d^2}$$
$$= \frac{ac - bd}{c^2 + d^2} + \frac{bc - ad}{c^2 + d^2}\,i$$

Hier ein konkretes Beispiel.

$$\frac{1 + i}{1 - i} = \frac{(1 + i)(1 + i)}{(1 - i)(1 + i)} = \frac{1 + 2i - 1}{1 + 1} = i$$

Die Potenzen einer komplexen Zahl kannst du mit den binomischen Formeln bilden. Dazu benötigst du die Potenzen von i, die eine Periode 4 haben.

$$i^0 = 1, i^1 = i, i^2 = -1, i^3 = -i,$$
$$i^4 = 1, i^5 = i, \ldots$$

Wenn man die Euler'sche Formel zur Verfügung hat, gehen Multiplikation und Division noch viel einfacher.

$$z_1 = r_1 e^{i\varphi_1}, z_2 = r_2 e^{i\varphi_2}$$
$$z_1 z_2 = r_1 r_2 e^{i(\varphi_1+\varphi_2)}$$
$$\frac{z_1}{z_2} = \frac{r_1}{r_2} e^{i(\varphi_1-\varphi_2)}$$

Wie kannst du komplexe Zahlen in der Ebene darstellen und addieren?

Wenn du senkrecht zum Zahlenstrahl der reellen Zahlen einen zweiten Zahlenstrahl mit der imaginären Einheit i und ihren reellen Vielfachen einzeichnest, erhältst du die sogenannte Gauß'sche Zahlenebene. Jeder Punkt entspricht einer komplexen Zahl $a + bi$.

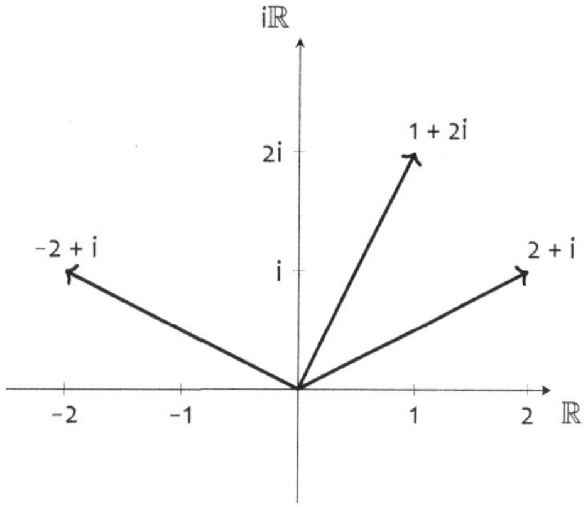

Du kannst dir die komplexe Zahl $a + bi$ auch als Pfeil vom Ursprung zu dem Punkt vorstellen.

Gehe dabei den Realteil a in Richtung der reellen Achse $\mathbb{R}$ und den Imaginärteil b in Richtung der imaginären Achse $i\mathbb{R}$.

Du addierst zwei komplexe Zahlen, indem du beide Koordinaten addierst, das kannst du durch Aneinanderhängen der Pfeile veranschaulichen.

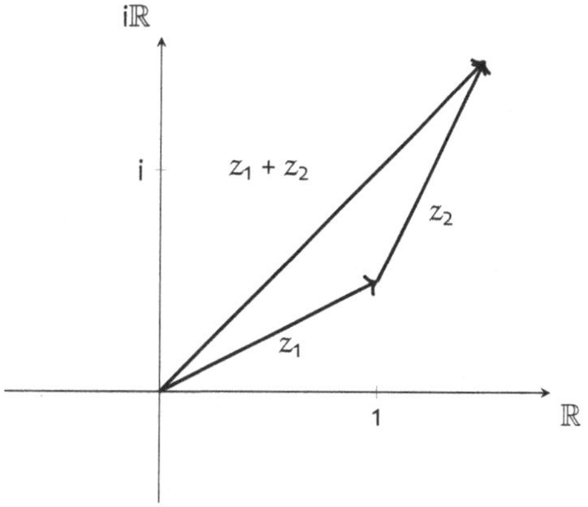

$z_1 = 1 + 0{,}5i,\ z_2 = 0{,}5 + i$

$z_1 + z_2 = 1{,}5 + 1{,}5i$

Wie kannst du komplexe Zahlen in der Ebene multiplizieren?

Den Abstand einer komplexen Zahl $z = a + bi$ vom Ursprung bezeichnet man als Betrag der komplexen Zahl $|z| = |a + bi| = \sqrt{a^2 + b^2}$. Er gibt gewissermaßen die Größe einer komplexen Zahl an.

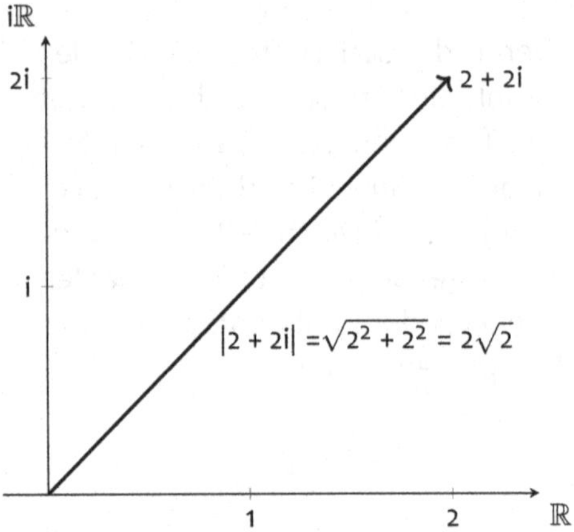

Wenn du zwei komplexe Zahlen multiplizierst, multiplizieren sich ihre Beträge, oder, äquivalent dazu, die Quadrate der Beträge.

$$
\begin{aligned}
&|(a + bi)(c + di)|^2 \\
&= |(ac - bd) + (ad + bc)i|^2 \\
&= (ac - bd)^2 + (ad + bc)^2 \\
&= a^2c^2 - 2abcd + bd^2 + \\
&\quad + a^2d^2 + 2abcd + b^2c^2 \\
&= a^2c^2 + bd^2 + a^2d^2 + b^2c^2 \\
&= (a^2 + b^2)(c^2 + d^2) \\
&= |a + bi|^2\, |c + di|^2
\end{aligned}
$$

Wenn du zwei komplexe Zahlen multiplizierst, multiplizieren sich die Längen und die Winkel addieren sich, wie man mit der Euler'schen Formel und der Polardarstellung $z = r\exp(i\varphi)$ direkt sehen kann, wir hier aber nicht näher ausführen.

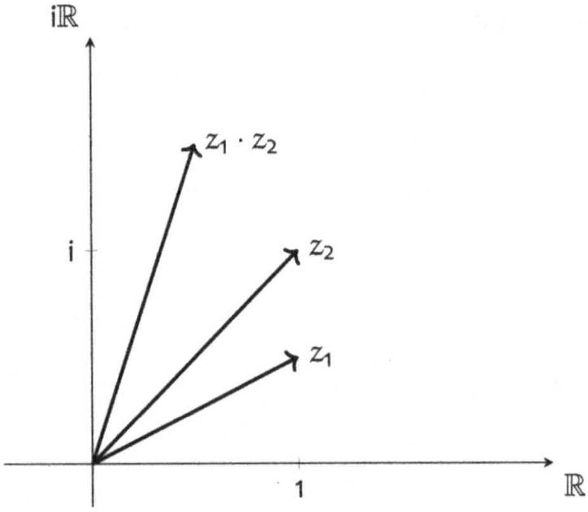

$z_1 = 1 + 0{,}5\,i$, $z_2 = 1 + i$

$z_1 \cdot z_2 = 0{,}5 + 1{,}5\,i$

Warum sind die komplexen Zahlen so wichtig?

Das Beachtliche ist, dass durch das Hinzufügen einer neuen Einheit i und der Erweiterung von $\mathbb{R}$ zu $\mathbb{C} = \{a + bi \mid a, b \in \mathbb{R}\} = \mathbb{R} + \mathbb{R}i$ alle polynomialen Gleichungen mit reellen (und komplexen) Koeffizienten nun eine Lösung haben.

Fundamentalsatz der Algebra:

Jede Gleichung
$a_n x^n + a_{n-1} x^{n-1} + \ldots + a_0 = 0$
hat eine Lösung $x \in \mathbb{C}$.

Man kann zeigen, dass jede Gleichung n-ten Grades sogar genau n komplexe Lösungen hat, wenn man Mehrfachlösungen entsprechend mehrfach zählt.

Gleichung 2. Grades:
$x^2 + px + q = 0$

$$x_{1,2} = -\frac{p}{2} \pm \sqrt{D}; \quad D = \left(\frac{p}{2}\right)^2 - q$$

$$D \begin{cases} > 0: & \text{2 reelle Lösungen} \\ = 0: & \text{1 doppelte reelle Lösung} \\ < 0: & \text{2 komplexe Lösungen} \end{cases}$$

Die Lösungen der Gleichung $z^n = 1$ bilden die Ecken eines regelmäßigen n-Ecks, wobei eine Ecke $z = 1$ ist, also auf der positiven reellen Achse liegt. Man nennt sie die n-ten Einheitswurzeln.

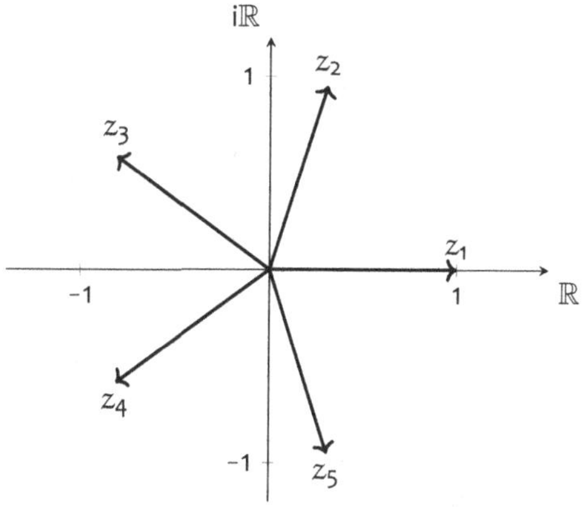

Die 5 fünften Einheitswurzeln $z^5 = 1$:

$z_1 = 1$

$z_2 = \cos(\frac{2\pi}{5}) + i\sin(\frac{2\pi}{5})$

$z_3 = \cos(\frac{4\pi}{5}) + i\sin(\frac{4\pi}{5})$

$z_4 = \cos(\frac{6\pi}{5}) + i\sin(\frac{6\pi}{5})$

$z_5 = \cos(\frac{8\pi}{5}) + i\sin(\frac{8\pi}{5})$

Wie kannst du Funktionen durch eine Reihe darstellen?

Die lineare Näherung einer differenzierbaren Funktion kann man mithilfe der Ableitung der Funktion schreiben, da die Ableitung gerade die Linearisierung an einer Stelle angibt. Wir nehmen die Stelle 0.

$$f(x) = f(0) + f'(0)x + \text{Restterm}$$

Man kann dies verfeinern, indem man quadratische, kubische etc. Terme hinzunimmt.

$$f(x) = f(0) + f'(0)x + \frac{f''(0)}{2}x^2 + \frac{f'''(0)}{6}x^3 + \ldots$$

Die Koeffizienten sind so gewählt, dass alle Ableitungen an der Stelle 0 in dem Ausdruck rechts und links gleich sind.

$$f'(x) = f'(0) + f''(0)x + \frac{f'''(0)}{2}x^2 + \ldots$$

ist exakt für $x = 0$.

$$f''(x) = f''(0) + f'''(0)x + \ldots$$

ist exakt für $x = 0$.

Die entsprechende Reihe nennt man Taylorreihe. Für viele relevante Funktionen entspricht diese Reihe der Funktion. Wenn dies gilt, gilt es natürlich nur für die Werte für x, für die die Reihe konvergiert.

$$f(x) = f(0) + f'(0)x + \frac{f''(0)}{2!}x^2 + \frac{f'''(0)}{3!}x^3 + \ldots + \frac{f^{(n)}(0)}{n!}x^n + \ldots$$

Du kannst eine Funktion auch an einer anderen Stelle als bei 0 in eine Taylorreihe entwickeln. Du nimmst den Wert der Funktion und der Ableitungen dann an dieser Stelle a; das bisherige x nennen wir jetzt h.

$$f(a + h) = f(a) + f'(a)h + \frac{f''(a)}{2!}h^2 + \ldots + \frac{f^{(n)}(a)}{n!}h^n + \ldots$$

Wenn du nun $a + h = x$ setzt, erhältst du die Taylorreihe für $f(x)$ an der Stelle a (oben war $a = 0$).

$$f(x) = f(a) + f'(a)(x - a) + \frac{f''(a)}{2!}(x-a)^2 + \frac{f'''(a)}{3!}(x-a)^3 + \ldots + \frac{f^{(n)}(a)}{n!}(x - a)^n + \ldots$$

Wie berechnest du Taylorreihen konkret?

Die Taylorreihe der Exponentialfunktion um den Punkt 0 erhältst du durch Berechnung der Ableitungen an der Stelle 0. Diese Reihe haben wir vorne mit der Definition von e und e^x plausibel gemacht.

$$f(x) = e^x, f'(x) = e^x, f''(x) = e^x, \ldots$$
$$f(0) = f'(0) = f''(0) = \ldots = 1$$
$$e^x = 1 + x + \frac{x^2}{2!} + \frac{x^3}{3!} + \frac{x^4}{4!} + \ldots$$

Analog erhältst du die Taylorreihe der Sinusfunktion.

$$f(x) = \sin(x), f'(x) = \cos(x),$$
$$f''(x) = -\sin(x), f'''(x) = -\cos(x), \ldots$$
$$f(0) = 0, f'(0) = 1,$$
$$f''(0) = 0, f'''(0) = -1, \ldots$$
$$\sin(x) = 1 + x - \frac{x^3}{3!} + \frac{x^5}{5!} \pm \ldots$$

Auf gleiche Weise erhältst du auch die Taylorreihe der Kosinusfunktion.

$$f(x) = \cos(x), f'(x) = -\sin(x),$$
$$f''(x) = -\cos(x), f'''(x) = \sin(x), \ldots$$
$$f(0) = 1, f'(0) = 0,$$
$$f''(0) = -1, f'''(0) = 0, \ldots$$
$$\cos(x) = 1 - x^2 + \frac{x^4}{4!} - \frac{x^6}{6!} \pm \ldots$$

Der Logarithmus ist für 0 nicht definiert. Daher entwickelst du ihn um die Stelle $x_0 = 1$ in eine Taylorreihe. Du kannst es wie oben machen.

$$f(x) = \ln(x), f'(x) = x^{-1},$$
$$f''(x) = -x^{-2}, f'''(x) = 2x^{-3}, \ldots$$
$$f(1) = 0, f'(1) = 1, f''(1) = -1!,$$
$$f'''(1) = 2!, f''''(1) = -3!, \ldots$$
$$\ln(x) = x - \frac{x^2}{2} + \frac{x^3}{3} - \frac{x^4}{4} \pm \ldots$$

Einfacher geht es durch Integration der geometrischen Reihe. Die Integrationskonstante ist hier 0, wie du für $x = 0$ überprüfst.

$$\frac{1}{1+x} = 1 - x + x^2 - x^3 \pm \ldots$$
$$\ln(1+x) = \int \frac{1}{1+x}\,dx$$
$$\ln(1+x) = x - \frac{x^2}{2} + \frac{x^3}{3} - \frac{x^4}{4} \pm \ldots$$

Damit kannst du z. B. ln(2) berechnen. Es gibt aber schnellere Verfahren.

$$\ln(2) = 1 - \frac{1}{2} + \frac{1}{3} - \frac{1}{4} \pm \ldots$$

Wie hängt die Taylorreihe mit der Exponentialfunktion des Differenzialoperators zusammen?

Wenn du die allgemeine Formel für die Taylorreihe genau anschaust, fällt dir auf, dass sie ganz ähnlich aussieht wie die Taylorreihe der Funktion e^x.

$$f(a) = f(0) + f'(0)a + \frac{f''(0)}{2!}a^2 + \ldots$$

$$\exp(x) = 1 + x + \frac{x^2}{2!} + \ldots$$

Das liegt zum einen natürlich daran, dass alle Ableitungen der Funktion e^x an der Stelle $x = 0$ gleich 1 sind.

$$f(x) = \exp(x):$$
$$f(0) = f'(0) = f''(0) = \ldots = 1$$

Es hat aber auch eine tiefere Bedeutung: Du kannst die allgemeine Taylorreihe als Exponentialfunktion des Differenzialoperators $\frac{d}{dx}$ schreiben.

$$f(x + a) = \exp\left(a\frac{d}{dx}\right) f(x) =$$
$$= \left(1 + a\frac{d}{dx} + \left(a\frac{d}{dx}\right)^2 + \ldots\right) f(x)$$
$$= f(x) + a\frac{d}{dx}f(x) + a^2\frac{d^2}{dx^2}f(x) + \ldots$$

Für $x = 0$ ergibt dies genau die Taylorreihe von oben.

Die Änderung der Funktion bei einer ganz kleinen Verschiebung h ist dann $h\frac{d}{dx}f(x)$.

$$\exp\left(h\frac{d}{dx}\right) f(x) - f(x) =$$
$$\left(1 + h\frac{d}{dx}\right) f(x) - f(x) = h\frac{d}{dx}f$$

Der Operator (also ohne die Funktion) ist $h\frac{d}{dx}$. Man sagt, dass $\frac{d}{dx}$ Verschiebungen generiert.

Den Operator für eine endliche Verschiebung ($a = nh = n\frac{a}{n}$) erhält man durch Potenzieren, was im Grenzfall ($n \to \infty$) die e-Funktion ergibt.

$$\lim_{n\to\infty}\left(1 + \frac{a}{n}\frac{d}{dx}\right)^n = \exp\left(a\frac{d}{dx}\right)$$

Dies lässt sich verallgemeinern und spielt in vielen Bereichen der Physik unter dem Stichwort Liegruppe eine große Rolle.

Wie hängt e^{ix} mit sin(x) und cos(x) zusammen?

Wenn du e^{ix} durch Einsetzen von ix in die Taylorreihe von e^x berechnest, kannst du die Reihe in einen Realteil und einen Imaginärteil aufteilen.

$$e^{ix} = 1 + ix + \frac{(ix)^2}{2!} + \frac{(ix)^3}{3!} + \frac{(ix)^4}{4!} + \ldots$$
$$= 1 + ix - \frac{x^2}{2!} - i\frac{x^3}{3!} + \frac{x^4}{4!} + \ldots$$
$$= 1 - \frac{x^2}{2!} + \frac{x^4}{4!} \pm \ldots + ix - i\frac{x^3}{3!} \pm \ldots$$

Du siehst, dass der Realteil gerade die Taylorreihe von Kosinus ist und der Imaginärteil die von Sinus.

$$e^{ix} = \underbrace{1 - \frac{x^2}{2!} + \frac{x^4}{4!} \pm \ldots}_{\cos(x)} + i\underbrace{\left(x - \frac{x^3}{3!} \pm \ldots\right)}_{\sin(x)}$$

Damit ergibt sich die Euler'sche Formel.

$$e^{ix} = \cos(x) + i\sin(x)$$

Für den Spezialfall $x = \pi$ ergibt sich eine Gleichung, die in verschiedenen Abstimmungen als schönste Formel der Welt ausgewählt wurde. Sie verbindet die beiden wichtigsten mathematischen Konstanten e und π mit der Null, der Eins und der imaginären Einheit.

$$\boxed{e^{i\pi} + 1 = 0}$$

$$e = \lim_{n\to\infty}\left(1 + \frac{1}{n}\right)^n$$

$i = \sqrt{-1}$

π = Kreisumfang / Durchmesser

1: neutrales Element der Multiplikat.

0: neutrales Element der Addition

Die Euler'sche Formel bildet eine Brücke zwischen Analysis, Algebra und Geometrie und zudem einen wichtigen Eckstein bei dem Beweis, dass π transzendent ist, also keine Nullstelle eines Polynoms mit ganzzahligen Koeffizienten.

$$e^{i\pi} + 1 = 0$$

e : Analysis

i : Algebra

π : Geometrie

Übrigens weiß man ganz viel über die Zusammenhänge von π und e noch nicht.

Offene Frage:
Ist π + e eine rationale Zahl?

Wie kannst du $e^{i\pi} + 1 = 0$ geometrisch verstehen?

Wir wollen die Gleichung anschaulich-geometrisch erklären. Die Erklärung kann zu einem Beweis ausgebaut werden.

$$e^{i\pi} + 1 = 0$$

Zunächst verwenden wir die Grenzwertformel von e^x, die auf der Definition von e beruht, und setzen $x = i\pi$.

$$e^x = \lim_{n\to\infty} \left(1 + \frac{x}{n}\right)^n$$

$$e^{i\pi} = \lim_{n\to\infty} \left(1 + \frac{i\pi}{n}\right)^n$$

Die komplexe Zahl in der Klammer ist eine Drehstreckung: eine Drehung um einen Winkel $\approx \pi/n$ (für große n ist $\tan(\pi/n) \approx \pi/n$) und eine Streckung um den Faktor $\sqrt{1 + (\pi/n)^2}$.

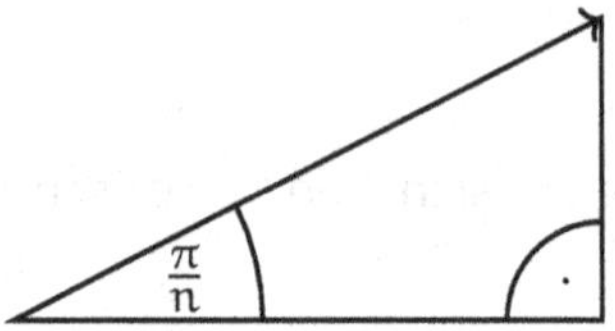

Um $(1 + i\pi/n)^n$ zu erhalten, führt man n derartige Drehstreckungen hintereinander aus (rechts ist $n = 10$), beginnend mit dem Dreieck ganz rechts in der Spirale. Es ergibt sich insgesamt eine Drehung um $\approx \pi = 180°$ und eine Streckung um $(\sqrt{1 + (\pi/n)^2})^n$.

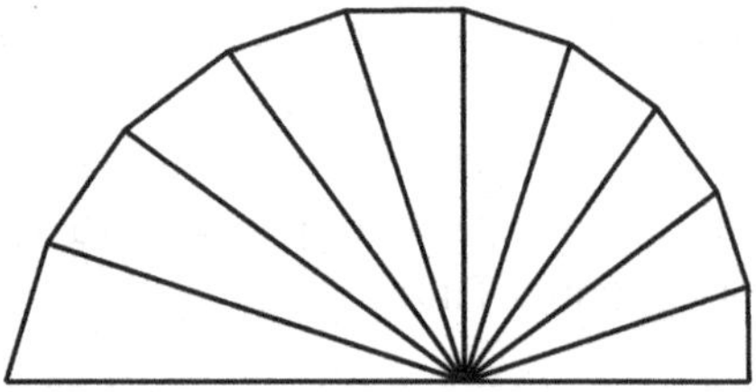

Man kann zeigen, dass sich für $n \to \infty$ nur eine Drehung um $\pi = 180°$ ergibt, dies bedeutet aber gerade eine Multiplikation mit −1.

Die Abweichung des Streckfaktors von 1 ist nur proportional zu $1/n^2$, bei n Streckungen und $n \to \infty$ wird der Gesamtstreckfaktor 1. Der Drehwinkel für große n ist $\approx \pi/n$, bei n Streckungen und $n \to \infty$ ergibt sich ein Gesamtwinkel π.

Somit ergibt sich die gesuchte Formel.

$$e^{i\pi} = \lim_{n\to\infty} \left(1 + \frac{i\pi}{n}\right)^n = -1 \quad \text{oder}$$

$$e^{i\pi} + 1 = 0$$

Was ist eine Differenzialgleichung?

Eine Differenzialgleichung (kurz: Dgl) ist eine Gleichung, die eine zunächst unbekannte Funktion und ihre Ableitung(en) enthält.

$y''(x) + y(x) = 0$
Schwingungsdifferenzialgleichung

$\left((y'')^{-2/3}\right)''' = 0$
Differenzialgleichung der Kegelschnitte

Die Lösung einer Dgl ist eine Funktion, die, wenn man sie und ihre Ableitungen in die Dgl einsetzt, die Dgl erfüllt.

$y(x) = \sin(x)$ erfüllt wegen
$y' = \cos(x)$, $y'' = -\sin(x) = -y$
die Dgl $y'' + y = 0$
und ist somit eine Lösung.

Die höchste vorkommende Ableitung nennt man die Ordnung einer Differenzialgleichung.

$y''(x) + y(x) = 0$
ist eine Dgl zweiter Ordnung.

Eine einfache Klasse von Differenzialgleichungen sind solche, die linear in der Funktion und ihren Ableitungen sind.

$y''(x) + y(x) = 0$: lineare Dgl

$\left((y'')^{-2/3}\right)''' = 0$: nichtlineare Dgl

Man kann zeigen, dass die Lösungen von linearen Differenzialgleichungen einen Vektorraum bilden.

Wenn $y_1(x)$ und $y_2(x)$ Lösungen von $y''(x) + y(x) = 0$ sind, so auch $ay_1(x)$, $a \in \mathbb{R}$ und $y_1(x) + y_2(x)$.
Daher bilden die Lösungen einen Vektorraum.

Die Dimension des Lösungsraums ist gleich der Ordnung der Differenzialgleichung. Basisvektoren des Vektorraums der Lösungen heißen Fundamentallösungen.

Die Lösungen von $y'' + y = 0$ bilden einen 2-dimensionalen Vektorraum, der durch die Fundamentallösungen $\sin(x)$ und $\cos(x)$ aufgespannt wird.

Die allgemeine Lösung einer Dgl n-ter Ordnung enthält n Parameter.

Die allgemeine Lösung von
$y'' + y = 0$ lautet
$y(x) = a\sin(x) + b\cos(x), \quad a, b \in \mathbb{R}$.

Was versteht man unter Konfigurationsräumen? (I)

Eine geometrische Konfiguration lässt häufig Freiheitsgrade zu, also Parameter, die man voneinander unabhängig verändern kann.

Die Konfiguration von zwei beweglichen Punkten auf der x-Achse hat zwei Freiheitsgrade (F.), da man die beiden x-Werte unabhängig voneinander verändern kann.

Alle Konfigurationen, die dabei entstehen, bilden einen sogenannten Konfigurationsraum, wobei kleine Änderungen der Konfiguration zu benachbarten Punkten im Konfigurationsraum führen.

Wenn die Punkte ununterscheidbar sind, ist die Konfiguration eineindeutig durch das Paar $(x_{min}, x_{max}) \in \mathbb{R}^2$ gegeben, wobei $x_{max} \geq x_{min}$ gilt. Der Konfigurationsraum ist eine Halbebene.

Der Konfigurationsraum aller kongruenter Dreiecke ist 3-dimensional, der aller Vierecke 5-dimensional.

Drei Punkte haben im $\mathbb{R}^2$ $3 \cdot 2 = 6$ F. Wenn man von der Lage, also Verschiebung (2 F.) und Orientierung (1 F.) abstrahiert, verbleiben $6 - 2 - 1 = 3$ F. für Form und Größe des Dreiecks.

Wenn man auch noch von der Größe abstrahiert, verbleiben bei Dreiecken zwei Freiheitsgrade. Der Raum der Form aller Dreiecke ist also 2-dimensional.

Die Größe, also Skalierung, ist ein Freiheitsgrad, somit:

$$3 \cdot 2 - \underbrace{3}_{\text{Lage}} - \underbrace{1}_{\text{Größe}} = 2 \text{ F.}$$

Man kann die Form eines Dreiecks z.B. durch zwei Winkel beschreiben.

Konfigurationsräume sind im Allgemeinen keine Vektorräume, also keine linearen Räume. Oft sind sie sogenannte Mannigfaltigkeiten.

Mannigfaltigkeiten sehen lokal (im Kleinen) wie ein Vektorraum aus, aber global (im Großen) anders.
Wenn du als Ameise auf einem Wasserball läufst, kommst du dir wie in der Ebene vor.

Da sie lokal wie ein $\mathbb{R}^n$ aussehen, kann man ihnen auch eine Dimension (n = Anzahl der Freiheitsgrade) zuordnen. Mannigfaltigkeiten gleicher Dimension können aber (im Gegensatz zu Vektorräumen) ganz unterschiedlich aussehen.

Ein räumliches Pendel und ein ebenes Doppelpendel haben beide einen 2-dimens. Konfigurationsraum, das erste aber eine Kugeloberfläche, das zweite einen Torus.

Was versteht man unter Konfigurationsräumen? (II)

Konfigurationsräume können auch die Menge aller Lagen eines fest gewählten geometrischen Objekts beschreiben.

Eine Hantel in der Ebene, d.h. zwei Punkte ($2 \cdot 2$ F.), die durch eine feste Stange (1 Nebenbedingung) verbunden sind, hat $2 \cdot 2 - 1 = 3$ F.

Die Anzahl der Freiheitsgrade (F.) ist die Anzahl der unabhängigen Bestimmungsgrößen, die du benötigst, um die Lage inkl. Orientierung eindeutig anzugeben.

Um die Lage der Hantel anzugeben, kannst du ihren Mittelpunkt angeben (2 Parameter) sowie ihren Winkel zur x-Ache (1 Parameter), insgesamt benötigst du also 3 Parameter.

Eine Gerade in der Ebene hat 2 Freiheitsgrade, das sind z.B. die beiden Achsenabschnitte.

Alternativ: 2 Punkte im $\mathbb{R}^2$ haben $2 \cdot 2$ F., aber man kann jeden Punkt längs der Geraden verschieben, also $2 \cdot 1$ F. weniger, also $2 \cdot 2 - 2 \cdot 1 = 2$ F.

Eine Ebene im Raum hat 3 Freiheitsgrade, das sind z.B. die drei Achsenabschnitte.

Alternativ: 3 Punkte im $\mathbb{R}^3$ haben $3 \cdot 3$ F., aber man kann jeden Punkt in der Ebene verschieben, also $3 \cdot 2$ F. weniger, also $3 \cdot 3 - 3 \cdot 2 = 3$ F.

Eine Gerade im Raum hat 4 Freiheitsgrade: Betrachte zunächst eine Ursprungsgerade im Raum, sie hat 2 Freiheitsgrade (zwei Winkel bzw. einen Punkt auf der 2-dimens. Kugeloberfläche). Um zu einer beliebigen Gerade zu gelangen, kannst du die Ursprungsgerade zusätzlich noch in der 2-dimens. Ebene senkrecht zu ihrer Richtung verschieben, also ergeben sich insgesamt 4 Freiheitsgrade.

Alternativ: 2 Punkte im $\mathbb{R}^3$ haben $2 \cdot 3$ F., aber man kann jeden Punkt auf der Geraden verschieben, also $2 \cdot 1$ F. weniger, also $2 \cdot 3 - 2 \cdot 1 = 4$ F.

Wenn du dich dafür näher interessierst, schaue im Internet unter dem Stichwort „Plücker-Koordinaten“.

Was ist geometrische Algebra?

In der Vektoralgebra können wir Vektoren addieren und subtrahieren sowie mit Skalaren multiplizieren. Wir können Vektoren auch miteinander multiplizieren, aber sie durcheinander zu dividieren geht nicht.

$\mathbf{a} + \mathbf{b} \in V$

$r\mathbf{a} \in V$

$\mathbf{a} \cdot \mathbf{b} \in \mathbb{R}$

$\mathbf{a} \times \mathbf{b} \in V$

$\mathbf{a} \cdot \mathbf{x} = c \not\Rightarrow$ eindeutiges $\mathbf{x}$

$\mathbf{a} \times \mathbf{x} = \mathbf{c} \not\Rightarrow$ eindeutiges $\mathbf{x}$

Eine reelle Zahl hat ein „Maß“ (die Größe), keine Lage im Raum (keine Richtung), aber eine Orientierung.

Die Orientierung einer Zahl ist ihr Vorzeichen.

Ein Vektor hat ebenfalls ein „Maß“ (die Länge), hat eine 1-dimensionale Lage im Raum (die Geradenrichtung) und hat eine Orientierung.

a und −**a** definieren die gleiche Gerade, aber haben unterschiedliche Orientierung.

Nun gibt es neben 0-dimensionalen und 1-dimensionalen Objekten auch 2- und höherdimensionale Objekte.

Ein von zwei Vektoren aufgespanntes Parallelogramm hat ebenfalls ein „Maß“ (den Flächeninhalt), eine 2-dimensionale Lage im Raum (die Ebenen-„Richtung“) und eine Orientierung.

Wenn es diese geometrischen Objekte in allen Dimensionen gibt, wäre es doch gut, wenn man dazu auch entsprechende algebraische Objekte hat, mit denen man rechnen kann. Das ermöglicht uns die geometrische Algebra. Die klassische Vektoralgebra ist gewissermaßen nur der 1-dimensionale Anteil davon.

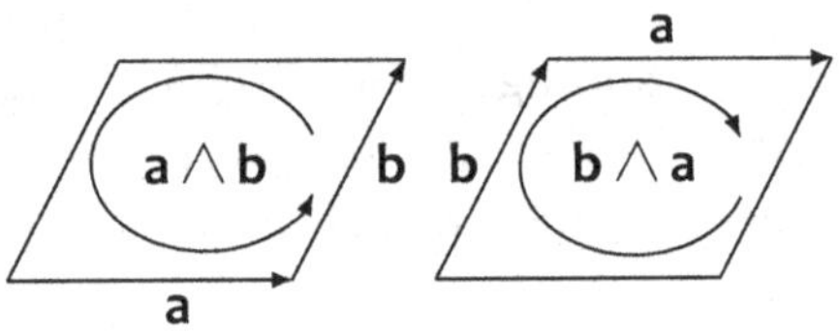

Die Orientierung eines von **a** und **b** aufgespannten Parallelogramms $\mathbf{a} \wedge \mathbf{b}$ hängt von der Reihenfolge der Vektoren ab.

Um diese höherdimensionalen geometrischen Objekte zu generieren, definieren wir auf den nächsten Seiten ein „geometrisches Produkt“.

Als Nebenprodukt wird man durch Vektoren auch dividieren können.

Wenn du Weiteres erfahren möchtest, schaue im Internet unter dem Stichwort „geometric algebra“.

Was ist das geometrische Produkt?

Wir definieren ein geometrisches Produkt zweier Vektoren. Es soll assoziativ und distributiv über der Addition sein. Es ist im Allgemeinen nicht kommutativ.

$\mathbf{ab}$: geometrisches Produkt

$\mathbf{a}(r\mathbf{b} + s\mathbf{c}) = r\mathbf{ab} + s\mathbf{ac}$

$\mathbf{ab} \neq \mathbf{ba}$

Wir zerlegen das geometrische Produkt in einen symmetrischen und einen antisymmetrischen Anteil.

$$\mathbf{ab} = \tfrac{1}{2}(\mathbf{ab} + \mathbf{ba}) + \tfrac{1}{2}(\mathbf{ab} - \mathbf{ba})$$

Der erste Summand ist symmetrisch und bilinear wie das Skalarprodukt, daher setzen wir es gleich dem Skalarprodukt, das man auch inneres Produkt nennt.

$\tfrac{1}{2}(\mathbf{ab} + \mathbf{ba}) = \mathbf{a} \cdot \mathbf{b}$

Das innere Produkt ist ein Skalar.

Du erkennst, dass das geometrische Produkt von einem Vektor mit sich selbst eine nichtnegative Zahl ergibt, das Quadrat seiner Länge.

$$\mathbf{aa} = \mathbf{a} \cdot \mathbf{a} + 0 = |\mathbf{a}|^2$$

Den antisymmetrischen Anteil bezeichnen wir als äußeres Produkt, wir notieren es mit einem Dach (engl. „wedge“). Seine Bedeutung erkläre ich auf der nächsten Seite.

$\tfrac{1}{2}(\mathbf{ab} - \mathbf{ba}) = \mathbf{a} \wedge \mathbf{b}$

Das äußere Produkt ist ein sogenannter Bivektor.

Wir können nun das geometrische Produkt zweier Vektoren als Summe von innerem und äußerem Produkt ausdrücken.

$$\mathbf{ab} = \underbrace{\mathbf{a} \cdot \mathbf{b}}_{\text{Skalar}} + \underbrace{\mathbf{a} \wedge \mathbf{b}}_{\text{Bivektor}}$$

Es ist kein Problem, diese ganz unterschiedlichen Größen zu addieren, man kann sie nur nicht vergleichen.

In einer komplexen Zahl sind auch reelle und imaginäre Zahlen addiert.

Was bedeutet das äußere Produkt?

Wir gehen von der Definition des geometrischen Produkts als Summe von innerem Produkt und äußerem Produkt aus und der gleichen Gleichung, bei der die beiden Vektoren vertauscht sind.

$$\mathbf{ab} = \mathbf{a} \cdot \mathbf{b} + \mathbf{a} \wedge \mathbf{b}$$

$$\mathbf{ba} = \mathbf{b} \cdot \mathbf{a} + \mathbf{b} \wedge \mathbf{a} = \mathbf{a} \cdot \mathbf{b} - \mathbf{a} \wedge \mathbf{b}$$

Wenn du die letzten beiden Gleichungen multiplizierst, kannst du auf der rechten Seite die dritte binomische Formel anwenden. Dann kannst du links vereinfachen und rechts das Skalarprodukt mit Hilfe von Beträgen und Winkel schreiben.

$$\mathbf{abba} = (\mathbf{a} \cdot \mathbf{b})^2 - (\mathbf{a} \wedge \mathbf{b})^2$$

$$\mathbf{a}|\mathbf{b}|^2\mathbf{a} = (\mathbf{a} \cdot \mathbf{b})^2 - (\mathbf{a} \wedge \mathbf{b})^2$$

$$|\mathbf{a}|^2|\mathbf{b}|^2 = |\mathbf{a}|^2|\mathbf{b}|^2 \cos^2(\varphi) - (\mathbf{a} \wedge \mathbf{b})^2$$

Das Quadrat des äußeren Produkts ist also das negative Quadrat des Flächeninhalts des von **a** und **b** aufgespannten Parallelogramms.

$$(\mathbf{a} \wedge \mathbf{b})^2 = -|\mathbf{a}|^2|\mathbf{b}|^2 \sin^2(\varphi)$$

Der Betrag des äußeren Produkts $\mathbf{a} \wedge \mathbf{b}$ ist somit der Flächeninhalt.

$$|\mathbf{a} \wedge \mathbf{b}| = |\mathbf{a}|\,|\mathbf{b}|\,|\sin(\varphi)|$$

Man kann im 3-Dimensionalen das äußere Produkt mit dem Vektorprodukt in Verbindung bringen.

$$\mathbf{a} \wedge \mathbf{b} = i\,\mathbf{a} \times \mathbf{b}$$

Dies geht im 3-Dimensionalen, aber es geht im 4-Dimensionalen nicht mehr. Im 2-Dimensionalen lässt sich das Vektorprodukt eigentlich auch nicht definieren, weil es ja gar keine dritte Dimension gibt.

Es geht im $\mathbb{R}^3$, da dort zwei Vektoren bis auf Orientierung eine eindeutige zu beiden senkrechte Richtung definieren.

Daher ist das äußerere Produkt viel allgemeiner und systematischer als das Vektorprodukt.

Wenn du Weiteres erfahren möchtest, schaue im Internet unter dem Stichwort „äußeres Produkt“.

Wie berechnet man das geometrische Produkt konkret?

Da das geometrische Produkt linear ist, können wir es für zwei Vektoren berechnen, wenn wir es für die Einheitsvektoren kennen.

Im 2-Dimensionalen gilt $\mathbf{ab} =$
$= (a_x\mathbf{e}_x + a_y\mathbf{e}_y)(b_x\mathbf{e}_x + b_y\mathbf{e}_y) =$
$= a_x b_x \mathbf{e}_x\mathbf{e}_x + a_y b_x \mathbf{e}_x\mathbf{e}_y +$
$+ a_y b_x \mathbf{e}_y\mathbf{e}_x + a_y b_y \mathbf{e}_y\mathbf{e}_y$

Die geometrischen Produkte zweier Einheitsvektoren lassen sich direkt aus der Definition berechnen.

$$\mathbf{e}_x\mathbf{e}_x = \underbrace{\mathbf{e}_x \cdot \mathbf{e}_x}_{=1} + \underbrace{\mathbf{e}_x \times \mathbf{e}_x}_{=0} = 1$$

$$\mathbf{e}_x\mathbf{e}_y = \underbrace{\mathbf{e}_x \cdot \mathbf{e}_y}_{=0} + \underbrace{\mathbf{e}_x \times \mathbf{e}_y}_{\text{Bivektor}} = -\mathbf{e}_y\mathbf{e}_x$$

Damit und mit der Linearität lässt sich das geometrische Produkt zweier beliebiger Vektoren berechnen.

$(\mathbf{e}_x + 2\mathbf{e}_y)(3\mathbf{e}_x + 4\mathbf{e}_y) =$
$= 3\mathbf{e}_x\mathbf{e}_x + 4\mathbf{e}_x\mathbf{e}_y + 6\mathbf{e}_y\mathbf{e}_x + 8\mathbf{e}_y\mathbf{e}_y$
$= 3 + 4\mathbf{e}_x\mathbf{e}_y - 6\mathbf{e}_x\mathbf{e}_y + 8$
$= 11 - 2\mathbf{e}_x\mathbf{e}_y$

Es gibt vier Basisvektoren, da die höheren Basisvektor-Produkte sich auf diese zurückführen lassen.

$\{1, \mathbf{e}_x, \mathbf{e}_y, \mathbf{e}_x\mathbf{e}_y\}$

Bei dem Produkt zweier Vektoren treten nur die „geradzahligen" Basisvektoren 1 und $\mathbf{e}_x\mathbf{e}_y$ auf.

Im 3-Dimens. geht dies ganz analog, man erhält hier nur mehr Terme.

Eine Basis ist im 3-Dimensionalen:
$\{1, \mathbf{e}_x, \mathbf{e}_y, \mathbf{e}_z, \mathbf{e}_x\mathbf{e}_y, \mathbf{e}_x\mathbf{e}_z, \mathbf{e}_y\mathbf{e}_z, \mathbf{e}_x\mathbf{e}_y\mathbf{e}_z\}$

Die Menge $\{a + b\mathbf{e}_x + c\mathbf{e}_y + d\mathbf{e}_x\mathbf{e}_y\}$ bildet mit der Addition und dem geometrischen Produkt eine Algebra.

Man nennt sie 2-dimensionale Clifford-Algebra, sie ist auch in höheren Dimensionen definiert.

Berechnen wir das Quadrat des Bivektors $\mathbf{e}_x\mathbf{e}_y$, so ergibt sich -1.

$(\mathbf{e}_x\mathbf{e}_y)^2 = (\mathbf{e}_x\mathbf{e}_y)(\mathbf{e}_x\mathbf{e}_y) =$
$= -(\mathbf{e}_x\mathbf{e}_y)(\mathbf{e}_y\mathbf{e}_x)$
$= -\mathbf{e}_x \underbrace{\mathbf{e}_y\mathbf{e}_y}_{=1} \mathbf{e}_x = -\underbrace{\mathbf{e}_x\mathbf{e}_x}_{=1} = -1$

Die sogenannte gerade Clifford-Unteralgebra $\{a + b\mathbf{e}_x\mathbf{e}_y\}$ ist im 2-Dimens. daher isomorph zu den komplexen Zahlen.

$\{a + b\mathbf{e}_x\mathbf{e}_y\} \cong \{a + bi\} \cong \mathbb{C}$

Im 3-Dimens. ergibt sich etwas Neues.

Stichworte: Quaternionen,
Pauli-Matrizen

Wie kannst du spielerisch dein Können überprüfen?

Als Käufer:in dieses Buches kannst du kostenlos die „SN Flashcards“-App mit Fragen zu den Inhalten dieses Buchs nutzen.

Für die Nutzung gehst du wie folgt vor:

1. Gehe auf den Link rechts. `flashcards.springernature.com`
2. Erstelle dir ein Benutzerkonto, indem du deine E-Mail-Adresse angibst und ein Passwort vergibst.
3. Lade die kostenlose „SN Flashcards“-App von Google Play oder dem App Store auf dein Handy.
4. Verwende den Link rechts, um Zugang zu deinen SN Flashcards zu erhalten. `https://sn.pub/4ymnkw`
5. Sollte der Link fehlen oder nicht funktionieren, sende bitte eine E-Mail mit dem Betreff „SN Flashcards“ und dem Buchtitel an die E-Mail-Adresse rechts. `customerservice@springernature.com`

Viel Spaß mit den Flashcards!

Übersicht der Übersichten

A. Gründers, *Mathe übersichtlich: Von den Basics bis zur Analysis*,
https://doi.org/10.1007/978-3-662-70883-5

Übersicht der Übersichten

Wenn du Begriffe oder Symbole suchst, schau hier!

A. Gründers, *Mathe übersichtlich: Von den Basics bis zur Analysis*,
https://doi.org/10.1007/978-3-662-70883-5

B

C

D

Printed in the United States
by Baker & Taylor Publisher Services